“十四五”普通高等学校规划教材

Web 前端开发案例教程
（HTML 5+CSS 3+JavaScript）

杨　蓓　李　林◎主编
钱　程　曾　辉　阳小兰　孙鸣雷◎副主编

中国铁道出版社有限公司
CHINA RAILWAY PUBLISHING HOUSE CO., LTD.

内 容 简 介

本书面向 Web 前端开发的实际应用，以案例为驱动，呈现了新颖的教学内容组织结构，HTML 和 CSS 紧密耦合的巧妙分解、案例和内容的艺术性结合，使学生更易于理解和掌握学习内容，快速达到学习目标。

本书全面系统地讲解了 Web 前端开发的核心内容 HTML、CSS 和 JavaScript，包括 Web 前端设计概述、单列图文网页设计、层叠样式表 CSS、网页的布局设计、JavaScript 语言基础、BOM 与 DOM、HTML 5 进阶、应用 CSS3 渲染效果，共 8 章内容。

本书适合作为应用型高校和普通高校计算机类本科专业的教材，也可供 Web 前端开发职业培训使用，亦适合 Web 前端开发爱好者自学使用。

图书在版编目（CIP）数据

Web 前端开发案例教程：HTML 5+CSS 3+JavaScript/杨蓓，李林主编 .—北京：中国铁道出版社有限公司，2021.7
“十四五”普通高等学校规划教材
ISBN 978-7-113-27554-9

Ⅰ.① W… Ⅱ.①杨…②李… Ⅲ.①超文本标记语言－程序设计－高等学校－教材②网页制作工具－高等学校－教材③ JAVA 语言－程序设计－高等学校－教材 Ⅳ.① TP312.8 ② TP393.092.2

中国版本图书馆 CIP 数据核字（2020）第 254202 号

书　　名： Web 前端开发案例教程（HTML 5 + CSS 3 + JavaScript）
作　　者： 杨　蓓　李　林

策　　划： 徐海英　　　**编辑部电话：**（010）51873202
责任编辑： 王春霞　祁　云　包　宁
封面设计： 刘　颖
责任校对： 孙　玫
责任印制： 樊启鹏

出版发行： 中国铁道出版社有限公司（100054，北京市西城区右安门西街 8 号）
网　　址： http://www.tdpress.com/51eds/
印　　刷： 北京铭成印刷有限公司
版　　次： 2021 年 7 月第 1 版　2021 年 7 月第 1 次印刷
开　　本： 850 mm×1 168 mm 1/16 **印张：** 16.75　**字数：** 423 千
书　　号： ISBN 978-7-113-27554-9
定　　价： 46.00 元

前 言

近年来，随着物联网、云计算、大数据和人工智能等新技术的崛起，互联网发生了深刻的变化，各行各业对互联网的依赖程度越来越高，Web 应用与 Web 服务越来越广泛，Web 前端开发的需求日益增多，用户体验的要求不断提高。Web 前端技术经历了从 HTML 4 到 HTML 5、从 CSS 2 到 CSS 3 的重大变化，CSS 3 和 HTML 5 增加了许多新特性，新的框架技术不断涌现出来，“Web 前端开发”这门课程承载的内容越来越丰富，承担的任务越来越重。因此，如何高效地教好、学好这门课程成为一个十分紧迫的重要问题。其次，近些年来我国为提高本科教育的人才培养质量，教育部推出了一系列举措，例如国家精品课程建设、具有高阶性创新性和挑战度的金课建设、一流专业建设、一流课程建设等，极大地推动了教材的质量建设。最后，Web 前端开发是计算机类各专业都要开设的课程，是一些专业课程的重要基础。因此，鉴于上述原因，编写一本具有先进教学理念、切合应用型高校本科教学和 Web 前端开发实际的高质量教材，具有十分重要的意义。

本书主要涉及 HTML、CSS 和 JavaScript 三个最基本、最核心的内容，为进一步学习 Web 前端开发技术的高级内容打下基础。

本书编写的思路和特色如下：

（1）新颖的教材内容组织结构

在传统教材中，HTML 和 CSS 是按先后顺序分开讲述的，其结果是在讲 HTML 内容时，没有 CSS 的支撑，所列举的案例平淡无奇，仅仅是为举例而举例，吸引不了学生，学生印象不深刻，学习效果不好；在讲 CSS 内容时，没有复杂的 HTML 结构，所列举的案例反映不出 CSS 的复杂规律，学习效果亦不好。最终 HTML 和 CSS 的内容需要花费很多时间才能真正掌握。在 Web 标准中，HTML 和 CSS 代码是分离的，但并不意味着两者在渲染表现时也是分离的。因此，在本书的第 1 章中，诗歌网页设计案例一步到位，应用最小结构原理直接表达出具有紧密耦合关系的 HTML 和 CSS 整体结构，提高了学生的认知水平（难度）和认知完整性。在随后的章节内容中，化整为零、变奏式地重复，不断扩展 HTML 和 CSS 的内容，当正式讲解 CSS 章节时，学生已对 CSS 内容很熟悉了，水到渠成，因而对 CSS 复杂规律的理解问题自然迎刃而解了。

本书面向 Web 前端开发的实际情况，将 Web 网页划分为单列布局网页（简单）、多列布局网页（比较复杂）和平面布局网页（复杂）三种类型，同时又将单列布局网页划分为文本网页、图册网页、图文网页和表单网页四类，从案例设计需求来选用 HTML 标签，这样，四类单列布局的网页案例基本上覆盖了常用的标签，实现案例和 HTML 标签巧妙的艺术性结合。有了单列布局网页的基础，后两种类型网页学起来就更快了。

此外，本书对内容进行重新组织，并没有将 HTML 5、CSS 3 和旧的 HTML、CSS 分开讲述，而是按照 Web 前端开发的实际需求进行取舍，体现了面向应用、面向实践的设计思想。

（2）作品级教学案例

本书在大多数章节开始都布置有一个作品级的完整教学案例，增强了教材的实用性和趣味性。完整的、实用的教学案例具有强烈的驱动力，使得学生跃跃欲试，在学习完随后的相关知识后，通过实验完成类似教学案例的网页设计，成就感会“跃然面上”，课程学习兴趣会越发浓厚。作品级教学案例达到了“以优秀的作品鼓舞人”的目的。

（3）模式化布局方法

本书在网页布局设计这一章节中，为突出整体布局的清晰性和正确性，对网页效果图中的各个板块，按照合适大小粒度进行切图处理，将每一个切图图片作为一个 div 框进行整体布局设计，测试正确后再进行 div 框的详细代码设计。这种模式化设计方法保证了作品级案例的完美渲染效果，同时也避免了引入大量代码后看不清 div 框相互之间结构的困境。

（4）严谨的编写体例

本书为保证正文内容的完整性和逻辑性，配有延伸阅读、讨论和小提示几个部分。延伸阅读从多视角对正文内容进行补充描述，加深学生的理解，同时解决了内容之间的紧密衔接问题。在正文描述过程中，以问题为导向，自然地提出一些开放性的讨论题，培养学生独立的创新思维能力。小提示的编程经验、注意事项，更能提高学习效果。此外，采用精美排版，将案例代码与其行号分隔，不会被误解。

（5）鲜明的思政特色

本书选用中国古代诗词等素材作为案例，弘扬中国优秀的传统文化和爱国主义情怀，弘扬优秀的社会、企业和校园文化精神。此外，通过网站设计训练，培养学生善于沟通、合作共事的团队精神。

本书由武昌理工学院数据科学与大数据技术、计算机科学与技术、软件工程和智能科学与技术的专业教师，以及上海睿亚训软件技术服务有限公司的资深教师共同编写，这些教师教学理论水平好、教学经验和项目开发经验丰富，指导过学生获得多项全国性竞赛的特等奖和一等奖。本书由杨蓓、李林老师统编全稿。具体的章节编写情况如下：

章　节	章节名称	编写者
第 1 章	Web 前端设计概述	李林、曾辉
第 2 章	单列图文网页设计	杨蓓
第 3 章	层叠样式表 CSS	李林、杨蓓
第 4 章	网页的布局设计	杨蓓
第 5 章	JavaScript 语言基础	钱程
第 6 章	BOM 与 DOM	孙鸣雷
第 7 章	HTML 5 进阶	阳小兰
第 8 章	应用 CSS 3 渲染效果	阳小兰、李林

本书适合作为应用型高校和普通高校计算机类专业的教材，也可供 Web 前端开发职业培训使用，具体教学建议如下：

总 学 时	理论学时	实验学时	教学方式
32	0	32	线下 + 线上
32	16	16	线下 + 线上
48	16	32	线下、线下 + 线上
48	24	24	线下、线下 + 线上
64	32	32	线下

本书是全国高等院校计算机基础教育研究会 2020 年度“基于 HTML 5+CSS 3+JavaScript 的 Web 前端开发技术的教学研究”项目（项目批准号：2020-AFCEC-472）的成果，同时还得到了教育部高等教育司 2020 年产学合作协同育人项目（“基于工程教育认证的 Web 前端设计课程建设”，项目编号：202002240012，上海睿亚训软件技术服务有限公司）的大力资助。

本书提供全部的案例和例题代码、课程大纲、教学课件 PPT 等资源。

由于编者水平和能力有限，书中难免有疏漏和不足之处。恳请各位同仁和广大读者，给予批评指正。

编 者

2021 年 4 月

目录

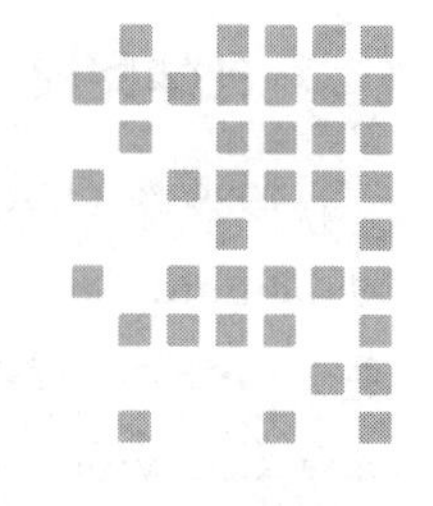

第 1 章 Web 前端设计概述

由两台及以上计算机组成的、彼此之间能够通信的网络称为计算机网络。

互联网（internet）是指网络的网络（a network of network），是指通过路由器等设备互连构成的一个范围更大的计算机网络。

因特网（Internet）是互联网中的一种，又称国际计算机互联网，是世界上规模最大的互连网络。因特网主要采用 TCP/IP 协议组和分组交换技术，将各种不同类型、不同规模、位于不同地理位置的物理网络连接成一个整体，从而进行通信和信息交换，实现资源共享。

在信息时代，人们离不开因特网。因特网包含了无穷的信息资源，它向全世界提供各种信息服务，是一组全球信息资源的总汇。

因特网提供的基本服务主要有电子邮件服务、文件传输服务、远程登录服务、WWW 服务、电子公告牌服务等。

WWW 服务是人们最喜爱、用得最多、最普遍的因特网服务。通过 Web 前端设计和开发，为 WWW 服务提供服务资源。

1.1 万维网

1.1.1 万维网的定义

万维网，即全球广域网（World Wide Web，WWW），简称 Web，是因特网上集文本、图形、图像、动画、音频和视频等多媒体信息于一体的全球信息资源网络，是以超文本标记语言（HTML）与超文本传输协议（HTTP）为基础的、可动态交互的、跨平台的分布式图形信息（浏览）系统，它为浏览者在因特网上查找和浏览信息提供了图形化的、易于访问的用户界面，其中的 Web 文档（网页）及超链接将因特网上的信息节点组成一个互为关联的网状结构。

 **延伸阅读**

1989 年 CERN（Conseil Europ é en pour la Recherche Nucl é aire，欧洲核子研究理事会，后来改名为 the European Laboratory for Particle Physics，欧洲粒子物理研究所）中由 Tim Berners-Lee（蒂姆·伯纳斯-李）领导的小组提交了一个针对 Internet 的新协议和一个使用该协议的文档系统，该小组将这个新系统命名为 World Wide Web，它的目的在于使全球的科学家能够利用 Internet 交流自己的工作文档。这个新系统被设计为允许 Internet 上任意一个用户都可以从许多文档服务计算机的数据库中搜索和获取文档。1990 年末，这个新系统的基本框架已经在 CERN 中的一台计算机中开发出来并实现了，1991 年该系统移植到了其他计算机平台，并正式发布。

1.1.2 万维网的原理

万维网采用浏览器 / 服务器（Browser/Server，B/S）模式工作，即由 Web 客户端和 Web 服务器端程序共同来完成任务。存储信息资源、提供服务的计算机称为 WWW 服务器或 Web 服务器，提出请求、获取信息资源的计算机称为 Web 客户机。在客户端安装有 Web 浏览器（Browser）程序，在服务器端则可安装 IIS、Apache 或 Nginx 等 Web 服务器程序和数据库服务器（在小型应用系统中常把 Web 服务器和数据库管理系统 DBMS 安装在同一台机器中），如图 1-1 所示。

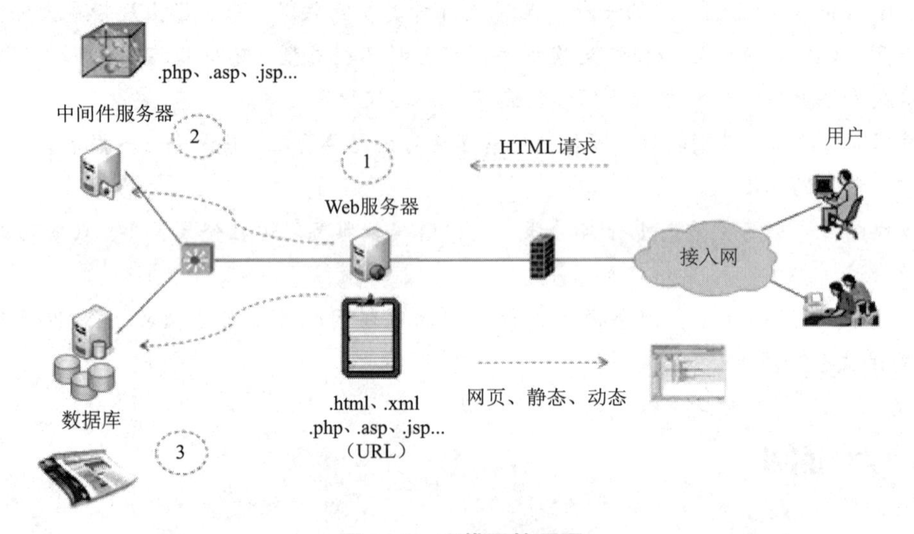

图 1-1 万维网的原理

用户在浏览器中输入某个网址（或单击网页中的某个链接，或提交网页上的 form 表单）时，Web 浏览器向 Web 服务器发出请求，请求一般以超文本传输协议（HTTP）的形式传输到 Web 服务器。Web 服务器根据接收到的用户请求，查找相应的 HTML、XML 文件或 ASP、ASP.NET、JSP 或 PHP 等文件。如果请求的是 HTML（或 XML）文档，Web 服务器就直接将该文档以 HTTP 的形式传输到客户端。如果请求的是 ASP（ASP.NET 或 JSP、PHP）文档，Web 服务器则执行文件中的脚本程序；若脚本程序要用到数据服务器中的数据，那就首先建立 Web 服务器和数据库服务器之间的连接，然后向数据库服务器的 DBMS 发出操作请求（如查询、插入、删除或更新等），DBMS 再根据请求信息找到相应的数据表、执行相应的操作、并将该操作取得的结果传送到脚本程序；脚本程序（在取得数据后）生成用户所需的 HTML 文档（动态生成的文档），最后由 Web 服务器将该文档通过 HTTP 传输到客户端。客户端的浏览器对接收到的 HTML 文档进行解析，最终向用户呈现渲染后的 Web 页面。

1.1.3　HTTP 和 URL

超文本传输协议（HyperText Transfer Protocol，HTTP）是应用层协议，它建立在传输控制协议 TCP 的基础之上，是 Web 浏览器与 Web 服务器之间数据交互需要遵循的一种规范，是由 W3C 推出的、专门用于定义 Web 浏览器与 Web 服务器之间数据交换的格式。

HTTP 传输的数据都是未加密的，也就是明文，因此使用 HTTP 传输隐私信息是不安全的。网景公司设计了 SSL（Secure Sockets Layer）协议，用于对 HTTP 传输的数据进行加密，从而诞生了 HTTPS。HTTPS 是由 SSL+HTTP 构建的可进行加密传输、身份认证的网络协议，要比 HTTP 安全得多。

在因特网的 Web 服务器中，每一个网页文件都有一个访问标识符，即统一资源定位符（Uniform Resource Locator，URL），俗称网址。由 URL 唯一地确定用户要访问的文件在因特网上的位置，即互联网上的每一个文件都有唯一的 URL 地址。在 URL 中包含了 Web 服务器的主机名、端口号、资源名称及所使用的网络协议，例如：

http://www.baidu.com:80/index.html

http 表示传输数据所使用的协议；www.baidu.com 表示所要请求的服务器主机名；80 表示请求的端口号（HTTP 的默认值为 80，可省略）；index.html 表示请求的资源名称（网页或主页）。

1.1.4　万维网的特征

综上所述，万维网在技术方面可以概括为具有三大特征：

（1）超文本技术（HTML）实现信息与信息的相互链接；

（2）统一资源定位技术（URL）实现信息的全球准确定位；

（3）应用层协议（HTTP）实现信息的分布式传输和共享。

1.2　网页与网站

1.2.1　Web 网页

网页（Web Page），又称 Web 页面，是指包含超文本标记语言的 HTML 标签和一些脚本程序的文本文件及其相关的资源文件，部署在因特网的 Web 服务器中，用户通过 Web 浏览器浏览时所看到的页面。

一个网页可以由文本（文字）、表格、图形、图像、动画、音频、视频、表单和超链接等界面元素构成。应用超文本标记语言中的各种 HTML 标签对 Web 网页中的元素进行描述（例如，应用不同的标签来描述文本的字体、颜色和大小，应用图像标签来描述图像等），得到一个超文本标记语言 HTML 格式的纯文本文件，该文件就是 HTML 文件（文件扩展名为 .html 或 .htm）。通常在网页设计中，包含 HTML 标签（含脚本程序）的纯文本文件，称为网页文件。HTML 文件和相应的资源文件（如图像文件，它与 HTML 文件是互相独立存放的，甚至可以不在同一台计算机上），就构成了 Web 网页。浏览器对网页里这些含 HTML 标记的文本内容进行解析并生成一个图形界面（Web 页面）。此外，ASP、.NET、JSP 和 PHP 等脚本程序代码和 HTML 文件相结合，就构成动态的 Web 网页。

Web 网页是一种超文本信息系统，它使得文本不再像传统文本（如一本书）那样是顺序的、线性的和固定的，而是可以通过超链接技术从文本的一个位置跳到另外的位置或另外的文本中，从而获取更多的信息。因此利用超文本链接，用户能轻松地从一个网页转到与之关联的另一个网页上，而不必关心这些网页分散在何处的主机中。Web 网页结构如图 1-2 所示。

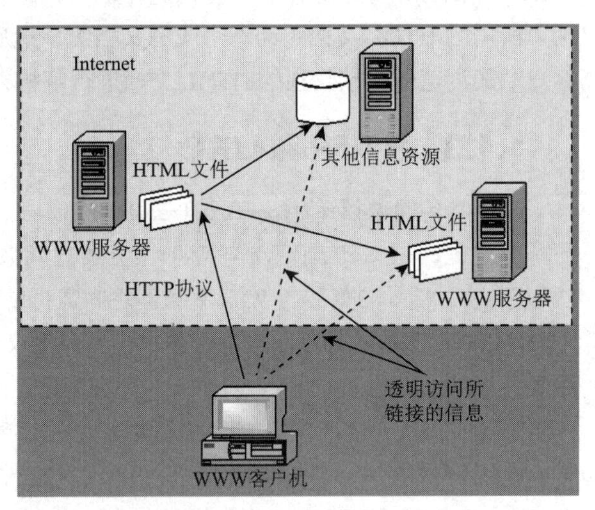

图 1-2 Web 网页结构（超文本信息系统）

延伸阅读

超文本即超级文本（Hyper Text），是用超链接的方法将各种不同空间的文字信息组织在一起、具有一定逻辑结构和语义的网状文本。超文本是一种用户界面范式，用以显示文本及与该文本之间相关的内容。超文本普遍以电子文档方式存在，其中的文字包含可以链接到其他位置或者文档的链接，允许从当前阅读位置直接切换到超文本链接所指向的位置。

超链接即超级链接（Hyper Link），是指从一个网页的某个元素指向一个目标的连接关系，这个目标可以是另一个网页，也可以是相同网页上不同位置的另一元素，还可以是一个图片、电子邮件地址、文件，甚至是一个应用程序。一个完整的超链接包括两部分，即链接的载体和链接目标的地址。链接的载体指的是显示链接的元素（即包含超链接的文本或图片、图像、动画、视频等），链接的目标是指单击超链接后所要显示的内容（如网页、电子邮箱、另一个网站等）。当浏览者单击已经链接的文字或图片等元素后，链接目标将显示在浏览器上，并且可以根据目标的类型来打开或运行。

超链接可以向浏览者指出有关文档中某个主题的更多信息。例如，“如果您想了解更详细的信息，请参阅某某页面”。使用超链接可以减少重复信息，使得文档结构更紧凑、更清晰。

超媒体即超级媒体（Hyper Media），是超文本和多媒体在信息浏览环境下的结合。用户不仅能从一个文本跳到另一个文本，而且可以激活一段声音、显示一个图形，甚至可以播放一段动画等。

1.2.2 Web 网站

Web 网站（Web Site）是由一系列逻辑相关的网页通过超链接组成的信息集合体。在网页中使用超链接与其他网页或站点（网站）之间进行链接，从而构成某个具有鲜明主题和丰富内容的网站。

在浏览器中输入网站的 URL 地址，打开的第一个网页称为首页或主页（Homepage），在主页上面有导航栏目及其指向其他网页（站点）的链接，用户通过浏览这些链接指向的网页，可以构建出该网站的逻辑结构，如图 1-3 所示。

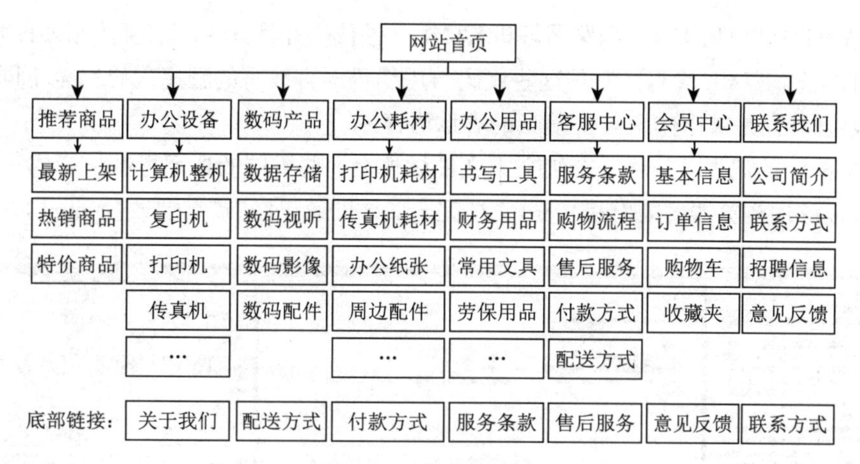

图1-3 网站逻辑结构

一个设计好的Web网站需要通过FTP等方式上传到WWW服务器上进行发布，用户方可进行浏览。

1.2.3 静态和动态网页

网页可以划分为静态网页和动态网页两种类型。

静态网页是指无论何种用户、无论何时何地访问，网页都会显示固定内容，除非网页更新。静态网页一般用HTML编写，文件扩展名为.html或.htm等。

动态网页是指网页显示的内容随着用户的不同、操作输入数据的不同和时间的不同而变化。例如学生成绩查询网页（网站）、股市行情网页（网站）等都是动态网页的例子。在动态网页中，客户端和服务器端之间有数据交互，数据一般保存在服务器端的数据库中。

动态网页一般可用ASP（文件扩展名为.asp）、ASP.NET（文件扩展名为.aspx）、JSP（文件扩展名为.jsp）和PHP（文件扩展名为.php）等语言来编写。

需要注意的一点是，通常通过双击本地文件夹中的静态网页文件，就可以打开该网页，看到的网页效果和用户浏览发布到WWW服务器上的网页效果是一样的。但对于动态网页而言，用该方法是不能正确打开网页的。动态网页必须发布到WWW服务器上或在网页集成开发环境（如Dreamweaver）中，才能被正确打开和浏览。

讨论：在一个网页中有动画存在，该网页是动态网页吗？

1.3 HTML与CSS

1.3.1 HTML

1. HTML的定义

HTML（Hyper Text Markup Language，超文本标记语言）是用一套标记标签（Markup Tag）来描述网页的标记语言，可将所需要表达的各种不同类型的信息（如文字、图片、影像、声音、影视、动画等）

按某种规则写成HTML文件，WWW浏览器解析HTML文件代码并将其中的信息按照某种效果显示出来。虽然 HTML 文件又称 HTML 代码，但是这些代码与用编程语言编写的程序代码完全不同，因此 HTML 不是一种编程语言，而是被用作 WWW 信息的表示语言。

应用 Windows 中的记事本，将一个纯文本文件添加上一些不同的标记标签，变成一个含有标签的文本文件后，就能够用浏览器渲染出和 Word 文档完全一样的效果（扩展名要改为 .html），如图 1–4 所示。

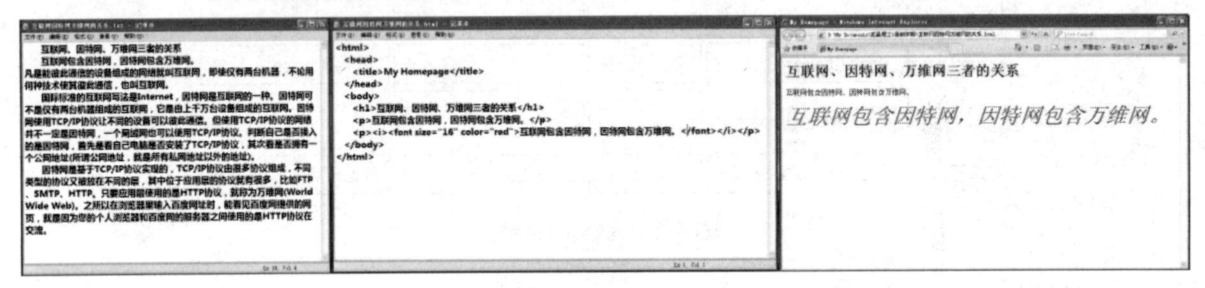

图 1–4　文本文件、含标签的文本文件及其渲染效果

在图 1–4 中含有标签的文本文件的具体代码（1–1_ 互联网因特网万维网的关系 .html）如下：

```
行号    代码：1-1_互联网因特网万维网的关系.html
 1      <html>
 2      <head>
 3          <title>My Homepage</title>
 4      </head>
 5      <body>
 6          <h1>互联网、因特网、万维网三者的关系</h1>
 7          <p>互联网包含因特网，因特网包含万维网。</p>
 8          <p><i><font size="16" color="red">互联网包含因特网，因特网包含万维网。</font></i></p>
 9      </body>
10      </html>
```

讨论： 用Word编写一个与图1–4中右图效果完全一样的文档，然后再对比这两个文档的代码，试问Word文档的文本格式（样式）在哪里？为什么不能用Word编写程序代码？

2. HTML 标签

HTML 标记标签简称 HTML 标签（HTML Tag），由一对尖括号包围的关键词构成，如 <html>、<head>、<body> 和 <div> 等。从图 1–4 中可以看出，标签不同，其作用和效果也不同。在 HTML 中，标签的名称是事先规定好的，不能随意定义。标签名称一般用小写字母表示。

HTML 标签通常是成对出现（使用）的，例如 <html>…</html>、<head>…</head>、<p>…</p> 和 <div>…</div> 等。标签对中的第一个标签称为首标签（开始标签），第二个标签称为尾标签（结束标签）。首标签和尾标签又称开放标签和闭合标签。一对标签之间可以容纳文本信息。少数标签只有一个标签，称为单标签，如 <img/>、
 和 <hr/> 等。

HTML 标签可以嵌套使用，例如：

```
<p><i><font>互联网包含万维网</font></i></p>
```

就是正确的用法；但不能交叉使用，例如：

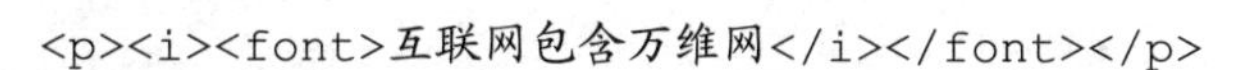

```
<p><i><font>互联网包含万维网</i></font></p>
```

就是错误的用法。不同的标签组合在一起，起到描述文本内容层次结构和渲染不同效果的作用。

3. 标签属性

在首标签中，那些以

```
属性名称 ="属性值"
```

形式出现的内容，称为标签的属性。例如，在代码1-1的第8行<font size="16" color= "red">中，font是标签名，size和color是属性名称，16和red是属性值，属性值需要用双引号或单引号界定，多个属性之间要用空格分隔开来。“属性名称/属性值”一起组成属性的键值对。给标签添加属性，能够使标签包含的文本内容表现出更多的效果。

应用标签的语法格式如下：

```
<标签 属性1="属性值1" 属性2="属性值2"…> 文本内容 </标签>
```

4. 元素

为了表述准确和方便，把匹配的标签对（含属性）以及它们所容纳的文本内容称为HTML元素、网页元素或元素，即

```
HTML元素 = 首标签 + 文本内容 + 尾标签
```

或表示为

```
<element>  content  </element>
```

其中，element称为标签元素名称，<element>和</element>称为标签元素，文本内容或content称为文本元素。

1.3.2 CSS

早期的HTML只含有少量的显示属性，用来设置网页和字体的效果。随着互联网的发展，为满足日益丰富的网页设计需求，HTML不断添加各种显示标签和样式属性，这就带来一个问题：当在标签中设置过多属性时，会表现出很多缺点。例如，HTML文档结构变得很复杂、网页代码变得混乱不堪、代码可读性变差，相同的属性设置会重复书写多次、代码编写工作量很大，代码冗余增加了带宽负担，代码维护也变得困难等。

解决问题的方法就是将这些属性设置集中书写在一起、形成一个样式表，以供引用。事实上，自1990年HTML被发明后，样式表就以各种形式出现了。

CSS（Cascading Style Sheets，层叠样式表）用来控制网页的样式、为网页文档中的元素添加样式，如字体大小、字体颜色、对齐方式、背景颜色、元素的边框、间距、大小、位置和可见性等，其在网页中对元素起到布局和渲染效果的作用。

延伸阅读

层叠样式表是一种用来表现HTML（标准通用标记语言的一个应用）或XML（标准通用标记语言的一个子集）等文件样式的计算机语言。CSS不仅可以静态地修饰网页，还可以配合各种脚本语言动态地对网页各元素进行格式化。CSS能够对网页中元素位置的排版进行像素级的精确控制，支持几

乎所有字体字号样式，拥有对网页对象和模型样式编辑的能力。

当网页采用 CSS 技术后，HTML 代码描述的是网页元素的内容，CSS 代码描述的是网页元素的表现效果，实现了网页内容和网页表现的彻底分离，CSS 是 Web 设计领域的一个突破。

CSS 可以为每个 HTML 元素定义样式，并把它应用到希望的任意多的页面上，即多个网页可以同时指向同一 CCS 文件，使开发者有能力同时控制多个网页的样式和布局，实现统一修改和更新。如果需要做一个全局的改变，只需简单地改变样式，Web 中所有元素的渲染效果都会被自动地更新。

应用 CSS 减少了重复代码的产生，减少了网页编写的工作量，使网页结构更加清晰，网页的修改和维护都很方便，同时网页文件小、下载速度更快。

HTML 文档的扩展名为 .html 或 .htm，CSS 文档的扩展名为 .css。

讨论：HTML 文档一般称为网页，那么 HTML 文档就等于网页吗？

1.4 Web 发展历程与标准

1.4.1 发展历程

1. HTML

Web 诞生于 20 世纪 90 年代，由 Tim Berners-Lee 所发明。1991 年 Tim Berners-Lee 编写了一个“HTML 标签”的文档，里面包含大约 20 个用来编写网页的 HTML 标签，主要用于在网上发布文本信息。随着 Web 的迅速发展，人们希望在网上发布图文、动画、音频和视频等更多类型的信息。为了满足人们不断增长的需求，HTML 在不断地飞速发展。

1994 年 10 月，在麻省理工学院（MIT）计算机科学实验室成立了万维网联盟（World Wide Web Consortium，W3C），W3C 的官网是 https://www.w3c.org。万维网联盟的创建者正是 Tim Berners-Lee。W3C 与其他标准化组织共同制定了一系列 Web 标准，有力地推进着 Web 技术的发展。

1991 年 HTML 诞生，1993 年 6 月互联网工程工作小组（IETF）作为工作草案发布 HTML 1.0。1995 年 11 月，W3C 发布 HTML 2.0，1997 年 1 月 14 日，W3C 发布 HTML 3.2。

1997 年 12 月 18 日，W3C 发布 HTML 4.0（1998 年 4 月 24 日修订），允许在 HTML 文档中将所有元素的属性移出，写入到一个独立的样式表中（把文档的表现从其结构中分离出来，实现独立控制表现层）。1999 年 12 月 24 日，W3C 发布 HTML 4.01（微小改进）。4.0 和 4.01 这两个版本的影响很大，在很长一段时间内，Web 网页都采用这个标准。

在 2000 年 1 月 26 日，W3C 推荐 XHTML 1.0 以代替 HTML，XHTML 是以 XML 1.0 标准重构的 HTML 4.01，虽然 XHTML 与 HTML 4.01 几乎是相同的，但是它的语法更加严格，只要网页中出现一处错误，则浏览器停止解析，而 HTML 不会出现这种情况。

HTML 5 是最新的 HTML 版本，是继 HTML、XHTML 以及 HTML DOM 之后的又一个新标准。在 Web 标准研究方面，WHATWG（Web Hypertext Application Technology Working Group，网页超文本应用技术工作小组）致力于 Web 表单和应用程序，而 W3C 专注于 XHTML 2.0，W3C 的意图是要放弃 HTML 而力图发展 XML 。2006 年双方决定进行合作，创建一个新版本 HTML 5，并建立一些规则：

①新特性应该基于 HTML、CSS、DOM 以及 JavaScript；②减少对外部插件的需求（如 Flash）；③更优秀的错误处理；④更多取代脚本的标记；⑤ HTML 5 应该独立于设备；⑥开发进程应对公众透明。

2010 年 8 月 9 日，W3C 编辑草稿 HTML 5 发布，经过不断完善，2014 年 10 月 28 日，W3C 正式发布 HTML 5。经过接近 8 年的艰苦努力，该标准规范终于制定完成。HTML 5 出现后，HTML 又重新占据了主导地位。

延伸阅读

在 HTML 的发展历程中，HTML 不能描述数据的具体含义、标记数量有限等问题表现比较明显，同时不同浏览器厂商对 HTML 的支持并没有完全严格按规范要求去做。例如，双标签没有结束标签、标签和属性的大小写不约束、属性值是否有引号没有关系，甚至标签是否正确嵌套也没有关系，这样就产生出浏览器的兼容问题，这些网页在移动设备和手持设备上运行问题更明显。为此 W3C 建议使用 XML（Extensible Markup Language，可扩展标记语言）的规范来约束 HTML 文档。

XML 是一套用来定义如何标记文本的规则，没有固定的标记。在 XML 中程序员可以根据需要自己定义不同的标记。XML是区分大小写的，所有元素必须成对出现，所有属性值必须用英文引号引起来。XML 的主要用途：一是作为定义各种实例标记语言标准的元标记；二是作为 Web 数据的标准交换语言，起到表述交换的作用。

由于存在大量基于 HTML 设计的网站，马上采用 XML 还不太现实。为了从 HTML 平滑过渡到 XML，就采用了扩展的 XHTML（Extensible Hyper-Text Markup Language）。XHTML 是一种过渡技术，它结合了 HTML 的简单性和 XML 的规范性等优点，是一种增强了的 HTML。

2. CSS

1994 年初，哈坤 · 利提出设计 CSS 的最初建议，伯特 · 波斯当时正在设计一款 Argo 浏览器，他们一拍即合，决定共同开发 CSS。1994 年底，哈坤在芝加哥的一次会议上第一次展示了 CSS 的建议。1995 年，在 WWW 网络会议上 CSS 又一次被提出，伯特 · 波斯演示了 Argo 浏览器支持 CSS 的例子，哈坤也展示了支持 CSS 的 Arena 浏览器。1995 年 W3C 成立，CSS 的创作成员全部成为 W3C 的工作小组并且全力以赴负责研发 CSS 标准，CSS 的开发终于走上了正轨。

1996 年 12 月，W3C 推出 CSS 规范的第一个版本（Cascading Style Sheets Level 1，CSS 1），CSS 1 提供有关字体、颜色、位置和文本属性的基本信息，该版本已经得到了当时解析 HTML 和 XML 浏览器的广泛支持。

1998 年 5 月发布了 CSS 2 版本，样式得到了更多的充实。CSS 2 是一套全新的样式表结构，采用内容和表现效果分离的方式。HTML 元素可以通过 CSS 2 的样式控制显示效果，可完全不使用以往 HTML 中的 table 和 td 来定位表单的外观和样式，只需使用 p 和 li 等 HTML 标签来分割元素，并通过 CSS 2 样式来定义表单界面的外观。

2001 年 5 月，W3C 开始进行 CSS 3 标准的制定，CSS 3 在 CSS 2 的基础上增加了一些新的属性，它提供了更多炫酷的效果，降低了对 JavaScript 脚本的依赖，减少了 UI 设计师的工作量。如圆角、阴影、透明度、背景颜色渐变、背景图片大小控制、定义多个背景图片、Web 字体、2D/3D 变形（旋转、扭曲、缩放）、动画等，都是 CSS 3 新增的功能。

CSS 3 目前还在更新中，但是大部分功能已经可以使用了，Chrome（谷歌浏览器）、Safari（Mac OS 上的浏览器）、Firefox（火狐浏览器）、Android 浏览器、iOS 浏览器、UC 等主流浏览器对 CSS 3 的支持已经相当不错了，只要不使用特别生僻的功能，一般都没问题。

QQ 浏览器、360 浏览器、百度浏览器等都使用了 Chromium 引擎，这个引擎就是 Chrome 的引擎，所以它们对 CSS 3 的支持不逊色于 Chrome。

令人遗憾的是，IE 浏览器直到 IE10 才比较好地支持 CSS 3。IE 的市场占有率不可忽视，如果用户仍然在使用 IE9 及其以下版本的浏览器，请慎用 CSS 3。

延伸阅读

从技术和应用两个层面看，因特网可以大致划分为 Web 1.0、Web 2.0 和 Web 3.0 发展时代。

在 Web 1.0 时代，网站提供给用户的内容是由网站进行编辑处理的，用户通过浏览器获取、阅读网站提供的内容。用户阅读信息这个过程是网站到用户的单向行为。

Web 1.0 以技术创新为主导模式（如新浪最初就是以技术平台起家，搜狐以搜索技术起家，腾讯以即时通信技术起家等），依托为数众多的用户和点击率，以点击率为基础上市或开展增值服务，向综合门户合流，主营与兼营结合（如新浪以新闻 + 广告为主），盈利空间和盈利方式多元化。

Web 2.0 是互联网的一次理念和思想体系的升级换代，由原来的自上而下的由少数资源控制者集中控制主导的互联网体系，转变为自下而上的由广大用户集体智慧和力量主导的互联网体系。

Web 2.0 更注重用户的交互作用，用户既是网站内容的浏览者，又是网站内容的制造者。用户在互联网上拥有自己的数据，所有功能都能通过浏览器完成。例如，博客（Blog）和维基百科全书（Wikipedia）就是典型的用户创造内容；Flickr 网站应用 tag 技术（用户设置标签）将传统网站中的信息分类工作直接交给用户来完成（一幅小狗照片可能被加上“小狗”和“可爱”这样的标签，从而允许系统依照用户行为所产生的自然的方式进行检索）。

现在人们对 Web 3.0 还没有权威的定义，但是从现在的发展情况来看，Web 3.0 将是多种新技术的融合和发展。

1.4.2 Web 标准

Web 标准又称网页标准，是 W3C 和其他标准化组织制定的一套规范集合，它不是某一个标准，而是一系列标准的集合。这些标准大部分（如 CSS 、HTML、XML 等）由 W3C 负责制定，也有一些标准是由其他标准组织制定的，如 ECMA 的 ECMAScript 标准等。

延伸阅读

早期 Web 设计为了传达视觉的艺术表现而滥用 HTML 标签，例如泛滥使用表格、使用空格符、透明 GIF 图像或隐藏元素来填充和定义空白区域等。随着互联网的发展，Web 信息交流方式要求有一个标准和以标准来控制设计，于是 CSS 就开始被试用了，浏览器厂商也开始不断增强产品对标准技术的支持。从 2003 年开始，HTML+CSS 的设计模式逐渐被人们接受（其中 HTML 负责构建网页结构，CSS 负责设计网页的表现）。狭义的 Web 标准是指网页设计的 DIV+CSS 化，广义的 Web 标准是指网页设计要符合W3C和ECMA规范。

网页主要由结构（Structure）、表现（Presentation）和行为（Behavior）三部分组成，对应的标准也划分为结构标准、表现标准和行为标准三方面。

1. 结构标准

网页结构标准用于对网页元素进行组织、整理和分类，编写网页结构的语言有HTML、XML和XHTML，但属于标准结构语言的是XML和XHTML。

XML是一种可扩展标记语言，是一种能定义其他语言的语言，和HTML一样，XML同样来源于SGML。XML的最初设计目标是弥补HTML的不足，以强大的扩展性满足网络信息发布的需求。现在XML主要作为一种数据格式，用于网络数据交换和书写配置文件。

XHTML是可扩展超文本标记语言。XHTML是基于XML的标记语言，是在HTML 4.0的基础上，用XML的规则对其进行扩展建立起来的。发布XHTML的最初目的就是想实现HTML向XML的过渡。但HTML 5出现后，HTML又重新占据了主导地位。

2. 表现标准

网页表现标准用于设置网页元素的版式、颜色、大小等外观样式，主要靠CSS来实现，即以CSS为基础进行网页布局、控制网页的表现。

CSS布局与XHTML结构语言相结合，可以实现表现与结构的分离，使网站的访问及维护更加容易。

3. 行为标准

网页行为标准主要对网页信息的结构和显示进行逻辑控制，实现网页的智能交互。网页行为标准语言主要包括文档对象模型（如W3C DOM）和ECMAScript等。

DOM（Document Object Model，文档对象模型）是中立于平台和语言的接口，是一种让浏览器与网页内容沟通的语言，使用户可以访问页面元素和组件，允许程序和脚本动态地访问和更新文档的内容、结构和样式。

ECMAScript是由ECMA（European Computer Manufactures Association）以JavaScript为基础制定的标准脚本语言。目前使用最广泛的是ECMAScript 262，即JavaScript 5.0版本。2015年6月，ECMAScript 6.0（ES 6）发布，该版本增加了很多新的语法，极大地拓展了JavaScript的开发潜力。ES 6现已更名为ES 2015，以后每年会发布新的ES标准，这标志着JavaScript的发展将会更快。

1.5 Web浏览器

1.5.1 主流浏览器

Web浏览器是一个客户端的程序，其主要功能是使用户获取因特网上的各种资源，是用户通向WWW的桥梁和获取Web信息的窗口，用户通过浏览器可以在浩瀚的因特网海洋中漫游，搜索和浏览自己感兴趣的信息。

1993年4月，Mosaic浏览器作为第一款正式的浏览器发布，1994年11月，Navigator浏览器发布，1995年，Navigator 2.0版本集成了JavaScript脚本语言，微软模仿开发VBScript和JScript应用到了浏览器 IE 中，这直接开启了 Netscape（网景公司）和微软之间的浏览器竞争。由于微软的 IE 集成在 Windows 操作系统上的优势，Netscape 的 Navigator 很快在浏览器市场上落于下风，但 Netscape 把 JavaScript 提交到了 ECMA，推动制订了 ECMAScript 标准，成功实现了 JavaScript 的标准国际化。服务器端的动态页面技术使得网页可以获取服务器的数据信息并保持更新，推动了 Google 为代表的搜索引擎的出现。

Netscape 在创办 Mozilla 技术社区后发布了遵循 W3C 标准的 Firefox 浏览器（代码开源），和 Opera 浏览器一起代表 W3C 阵营和 IE 开始了第二次浏览器之争。在 HTML 5 新规范的指引下，各个浏览器厂商都为了支持 HTML 5 而不断改进浏览器。值得注意的是，Google 以 JavaScript 引擎 V8 为基础研发的 Chrome 浏览器发展迅猛。目前常用的主流浏览器如图 1–5 所示。

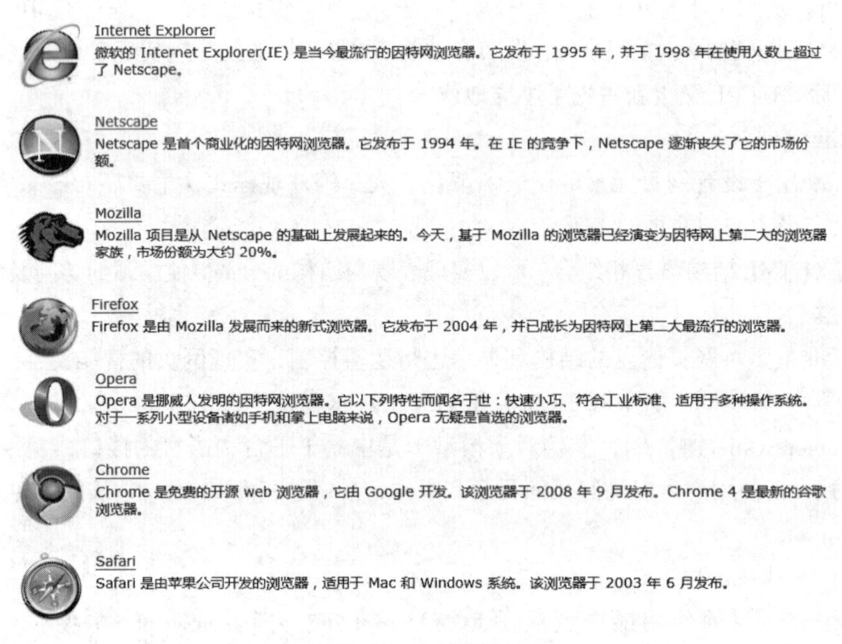

图 1–5 主流浏览器

1.5.2 浏览器内核

浏览器内核是指浏览器所采用的渲染引擎，渲染引擎决定了浏览器如何显示网页的内容以及页面的格式信息。不同的浏览器内核对网页编写语法的解释不同，因此同一网页在不同内核浏览器中的渲染（显示）效果也可能不同，这也是网页需要在不同内核的浏览器中测试显示效果的原因。

在所有浏览器中，使用最广泛的引擎是 Gecko、Webkit 和 Trident 。最早 Netscape 使用的是 Gecko 排版引擎，后来的 Firefox 继承了它的衣钵。微软从 Spyglass 公司买来技术开发了 Internet Explorer，使用了 Trident 引擎。苹果开发了 Webkit ，做出了 Safari 浏览器，后来引擎开源，Google 做出了基于 Webkit 的 Chrome。

1. Trident（Window IE）

Trident 是 IE 浏览器使用的内核，其他很多浏览器也使用该内核。以前 Trident 内核（如 IE 6）占得市场份额很大，因此大量的网页是专门为 IE 6 等 Trident 内核编写的。但这些网页的代码并不完全符合 W3C 标准，完全符合 W3C 标准的网页在 Trident 内核下出现了一些偏差，于是 IE 9 使用的 Trident 内核，较之前的版本增加了很多对 W3C 标准的支持。基于 Trident 内核的浏览器有 IE 6、IE 7、IE 8（Trident 4.0）、IE 9（Trident 5.0）和 IE 10（Trident 6.0）。

2. Webkit（Safari）

Webkit 是由苹果公司开发的内核，是目前最常用的浏览器内核。Webkit 的优势在于高效稳定、兼容性好，且源码结构清晰、易于维护。目前，Webkit 内核是最具有潜力而且是已经有相当成绩的新型内核，性能非常好，对 W3C 标准的支持也非常完善。常见的基于 Webkit 内核的浏览器主要有 Apple 的 Safari（win/mac/iphone/ipad））、Google 的 Chrome、塞班手机浏览器、Android 手机默认的浏览器。

3. Gecko（Firefox，跨平台）

Gecko 是开源的浏览器内核，目前主流的 Gecko 内核浏览器是 Mozilla Firefox。由于 Firefox 的出现，IE 的霸主地位逐渐被削弱，Chrome 的出现更是加速了这个进程。非 Trident 内核的兴起逐渐改变了整个互联网的格局，直接推动编码的标准化。虽然是开源的、也已经开发很多年，但基于 Gecko 的浏览器并不多见。

4. Presto

Presto 是目前网页浏览速度最快的浏览器内核，对 W3C 的支持也很好，对页面文字的解析性能比 Webkit 高，对页面有较高的阅读性，但是对网页的兼容性方面不够完善。基于 Presto 的浏览器有 Opera。

1.6 Web 前端开发

1.6.1 Web 前端开发的定义

Web 应用程序开发可分为 Web 前端开发和 Web 后端开发。

Web 后端开发是指设计、编写在 Web 服务器上运行的页面处理逻辑和数据处理逻辑，主要技术包括 ASP、ASP.NET、JSP 和 PHP 等。

Web 前端开发是指设计发送到客户端后可被各种浏览器解析的、呈现给用户的界面（即 Web 页面或 App 等前端界面），通过 HTML、CSS、JavaScript 以及衍生出来的各种技术、框架和库、解决方案等来实现产品的交互式用户界面。

在 Web 前端开发过程中，一个公司的前端设计师要与上游的界面设计师、视觉设计师（和交互设计师）进行沟通，将他们产出的设计效果图（含特效效果图）做成 Web 页面，加上各种 JS、CSS 代码（效果）后，再交给下游的服务器端程序员进行编程，最终完成产品的设计开发。

1.6.2 前端开发的发展历程

Web 前端开发是从网页制作演变而来的，以前只要会 Photoshop 和 Dreamweaver 就可以制作网页，但现在只掌握这些已经远远不够了。随着用户在界面上体验的要求越来越高，网站开发的技术难度越来越大，开发方式也越来越多样化，网页制作方式更接近传统的网站后台开发，所以现在不再叫网页制作，而是称为 Web 前端开发。

在互联网的演化进程中，网页制作是 Web 1.0 时代的产物，那时网站的主要内容是静态的，以图片和文字为主，网站只能呈现简单的图文信息，大部分用户使用网站的行为也以浏览为主，对界面技术的要求也不高。

互联网进入 Web 2.0 时代后，各种类似桌面软件的 Web 应用大量涌现，网站的前端由此发生了很大变化。网页不再只是承载单一的文字和图片，各种富媒体让网页的内容更加生动；DHTML（Dynamic HTML，动态 HTML）可以让用户的操作更炫酷、更吸引眼球；AJAX（Asynchronous JavaScript And XML，异步 JavaScript 和 XML）基于异步 HTTP 请求，可以实现无刷新的数据交换，让用户的操作更流畅；XHTML+CSS 布局、HTML 5 和 CSS 3 的应用，使得网页更加美观、交互效果显著、功能更加强大。

延伸阅读

DHTML（Dynamic HTML，动态 HTML）不是 W3C 标准或规范，不是一门新的语言和技术，而是一个被网景公司（Netscape）和微软公司用来描述可使文档动态性更强的 HTML、CSS 样式表以及脚本结合物的概念术语，即用来描述 Netscape 4.x 以及 Internet Explorer 4.x 浏览器应当支持的一些技术集（HTML 4.0、CSS、JavaScript、VBScript、DOM、Layers）。对大多数人来说，DHTML 意味着就是 HTML 4.0、CSS 以及 JavaScript 的结合物。要注意的是，只要 4.x 浏览器所创建的属性特征和技术不被其他浏览器支持，使用 DHTML 进行编码就会产生问题。

在 DHTML 文档中，HTML（XHTML）是页面中的各种页面元素对象，它们是被动态操纵的内容；CSS 属性也是动态操纵的内容，从而获得动态的格式效果；客户端脚本（如 JavaScript）则操纵着 Web 页上的 HTML 和 CSS。CSS 和客户端脚本是直接写在页面上而不是链接上相关文件。

使用 DHTML 技术，可使网页设计者创建出能够与用户交互并包含动态内容的页面，即可以动态操纵网页上的所有元素（甚至是在这些页面被装载以后）；可以动态地隐藏或显示内容、修改样式定义、激活元素以及为元素定位；还可以在网页上显示外部信息，方法是将元素捆绑到外部数据源（如文件和数据库）上。所有这些功能均可用浏览器完成而无须请求 Web 服务器，同时也无须重新装载网页。这是因为一切功能都包含在 HTML 文件中，随着对网页的请求而一次性下载到浏览器端。DHTML 技术是一种非常实用的网页设计技术，是近年来网络发展进程中最具实用性的创新之一。

RIA（Rich Internet Application，富互联网应用程序）是一种富客户端 Web 应用程序，它结合了桌面软件良好的用户体验和 Web 应用程序易部署的优点，使得网站从 Web Site 进化成 Web App。RIA 是集桌面应用程序的最佳用户界面功能与 Web 应用程序的灵活快速、低成本部署能力以及互动多媒体通信的实时快捷性于一体的新一代网络应用程序，提供可承载已编译客户端应用程序（以文件形式用 HTTP 传递）的运行环境，客户端应用程序使用异步客户 / 服务器架构连接现有的后端应用服务器，这种面向服务的模型由采用的 Web 服务所驱动，结合声音、视频和实时对话的综合通信技术，使 RIA 具有前所未有的网上用户体验。目前几种比较有实力和特点的 RIA 客户端开发技术有 Adobe Flash/Flex、SilverLight、JavaFX 和 HTML 5 等。

随着Web越来越规范和标准的统一，各浏览器纷纷支持HTML 5，前端能够实现的交互功能越来越多，相应的代码复杂度也快速提升，以前用于后端的MV*框架也开始出现在前端部分。例如：

① MVC（Model-View-Controller，模型—视图—控制器）；

② MVP（Model-View-Presenter，模型—视图—表现类）；

③ MVVM（Model-View-ViewModel，模型—视图—视图模型）。

如今诞生了非常多的框架和库，各种JavaScript框架层出不穷，为整个前端开发领域注入了巨大的活力。

框架的快速发展也开启了网站的SPA（Single Page Application，单页面应用）时代。单页面应用，指的是在一个Web页面上集成多种功能，甚至整个系统就只有一个页面，所有业务功能都是它的子模块，通过特定的方式挂接到主界面上。在单页面应用中，整个前端项目架构在一个网页上（加载单个HTML页面）。在用户与应用程序交互时，通过动态获取服务端数据、动态更新该页面，提供一个和桌面应用程序相似的用户体验。它是AJAX技术的进一步升华，把AJAX的无刷新机制发挥到极致，因此能造就出与桌面程序相媲美的流畅用户体验。用ExtJS、jQuery和一些JS框架，都可以实现单页面应用。

网站重构使得网站的页面优化（网页的程序、内容、版块、布局等优化），使其适合搜索引擎检索、在搜索引擎检索中提升排名，使得网站前端兼容各种主流浏览器，采用CDN来加速资源加载、压缩JS、CSS、Image等前端资源等。网站重构后代码具有很好的复用性和可维护性，网页上软件化的交互形式为用户提供了更好的使用体验。包括新浪、搜狐、网易、腾讯、淘宝等在内的各种规模的IT企业都对自己的网站进行了重构。网站重构的影响力正以惊人的速度增长。

随着手机成为人们生活中不可或缺的一部分，成为人们身体的延伸，人们迎来了体验为王的时代。移动互联网带来了大量高性能的移动终端设备以及快速的无线网络，HTML 5、Node.jS的广泛应用，各类框架类库层出不穷，移动端的前端开发前景宽阔。此外，前端技术还能应用于智能电视、智能手表甚至人工智能领域。

1.6.3　前端开发技术

Web前端开发在互联网产品开发环节中的作用变得越来越重要，而且需要专业的前端设计师才能做好。Web前端开发是一项很特殊的工作，涵盖的知识非常广，既有具体技术层面的知识，又有抽象理论层面的知识。

延伸阅读

互联网项目的开发，需要掌握多种技术。需要用到后端开发、产品设计、界面设计、前端开发、数据库、各种移动客户端、三屏兼容、RESTful API设计和OAuth等，比较前卫的项目，还会用到Single Page Application、Web Socket、HTML 5/CSS 3等技术以及第三方开发、微信公众号、微博应用等。因此前端设计师除了要具备HTML、CSS和JavaScript基本的开发技术外，还应该具备Flash/Flex、Silver light、XML和服务器端的基础知识、SEO（Search Engine Optimization，搜索引擎优化）、网站构架等技术。

1. 核心开发技术

CSS 3、HTML 5、JavaScript、jQuery、DOM 编程构成了 Web 前端开发的核心技术。

在 HTML、CSS 与 JavaScrip 中，HTML 负责构建网页的基本结构，CSS 负责设计网页的表现效果，JavaScript 负责开发网页的交互效果。

W3C 的 DOM（Document Object Model，文档对象模型）定义了针对 HTML 的一套标准的对象以及访问和处理 HTML 对象的标准方法，是一个中立于语言和平台的接口，它允许程序和脚本动态地访问和更新文档的内容、结构以及样式。

JavaScript 能编写可控制所有 HTML 元素的代码，应用到 DHTML 中，JSS（JavaScript 样式表）允许控制不同的 HTML 元素如何显示，Layers 允许控制元素的定位和可见性等。

jQuery 是继 Prototype 之后又一个优秀的轻量级 JavaScript 框架（JavaScript 代码库）。jQuery 封装 JavaScript 常用的功能代码，提供一种简便的 JavaScript 设计模式，优化 HTML 文档操作、事件处理、动画设计和 AJAX 交互以实现快速 Web 开发，它被设计用来改变编写 JavaScript 脚本的方式。

jQuery 的文档非常丰富但并不复杂，同时约有几千种丰富多彩的插件，加之简单易学，jQuery 很快成为当今最为流行的 JavaScript 库，成为开发网站等复杂度较低的 Web 应用程序的首选 JavaScript 库，并得到了微软、Google 的支持。

jQuery 兼容各种主流浏览器，如 IE 6.0+、FF 1.5+、Safari 2.0+、Opera 9.0+ 等。

AJAX 开启了 Web 2.0 时代。2004 年前的动态页面都是由后端技术驱动的，虽然实现了动态交互和数据即时存取，但是每一次的数据交互都需要刷新一次浏览器，频繁的页面刷新非常影响用户的体验，该问题直到 2004 年谷歌应用 AJAX 技术开发 Gmail 和谷歌发布地图时才得以解决。秘密就是应用 AJAX 技术，页面无须刷新就可以发起 HTTP 请求，用户也不用专门等待请求的响应，而是可以继续浏览或操作网页。

2. 技术框架和库

JavaScript 在 2017 年被 IBM 评为最值得学习的编程语言之一，它的流行度快速上升并一直持续，这也促使了一个活跃的生态系统的生成以及与之相关的技术和框架的发展。选择合适的 Web 框架和 JS 库可以加快 Web 开发速度，缩短开发时间。

Bootstrap 是一款很受欢迎的前端框架，Twitter 出品的 Bootstrap 在业界是非常受欢迎的，以至于有很多前端框架都在其基础上开发，如 WeX5 就是在 Bootstrap 源码基础上优化而来的。Bootstrap 是基于 HTML、CSS、JavaScript 的主流框架之一，它简洁灵活，使得 Web 开发更加快捷。它提供优雅的 HTML 和 CSS 规范，在 jQuery 的基础上进行更加个性化和人性化的完善，兼容大部分 jQuery 插件，并包含了丰富的 Web 组件，如下拉菜单、按钮式下拉菜单、导航条、按钮组、分页、缩略图、进度条和媒体对象等。自带 13 个 jQuery 插件，其中有模式对话框、标签页、滚动条和弹出框等。这些组件和插件可以快速搭建一个漂亮和功能完备的网站，用户还可以根据自己的需求进行 CSS 变量的修改，扩展自己所需功能。

Angular JS 是一款优秀的、全功能的前端 JS 框架，是一个由 Google 维护的开源前端 Web 应用程序框架，是一个模型—视图—控制器（MVC）模式的框架。Angular JS 是由 Misko Hevery 于 2009 年开发的，已经被用于 Google 的多款产品中。与其他框架相比，它可以快速生成代码，并且能非常轻松地测试程序独立的模块。最大的优势是在修改代码后，它会立即刷新前端UI，能马上体现出来。它是用于SPAs(单页面应用)开发中最常用的JavaScript框架。

Backbone是一种帮助开发重量级的JavaScript应用的框架，Backbone是一个MVP模型，主要提供了Models（模型）、Collections（集合）、Views（视图）三种结构，其中模型用于绑定键值数据和自定义事件，集合附有可枚举函数的丰富API，视图可以声明事件处理函数，并通过RESRful JSON接口连接到应用程序。Backbone依赖于underscore.js，其中包含很多工具方法、集合操作和js模板等。它旨在开发单页面Web应用，并保证不同部分的Web应用同步。它采用命令式的编程风格，与使用声明式编程风格的Angular不同。Backbone也与后端代码同步更新，当模型改变后HTML页面也随之改变。Backbone被用来构建Groupon、Airbnb、Digg、Foursquare、Hulu、Soundcloud、Trello等应用。

Meteor.js发布于2012年，涵盖了开发周期的所有阶段，包括后端开发、前端开发、数据库管理。它是一个由Node.js编写的开源框架。Meteor.js是一个简单和容易理解的框架，所有包和框架都可以轻松使用。代码层的所有改变能够立即更新到UI界面，服务端和客户端都只需要用JavaScript开发。

React.js是一个用于构建用户界面的JavaScript库（由Facebook开发的非MVC模式的框架），主要用于构建一个可复用的UI组件，Facebook和Instagram的用户界面就是用React.js开发的。这个框架的缺点之一就是它只处理应用程序的视图层，很多人认为React.js就是MVC中的Views。它采用声明式设计、JSX的语法扩展、强大的组件、单向响应的数据流，具有高效、灵活的性能，且代码逻辑简单。

Vue.js（或Vue JS、Vue）是用于构建交互式的Web界面的库（用于用户界面开发的渐进式JavaScript框架）。与Angular和React相比较，它被证明速度更快，并且吸收了这两者的优点。Vue的创始人是尤雨溪，他曾在Google工作并使用Angular。这是他直接抽取出他喜欢的Angular的特性，不再引入其他复杂的理念而打造的一款新框架。所有Vue模板都基于HTML，可以在GitHub上找到很多资源，它也提供双向绑定（MVVM数据绑定）和服务端渲染。在Vue中，可以使用模板语法或使用JSX直接编写渲染函数。

延伸阅读

2009年，Ryan Dahl以Chrome的V8引擎为基础，开发了基于事件循环的异步I/O框架Node.js。Web前端开发需要用到Node.js来协助前端的开发。Node.js使得前端开发人员可以利用JavaScript开发服务器端程序，因此它深受前端开发人员的欢迎。很快，大量的Node.js使用者就建构了一个用NPM包管理工具管理的Node.js生态系统。Node.js也催生了node.webkit等项目，拓展了JavaScript开发跨平台的桌面软件的能力。

3. 移动端开发

随着智能手机的发展，移动端成了重要的信息和流量端口，为了满足不同移动端浏览器的兼容需求，发展出了jQuery Mobile、Sencha Touch、Framework 7等框架。

Native App的性能和UI体验依然比移动Web App要好，但移动Web开发成本低、跨平台、发布周期短的特点不容忽视，未来可期。

Hybrid 技术指的是利用 Web 开发技术，调用 Native 相关的 API，实现移动与 Web 二者的有机结合，既能利用 Web 开发周期短的优势，又能为用户提供 Native 的体验。

讨论：动态网页是在静态网页的基础上发展而来的，它是在互联网信息急剧膨胀和人们对于 Web 信息动态交互需求的大背景下产生的。对于动态网页有两种说法：一种说法是利用服务器技术动态改变浏览器中的显示信息，这种表现多侧重于后台服务器技术的开发；另一种说法就是利用浏览器中的脚本动态控制页面的显示效果。你认为哪种说法更合理？

1.7 开发工具

由于 HTML、CSS 和 JavaScript 文档都是 ASCII 文本文件，所以在 Web 网页的设计和开发过程中，仅仅使用 Windows 系统中自带的 Notepad 就可以完成任务。但是为了提高网页设计和开发的效率、减少代码编写出错的概率，一般采用专业的代码编辑工具。常用的编辑工具有 EditPlus、NodePad++、sublime Text、WebStorm、VS Code 和 Dreamweaver 等。下面仅对 NotePad、VS Code 和 Dreamweaver 进行简介。

1.7.1 NotePad

NotePad 是 Windows 自带的文本编写工具，使用 NotePad 编写网页代码的优点是界面非常简单、初学者容易上手。在 NotePad 中，仅可对代码进行字体、字形和大小设置，不能进行颜色等属性设置，如图 1–6 所示。用 NotePad 编写代码后，保存文件的编码格式有 ANSI、Unicode 和 UTF–8 等。注意，在网页设计中，保存文件的格式应为 UTF–8。使用 NotePad 编写网页代码的缺点是无任何语法提示（如语法高亮显示和着色显示、代码自动完成提示等）、无行号提示、代码不能自动换行、无代码折叠功能等。

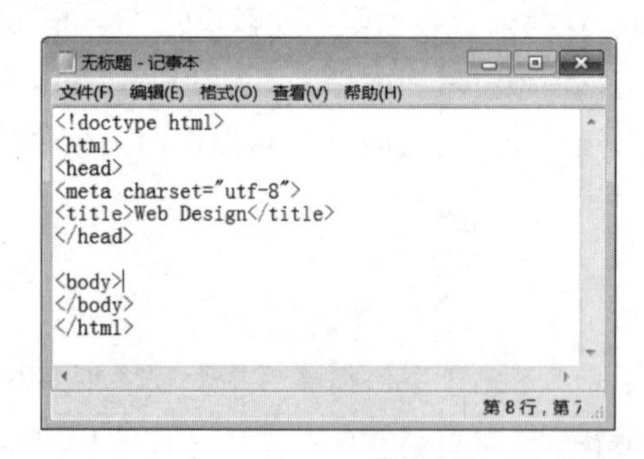

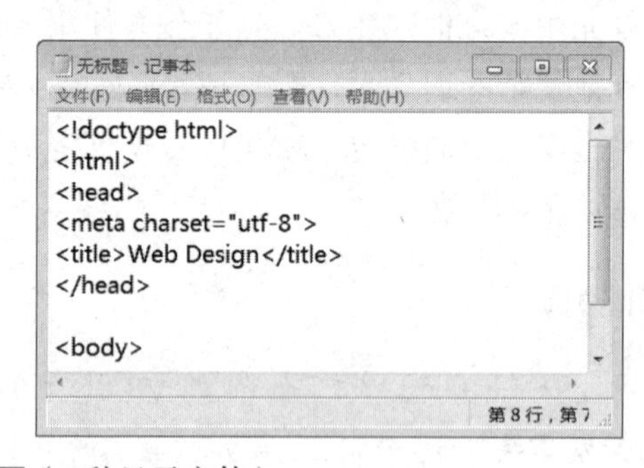

图 1–6 NotePad 界面（2 种显示字体）

讨论：用 NotePad 编写代码，设置字体和大小，保存文件到移动存储介质上。在其他计算机上再打开该文件时，显示效果会一样吗？

1.7.2 VS Code

VS Code（Visual Studio Code）是 Microsoft 在 2015 年 4 月 30 日发布的，一个运行于 Mac OS X、Windows 和 Linux 之上的，编写 Web 和云应用的源代码编辑器。

VS Code 编辑器具备许多特性，如语法高亮（syntax high lighting）、可定制热键绑定（customizable keyboard bindings）、括号匹配（bracket matching）及代码片段收集（snippets）。

VS Code 提供了对 HTML 的完美支持。创建一个空白的 HTML 文档后，只需输入“ht”并选择“html:5”，就能快速产生一个 HTML 文档结构的代码。在 body 部分，输入某个 HTML 标记名称（通常只需输入前若干字母），就能产生该标记较完整的代码。一个示例用法，如图 1–7 所示。

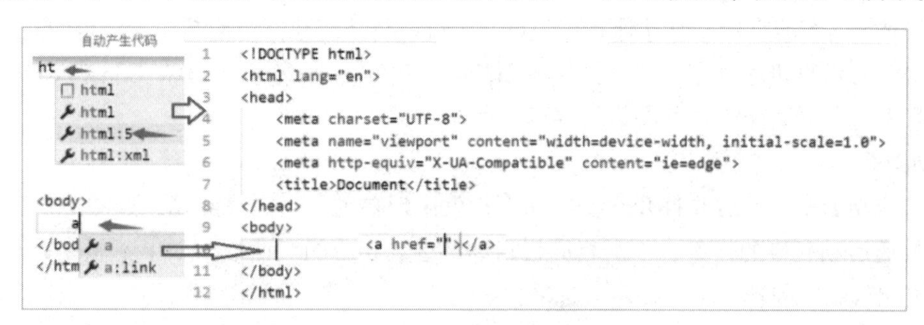

图 1–7　VS Code 界面

1. 文档编辑快捷键

VS Code 的若干快捷操作如下：

按【Alt+Shift+F】组合键可格式化文档；

按【Alt+Shift+Up（Down）】组合键向上（下）复制一行；

按【Ctrl+Shift+K】组合键删除光标所在的一行；

按【Ctrl+/】组合键注释或取消注释（HTML 标签、CSS 样式和 JS 脚本）；

按【Ctrl+Enter】组合键在当前行下方插入一行；

按【Ctrl+Shift+Enter】组合键在当前行上方插入一行。

2. 添加页面的即时浏览环境

在 VS Code 中，安装第三方插件后，可以即时浏览 HTML 静态网页，其操作步骤如下：

① 单击左边的扩展工具，在搜索文本框中输入“vscode browser sync”，单击相应的插件名称即可安装，如图 1–8 所示。

图 1–8　在 VS Code 中安装插件

② 在编辑状态下，按【Ctrl+P】组合键，出现操作对话框。

③ 在对话框里输入“>”，选择“Browser Sync：Server mode at side panel”，出现路径选择对话框。

④ 在对话框中输入“\”并按【Enter】键，出现页面的同步浏览窗口。

1.7.3 Dreamweaver

Dreamweaver（DW）最初由 Macromedia 公司于 1997 年 12 月完成研发并发布，2005 年 Adobe 公司收购 Macromedia 公司后继续研发该产品，推出了 Adobe DW CS3、CS4、CS5、CS5.5 和 CS6 几个版本，2013 年 6 月后新推出 Adobe DW CC、CC2015、CC2017、CC2018、CC2019 等版本。CC 版本只能运行

在 Windows 7 和 Windows 10 系统，Windows XP 及以下系统不能运行。

DW 是集网页制作和管理网站于一身、所见即所得的网页代码编辑器，有 HTML 编辑的功能；借助经过简化的智能编码引擎，可轻松地创建、编码和管理动态网站；有访问代码提示功能，可快速了解 HTML、CSS 和其他 Web 标准；使用视觉辅助功能减少错误并提高网站开发速度。DW、Fireworks 和 Flash 称为网页制作的“三剑客”，这三款工具相辅相承，是制作网页的最佳组合。利用对 HTML、CSS、JavaScript 等内容的支持，设计师和程序员几乎可以在任何地方快速制作和进行网站建设。

本书从 DW 对计算机系统和学习者操作方面的要求出发，选择 Adobe DW CS6 和 CS3 作为 Web 前端设计的开发平台。下面介绍 CS6 的重要界面和面板。

1. 启动面板

首次安装成功 DW CS6 后并打开它，启动面板就出现在主界面的最前端，如图 1-9 所示。启动面板主要用来快速启动相应的任务，单击相应栏目即可进入相应的对话框。如果不想在打开 DW CS6 时启动面板总是出现，可勾选“不再显示”选项框。

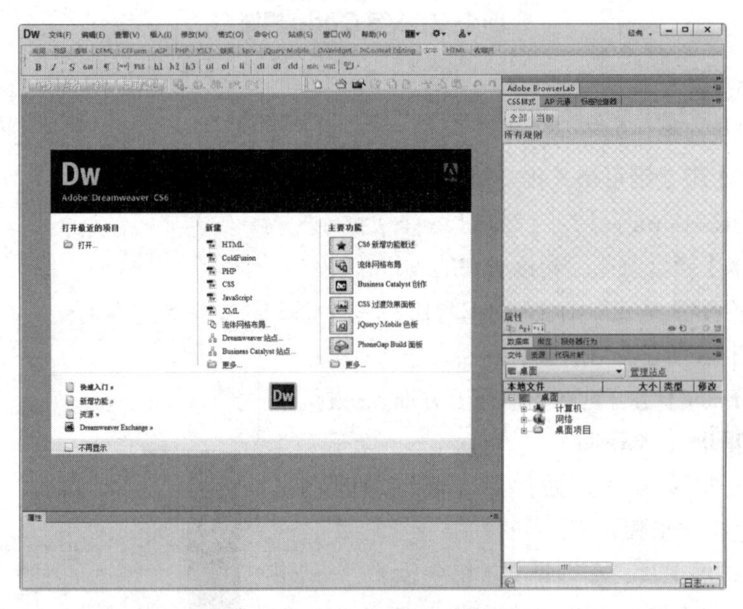

图 1-9　DW CS6 的启动面板

2. 主界面

打开 DW CS6 后，主界面上有些地方显示为灰色，不可操作。单击“新建”区域的“HTML”栏目，创建一个新文档，此时主界面上所有的按钮、选项卡等都是高亮的、可操作的。默认的主界面由菜单栏、应用程序栏、插入面板、文档工具条、文档窗口、属性面板和浮动面板等组成，如图 1-10 所示。

在菜单栏上有“文件”等 10 个一级菜单，所有操作都可以由菜单完成；在应用程序栏上有“布局”等常用功能按钮；插入面板有“常用”等 9 个选项卡（标签页）及其相应功能的图像按钮；文档工具条提供与网页文件编辑相关的按钮；文档窗口用来显示网页；属性面板显示正在编辑的网页元素的相关属性；右侧的浮动面板是标签组的容器。

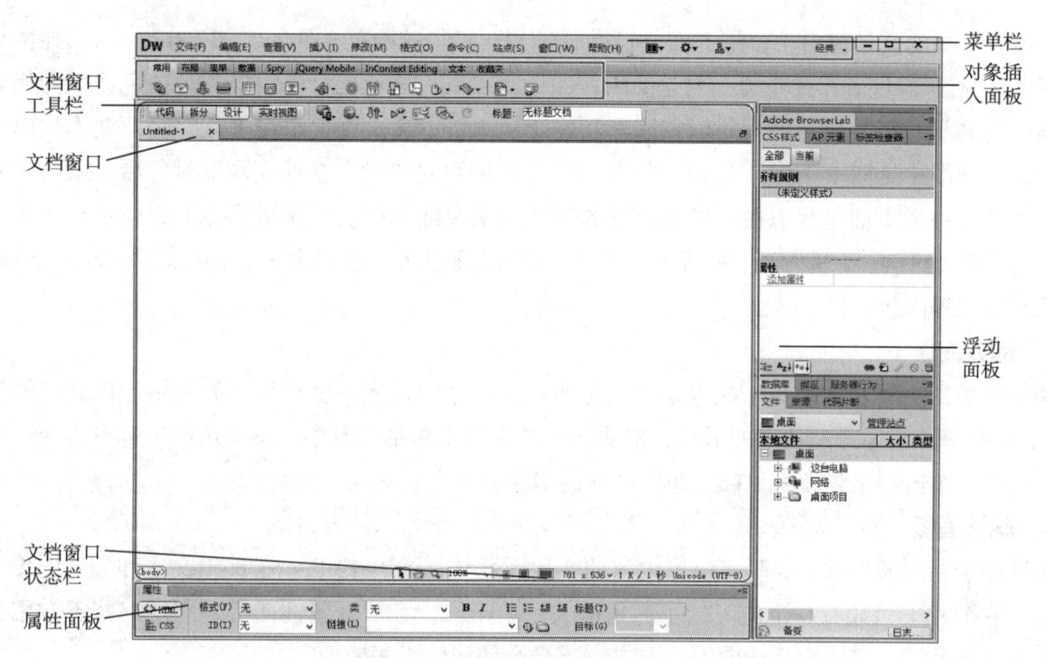

图 1–10　DW CS6 的主界面

3. 浮动面板

浮动面板默认由 Adobe BrowserLab、CSS 样式、数据库和文件 4 个标签组组合而成。标签组可以增减（通过“窗口”菜单操作），可以重新组合。浮动面板默认为展开布局，可以折叠为图表布局，可以改变宽度。浮动面板可以隐藏，还可以停靠在主界面的任何位置上。

4. 文档窗口

在工作区内，文档窗口可以重叠，也可以层叠和平铺布局。工作区是文档窗口的容器。图 1–11 是 3 个文档窗口层叠、浮动面板图表布局且在主界面上浮动、文件标签组被展开时的主界面。

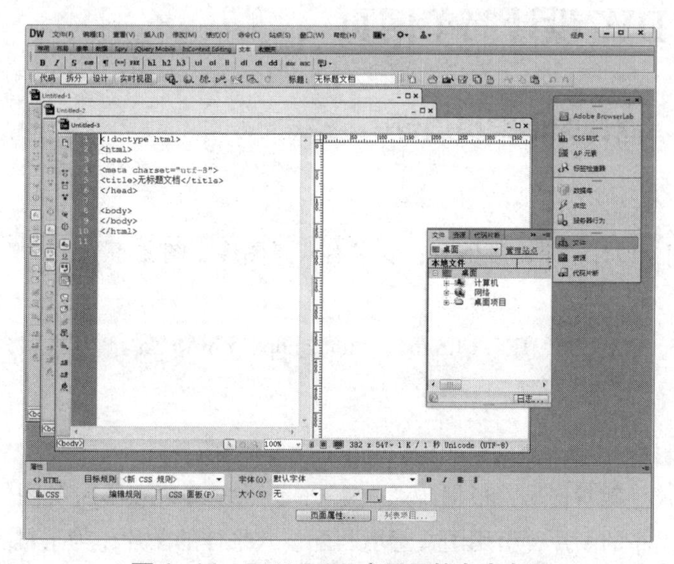

图 1–11　DW CS6 主界面的自由布局

在层叠布局的文档窗口中，最上面一行是图标和含路径的网页文件名，如 Untitled-1。在网页的代码视图中（见图 1-11），最左边一列是编辑按钮，紧靠其右为代码行号，最右边白色区域为代码区，最下面一行是状态栏，显示网页的标签元素及嵌套层次、下载文件大小和下载时间、文本编码格式。切换到设计视图（见图 1-10），白色区域是用来显示网页对象的，在插入网页对象后，就有“所见即所得”的效果；最下面是状态栏，显示网页的标签元素及嵌套层次，显示选择工具、手形工具、缩放工具、设置缩放比例、手机大小、平板电脑大小、桌面电脑大小、窗口大小、下载文件大小和下载时间、文本编码格式等内容。

5. 插入面板

插入面板的主要功能相当于插入菜单，主要是向网页中插入一些对象，如表格、框架、图像、层和 Flash 动画等，它通过选项卡的形式，把要插入的选项都包括在其中。每个选项中都有若干个图标，只要在图标上单击一下，就可以插入想要插入的对象。

6. 属性面板

属性面板上的属性项目会随着编辑内容的变化而变化，图 1-12 显示了编辑文本和编辑图像时的属性面板。它的右下角还有一个向下的小三角箭头，单击它，会展开属性面板，它把一些不常用的属性也列出来。展开后，箭头会变成向上，单击它，又会使属性面板复原。

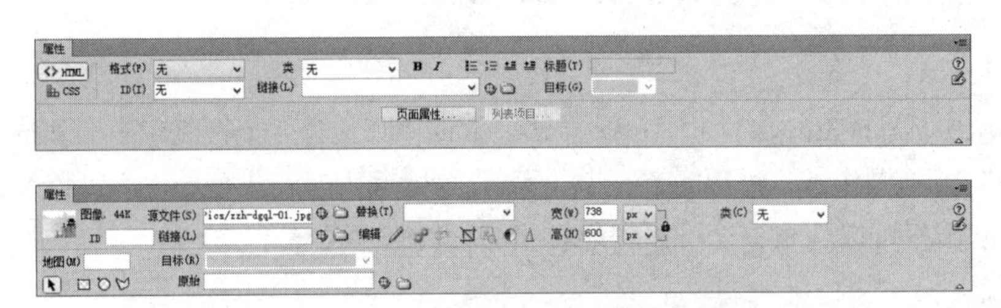

图 1-12　编辑文本和编辑图像的属性面板

1.8　应用 DW 设计简单网页

1.8.1　案例 1　唐诗宋词网页设计

任务描述

任选一首唐诗宋词，设计一个诗歌网页，要求有背景图像、图文匹配、意境表达效果佳。

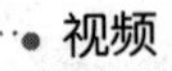

视频

案例 1　唐诗宋词网页设计

软件环境

Windows 7、DW CS6、IE、Chrome、Photoshop、Fireworks。

设计要点

1. 准备素材

选择唐诗《登鹳雀楼》，根据诗意应用 Photoshop 或 Fireworks 等图像软件制作背景图像，或者搜索公开发布的图片，引用图文意境匹配、效果佳的图片作为素材。将素材保存到单独的文件夹中。

2. 创建网站

① 打开DW CS6，在菜单栏中选择“站点”→“新建站点”命令，弹出“站点设置对象”对话框，如图1-13所示。

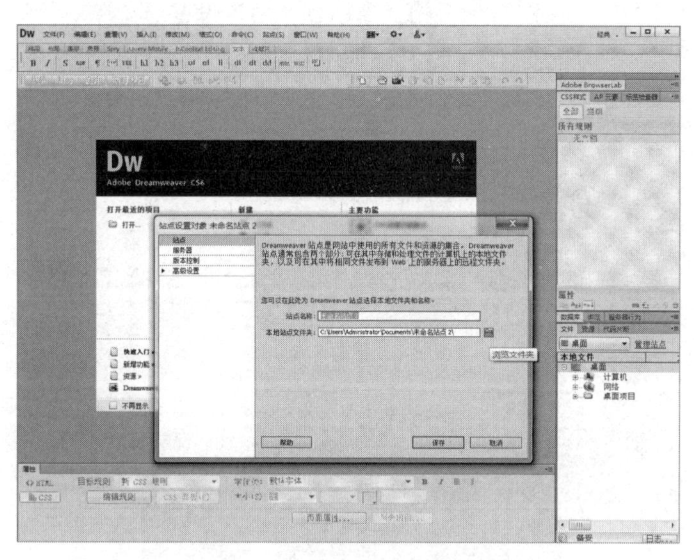

图1-13 “站点设置对象”对话框

② 将“站点名称”命名为MyWebSite，单击“本地站点文件夹”后面的“浏览文件夹”按钮，弹出“选择根文件夹”对话框，如图1-14所示。

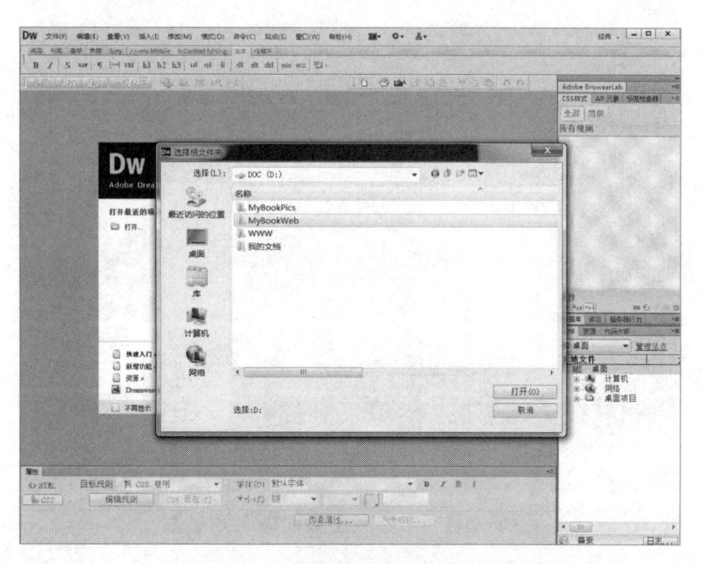

图1-14 “选择根文件夹”对话框

③ 在“选择”下拉列表框中选择D盘，在D盘列表中选择自己想要用于存储网站所有文件的文件夹，单击“打开”按钮，此时“打开”按钮自动变成“选择”按钮，继续单击“选择”按钮，“选择根文件夹”对话框自动关闭，返回到“站点设置对象”对话框。

④ 如果在 D 盘列表中没有合适的文件夹，可以单击右边的“创建新文件夹”按钮，创建一个新文件夹，然后将创建的“新建文件夹”重新命名，如 MyWeb2020，命名完成后按【Enter】键，此时界面如图 1–15 所示，单击“打开”按钮，刷新对话框界面，“打开”按钮会自动变成“选择”按钮。单击“选择”按钮，“选择根文件夹”对话框自动关闭，返回到“站点设置对象”对话框，如图 1–16 所示。

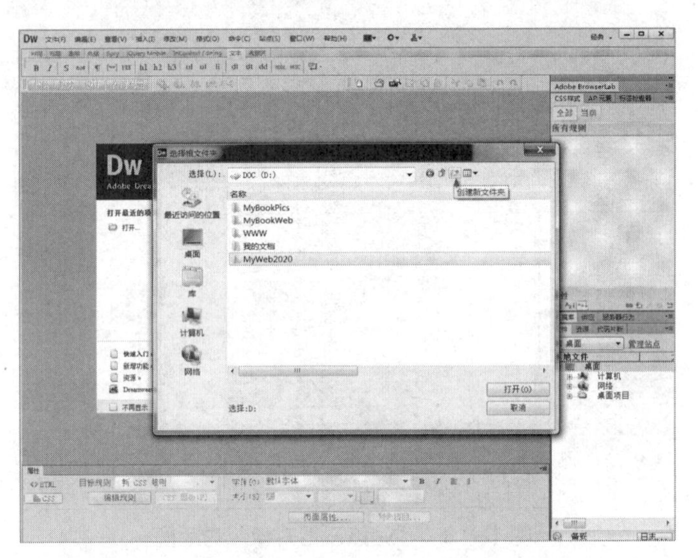

图 1–15　创建、重命名、打开站点文件夹

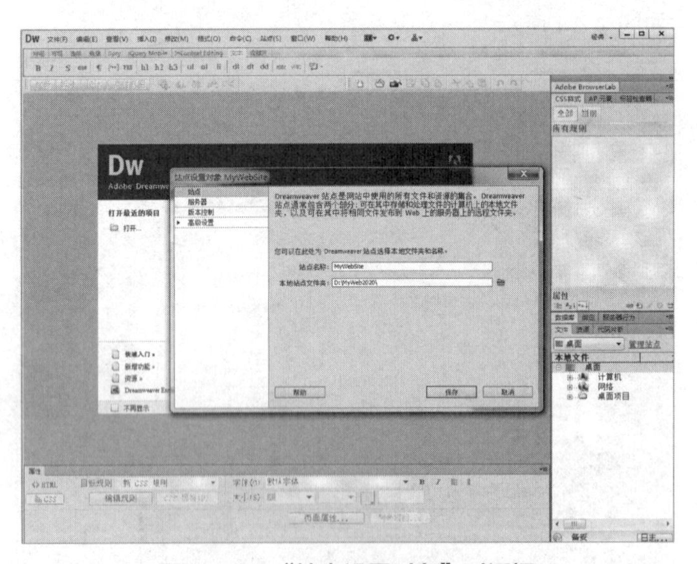

图 1–16　“站点设置对象”对话框

⑤ 此时“站点设置对象”对话框中的参数设置完成，单击“保存”按钮，对话框关闭，新站点创建完成。需要注意的是，“站点名称”表示所设计网站的主题为 MyWebSite，而“本地站点文件夹”（D:\MyWeb2020）则是用来存储 MyWebSite 网站所有的设计文件。

3. 创建网页

在启动面板上，找到“新建”列下面的“更多…”选项，单击后弹出“新建文档”对话框，如图 1–17 所示。在菜单栏中选择“文件”→“新建”命令，也能弹出图 1–17 所示的对话框。

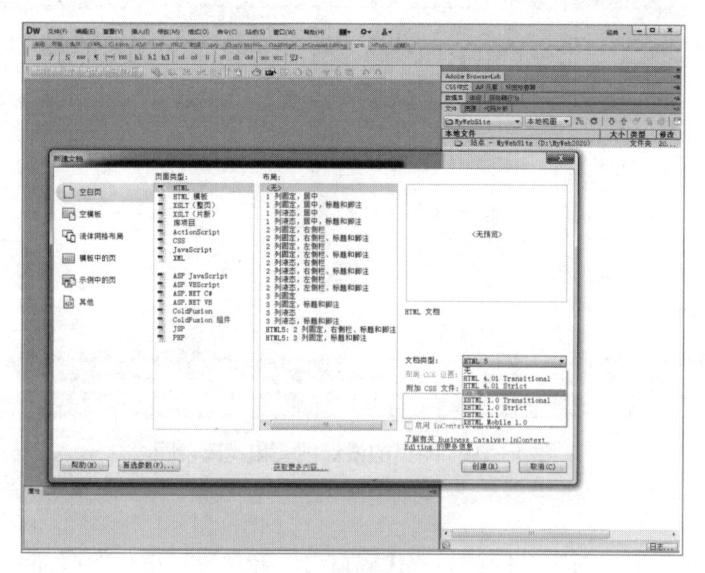

图 1–17　“新建文档”对话框

在对话框最右侧的一列中，找到“文档类型”，单击右边的下拉按钮，选择 HTHL 5 选项，然后单击“创建”按钮，创建一个新的空白网页文件 Untitled–1。

4. 保存网页

在菜单栏中选择“文件”→“保存”命令，弹出“另存为”对话框，如图 1–18 所示。

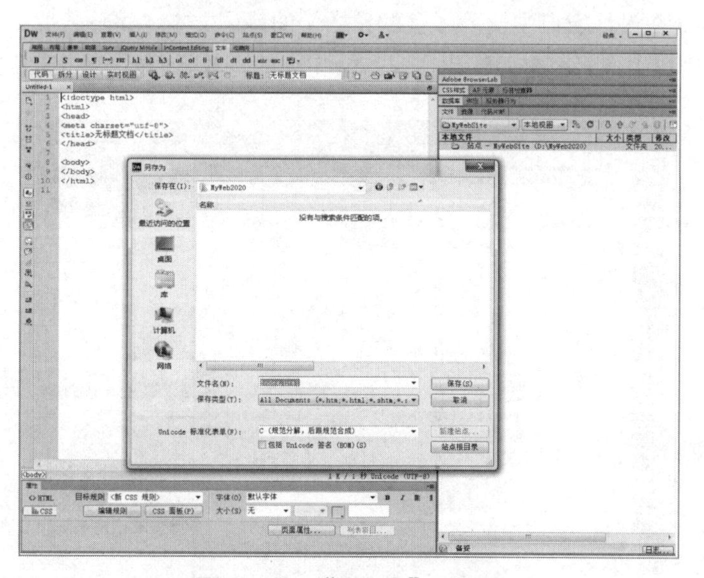

图 1–18　“另存为”对话框

在“文件名”文本框中输入网页的名称。在这里，第一个网页是主页，故输入 index.html。单击“保存”

按钮，完成操作。此时在 MyWebSite 站点中就能看到主页文件 index.html。图 1-19 所示为 index.html 的“设计”视图和“代码”视图。

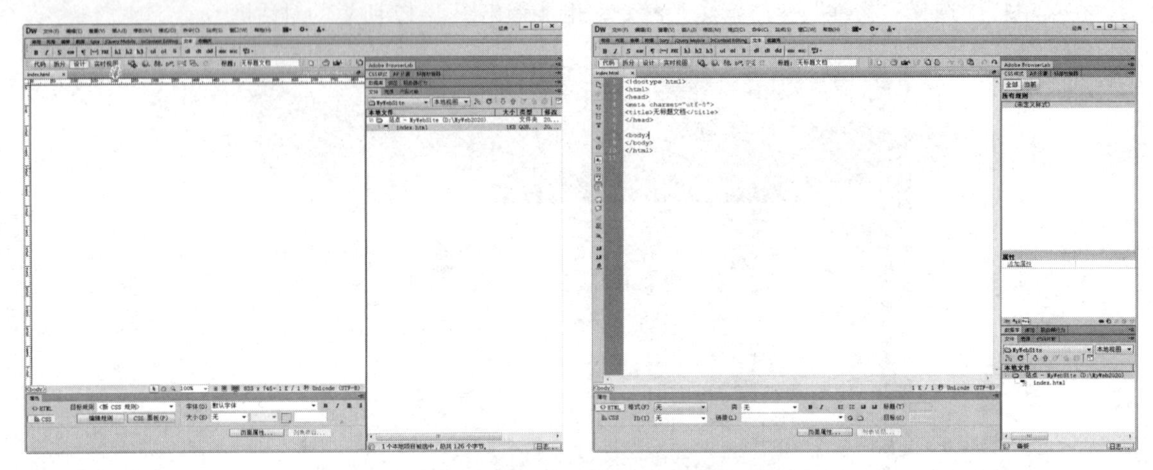

图 1-19　网页的设计视图和代码视图

5. 制作网页

“拆分”视图是将一个视图窗口拆分为“代码窗口”和“设计窗口”两部分，分别显示“代码”视图和“设计”视图中的内容，如图 1-20 所示。

对于初学者来说，不用切换视图，就能够同时看到“代码”视图和“设计”视图的内容变化，设计过程能够看得非常清楚。本案例在下面制作网页时选择“拆分”视图。

① 输入网页名称。在文档工具栏“标题”右边的文本框中输入“唐诗 - 登鹳雀楼”，为网页设计一个标题，以便在浏览网页时能够在浏览器的标题栏中看到网页的名称。

② 输入文本内容。在设计窗口中输入《登鹳雀楼》的诗词文本，每输入完一行后按【Enter】键，同时要注意观察代码窗口中代码内容的变化情况。输完全部文本后的效果如图 1-21 所示。

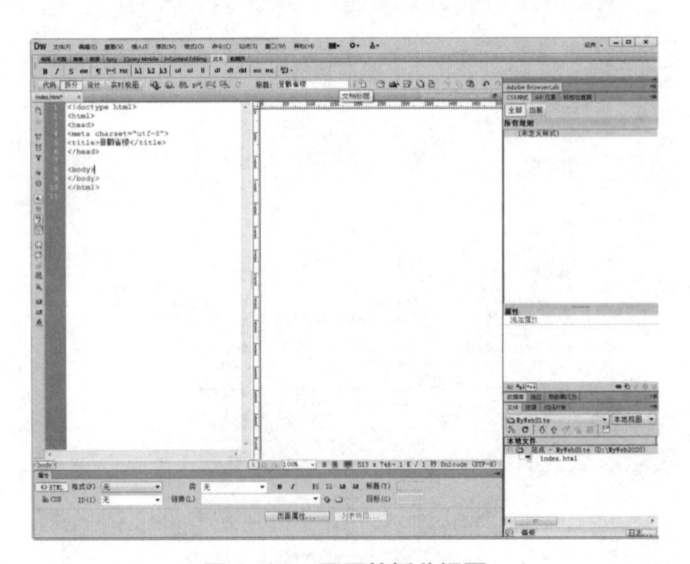

图 1-20　网页的拆分视图

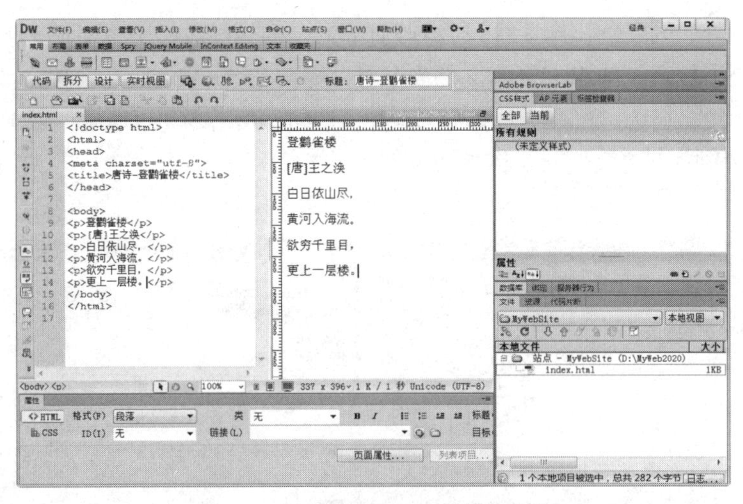

图 1-21　网页中输入的文本内容

③ 设置文本格式。在设计窗口中的“登鹳雀楼”一行上单击，或者在代码窗口的第 9 行单击，然后在属性面板上单击 HTML 按钮，找到“格式”下拉列表框，选中“标题 1”，为诗词设计一个标题效果。要注意观察设计窗口中的文本和代码窗口中的代码变化情况。按照同样的操作方法，将“[唐] 王之涣”这一行设置为“标题 3”，如图 1-22 所示。

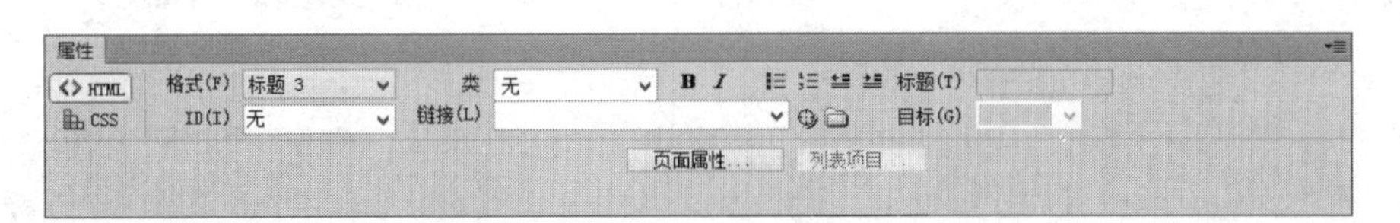

图 1-22　在属性面板上设置文本格式

④ 设置文本居中。选择代码窗口中的第 9 行（单击即可），然后在属性面板上单击 CSS 按钮，再单击“居中对齐”按钮（见图 1-23），弹出“新建 CSS 规则”对话框（见图 1-24）；在“选择器类型”下拉列表框中，选择“标签”，此时“选择器名称”下拉列表框中会自动出现该行的标签 h3（若未出现，请自己选择），单击“确定”按钮。按照同样的操作方法，将第 10 行和第 11 行的文本也设置为居中。请注意，将第 11 行文本设置为居中后，第 12 ~ 14 行会自动居中。

小提示：在 DW CS6 属性面板上编辑文本时显示 HTML 和 CSS 两个按钮，体现了结构和表现的分离。

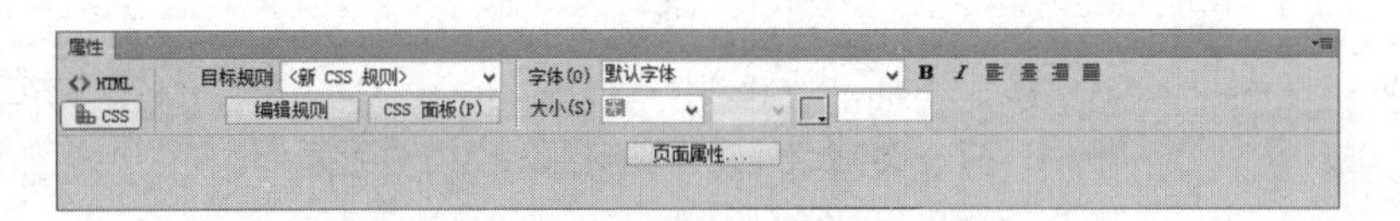

图 1-23　在属性面板上设置文本居中对齐

⑤ 设计网页背景。在属性面板上单击“页面属性”按钮，弹出“页面属性”对话框，如图 1-25 所示。单击“背景图像”文本框右边的“浏览”按钮，找到预先存储的背景图像，单击“确定”按钮。

如果图像存储在站点外，则会弹出图 1–26 所示的对话框，询问是否将图像复制到站点的根文件夹中，这里一定要单击“是”按钮，弹出“复制文件为”对话框，如图 1–27 所示；单击“创建新文件夹”按钮，将“新文件夹”重命名为“Pics”，单击“打开”按钮，接着单击“保存”按钮，“复制文件为”对话框关闭，重新回到“页面属性”对话框（见图 1–25）。最后单击“确定”按钮，“页面属性”对话框关闭。

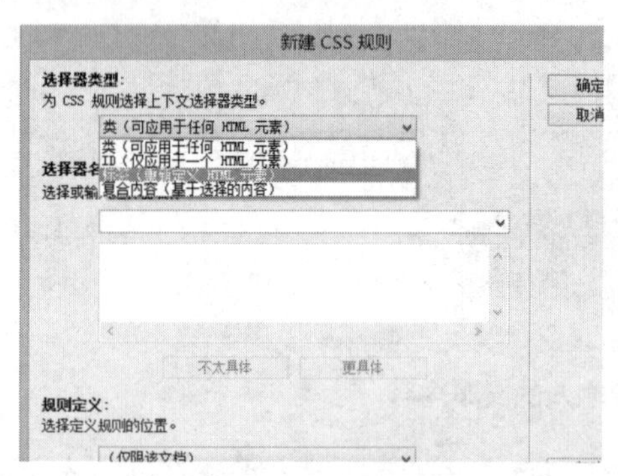

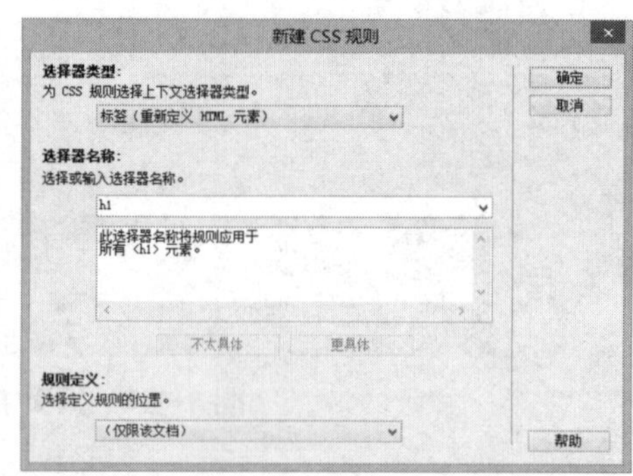

图 1–24　新建 CSS 规则对话框

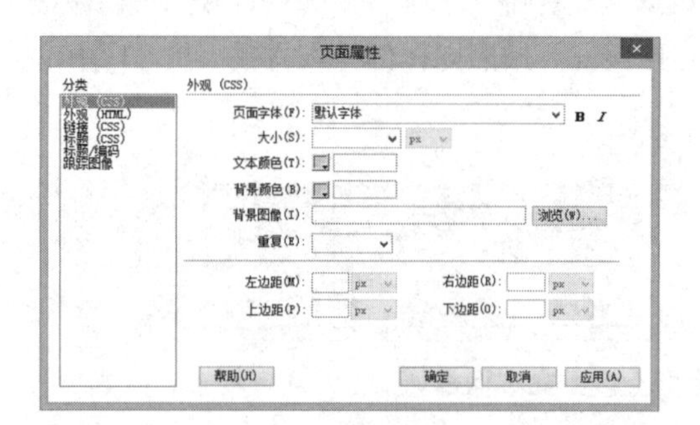

图 1–25　“页面属性”对话框

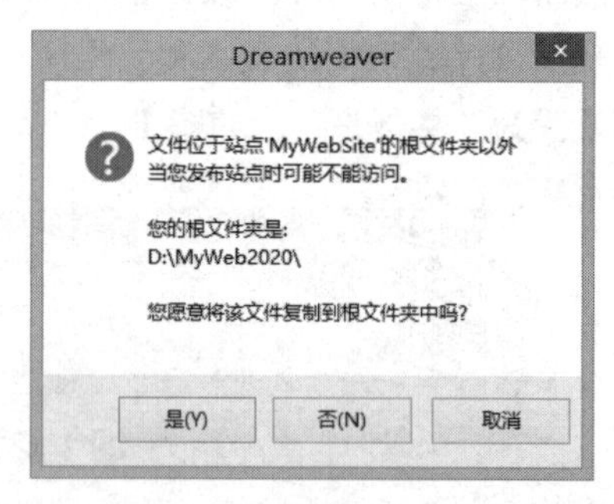

图 1–26　询问保存文件到站点根文件夹对话框

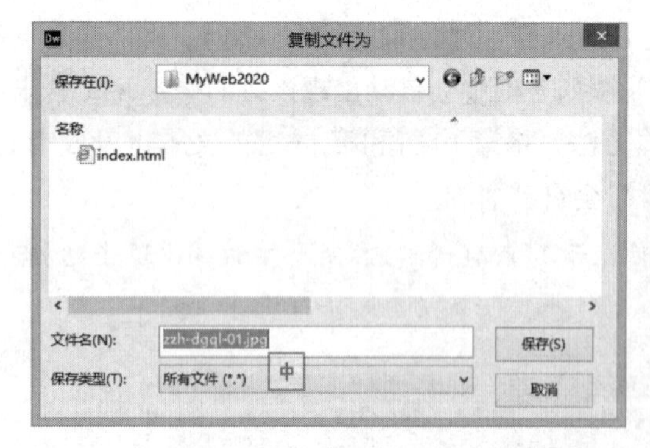

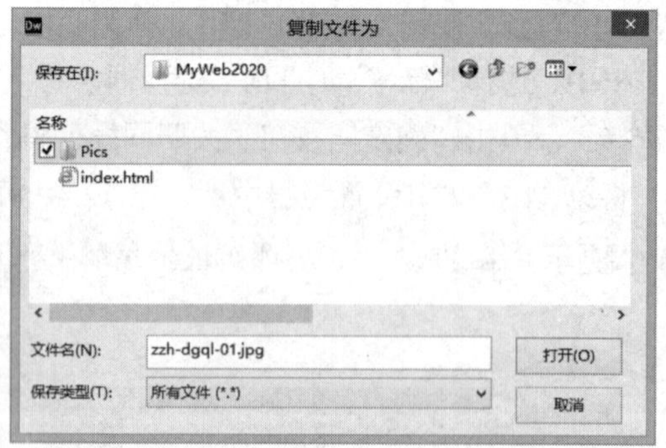

图 1–27　将站点外文件复制到站点内对话框

6．浏览网页效果

网页制作内容完成后，保存文件，再单击文档工具栏中的“在浏览器中预览 / 调试”按钮，浏览网页的设计效果，如图 1–28 所示。可以看出背景图有平铺现象，图文位置匹配也不佳，需要进行修改。

图 1–28 网页制作效果浏览

7. 修改调试网页

在属性面板中单击“页面属性”按钮，进入“页面属性”对话框，将“重复”设置为 no-repeat；然后进入代码窗口，在代码“background-repeat: no-repeat;”后面按【Enter】键，添加代码“background-size:cover;”。需要注意，按【Enter】键后 DW 自动开启智能语法提示框（见图 1–29），在英文输入法状态下，在输入代码字符时，DW 会根据输入的字符，自动显示补全的代码集。当提示框中出现所需要的代码时，用鼠标选中并按【Enter】键，完整的代码自动完成录入。最后将诗歌排列由 4 行改为 2 行，保存文件后浏览，网页效果达到设计要求，如图 1–30 所示。

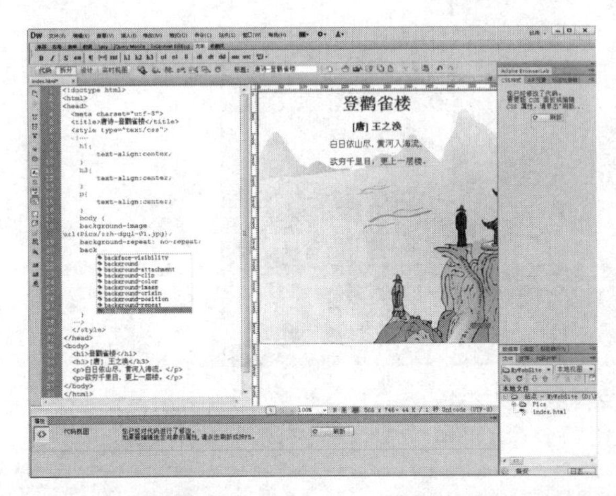

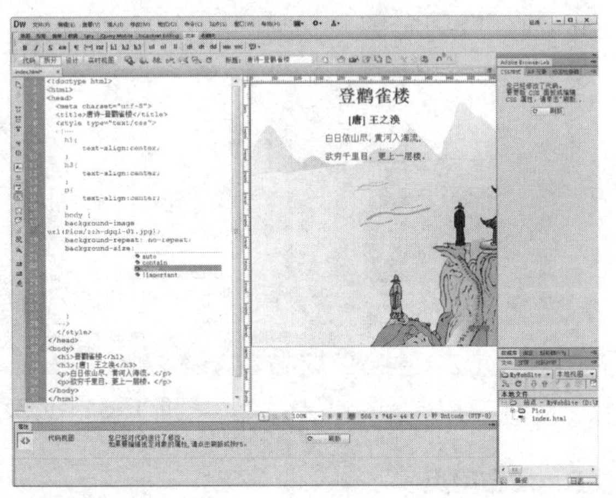

图 1–29 智能语法提示框

8. 整理代码格式

将“拆分”视图切换为“代码”视图，应用文档窗口左边工具条上的“缩进代码”按钮，整理代码的格式，做到错落有致、层次分明，养成遵守编程规则的良好习惯。整理好格式后的代码如图 1–31 所示。

图 1-30　网页制作完成后的浏览效果

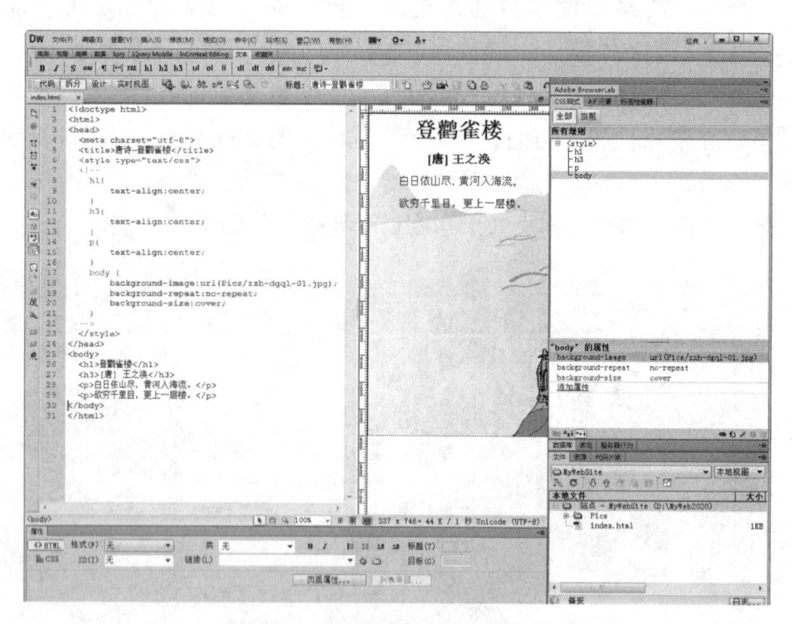

图 1-31　网页文件的代码格式

9. 发布网页

保存网页文件、完成制作，将网页发布到 WWW 服务器上，供用户浏览。

本书对所有的案例、实例的代码实行统一编号管理，故在本案例中将主页文件 index.html 复制为“An01_ 登鹳雀楼 .html”保存。

设计总结

① 在本案例网页的设计过程中，主要采用的是面板操作方法。使用该方法设计网页，标签和样式

由 DW 编辑器自动插入到代码中，简单快捷而又不容易出错。

② 在使用标签不设置属性和属性值时，浏览器会按默认规则（默认属性和默认属性值）来渲染网页效果。

③ 本案例展示了在文本中使用不同标签的渲染效果、使用样式表和使用背景的渲染效果。

④ 本案例完整地展示了网页设计的 9 个步骤。

⑤ 通过本案例，要学会面板的基本使用方法，掌握新建站点、新建网页文件、对文本应用不同标签、对文本设置格式和对页面设置背景（内嵌样式表）、整理代码格式等基本操作。

讨论： 在本例中（参见图 1–28），诗词正文的第 1 行设置居中对齐，为什么第 2 行到第 4 行会自动居中？欲将诗词文本设置为居中对齐效果，还有哪些设计方法？

1.8.2　案例 2　应用 DW CS3 设计诗歌网页

任务描述

应用 DW CS3 设计一个诗歌网页，学会文档工具条的设置与使用，比较 DW CS3 与 DW CS6 对文本属性和样式处理方式的差异，以及两者在属性面板和浮动面板操作上的差异。

软件环境

Windows 7、DW CS3、IE、Chrome、Photoshop、Fireworks。

设计要点

1. 准备素材

选择苏轼的《惠崇春江晚景二首 / 惠崇春江晓二首》，根据诗意制作背景图像或者搜索公开发布的图片，将素材保存到单独的文件夹中。

2. 创建网站

① 打开 DW CS3，在菜单栏中选择“站点”→“新建站点”命令，弹出“站点定义”对话框，在“您打算为您的站点起什么名字”文本框中输入 MyWebCS3，如图 1–32 所示。

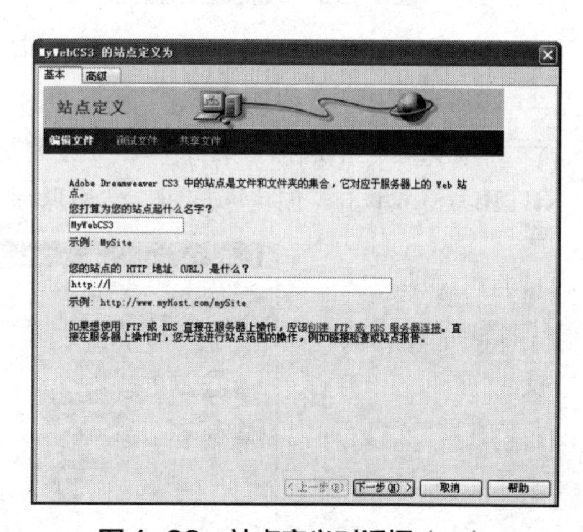

图 1–32　站点定义对话框（一）

② 单击“下一步”按钮，选择“否，我不想使用服务器技术”单选按钮，如图 1–33 所示。

③ 单击“下一步”按钮，在“您将把文件存储在计算机上的什么位置”文本框中输入 D:\MyWebCS3，如图 1–34 所示。

④ 单击“下一步”按钮，在“您如何选择远程服务器”下拉列表框中选择“无”，如图 1–35 所示。

⑤ 单击“下一步”按钮，“站点定义”对话框显示设置的总结，单击“完成”按钮，完成站点的创建，如图 1–36 所示。

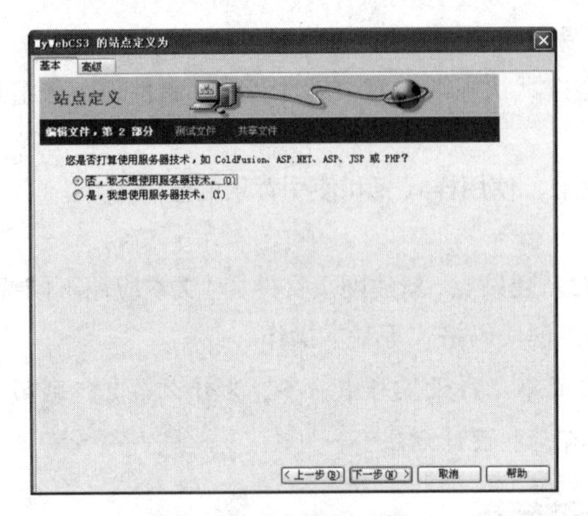

图 1-33　站点定义对话框（二）

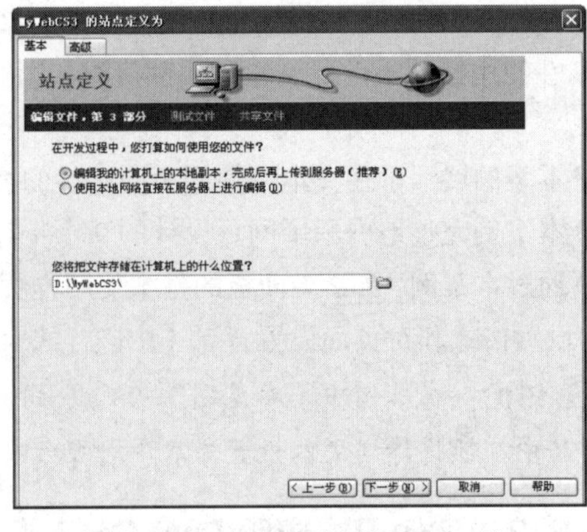

图 1-34　站点定义对话框（三）

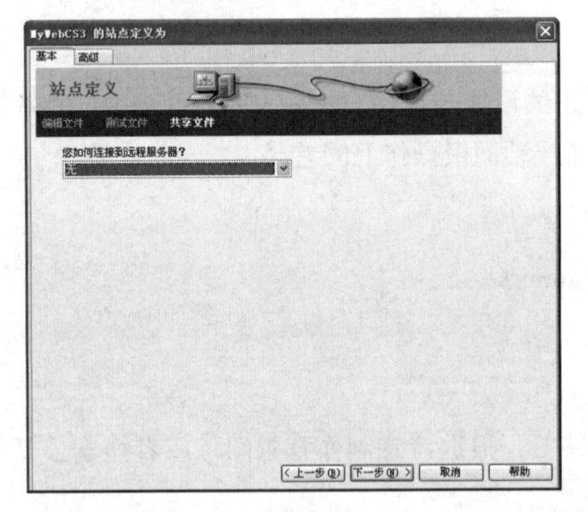

图 1-35　站点定义对话框（四）

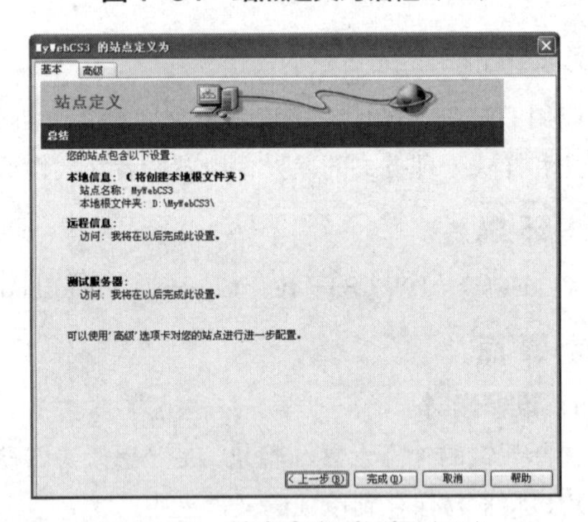

图 1-36　站点定义对话框（五）

3. 创建网页

在启动面板上，找到“新建”列下面的“更多…”选项，单击后弹出“新建文档”对话框，如图 1-37 所示。在菜单栏中选择“文件”→“新建”命令，也能弹出图 1-37 所示的对话框。在文档类型中选择 XHTML 1.0，单击“创建”按钮，然后保存文件，输入文件名为“An02_ 春江晚景 .html”。

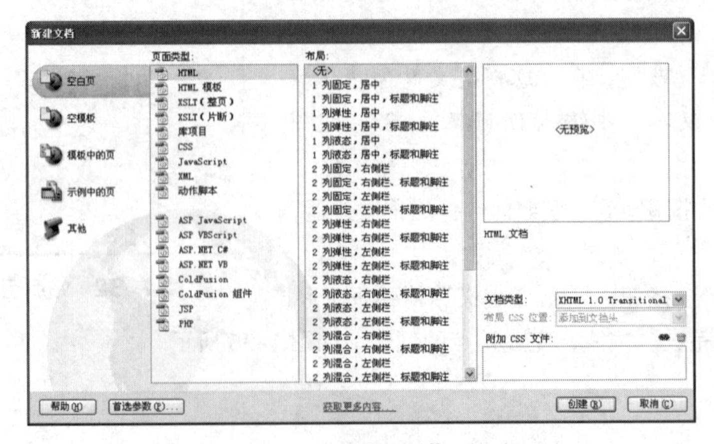

图 1-37　“新建文档”对话框

4. 制作网页

① 设置文档工具栏。为了操作方便，给文档工具栏新增一组按钮。右击文档窗口工具栏，在弹出的快捷菜单中选中“标准”命令，新增一个“标准”工具栏，将其拖到文档工具栏上进行布局，如图 1–38 所示。

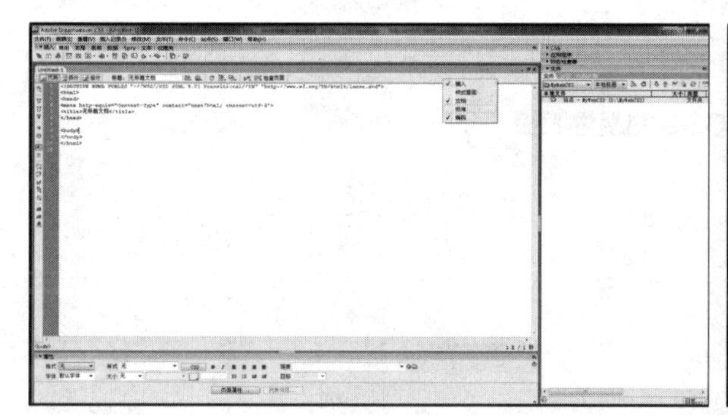

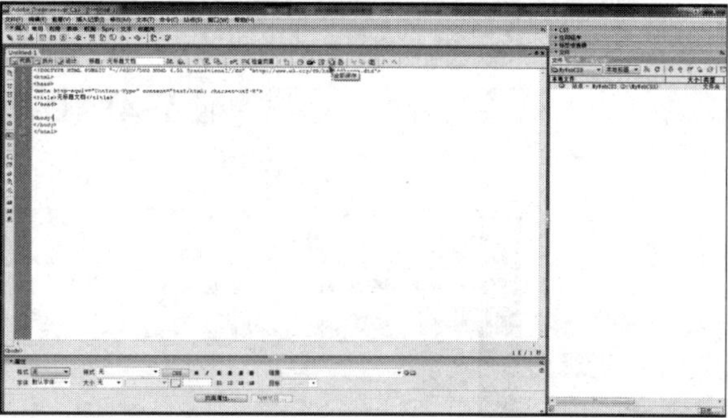

图 1–38 文档窗口设置工具栏

② 输入诗歌内容。在 <title>…</title> 中输入“春江晚景”，为网页设计一个标题名称。在设计视图中，输入诗歌标题，按【Enter】键；输入作者，按【Enter】键。输入“其一”，不按【Enter】键，在插入面板上找到“BR”按钮（见图 1–39），单击该按钮 2 次，插入 2 个
 标签；接着输入第一行拼音后，单击“BR”按钮，再输入第一行诗歌诗句，单击“BR”按钮。重复上述输入诗歌正文的操作过程，将诗歌内容全部输入，再单击一下“BR”按钮。最后为诗歌标题设置 <h2> 标签，为作者设置 <h3> 标签，整理代码格式，如图 1–40 所示。

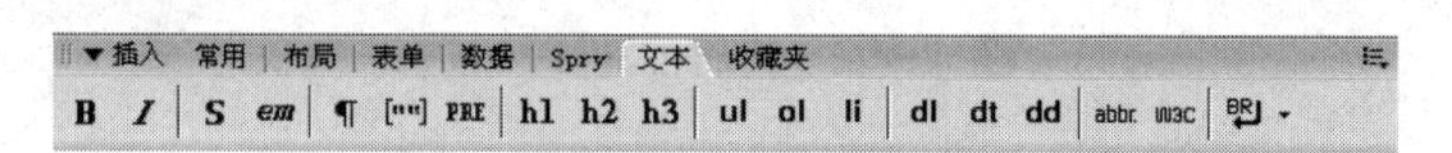

图 1–39 插入面板图

```
1  <!DOCTYPE html PUBLIC "-//W3C//DTD XHTML 1.0 Transitional//EN" "http://www.w3.org/TR/xhtml1/DTD/xhtml1-transitional.dtd">
2  <html xmlns="http://www.w3.org/1999/xhtml">
3  <head>
4  <meta http-equiv="Content-Type" content="text/html; charset=utf-8" />
5  <title>春江晚景</title>
6  </head>
7  <body>
8      <h2>惠崇春江晚景二首 / 惠崇春江晓景二首</h2>
9      <h3> [宋]苏轼 </h3>
10     <p>其一<br /><br />
11       zhú wài táo huā sān liǎng zhī ，<br />
12       竹 外 桃 花 三 两 枝 ，<br />
13       chūn jiāng shuǐ nuǎn yā xiān zhī 。<br />
14       春 江 水 暖 鸭 先 知 。<br />
15       lóu hāo mǎn dì lú yá duǎn ，
16       <br />
17       蒌 蒿 满 地 芦 芽 短 ，
18       <br />
19       zhèng shì hé tún yù shàng shí 。
20       <br />
21       正 是 河 豚 欲 上 时<br />
22       <br />
23       其二<br /><br />
24       liǎng liǎng guī hóng yù pò qún ，<br />
25       两 两 归 鸿 欲 破 群 ，<br />
26       yī yī hái sì běi guī rén 。<br />
27       依 依 还 似 北 归 人 。<br />
28       yáo zhī shuò mò duō fēng xuě ，<br />
29       遥 知 朔 漠 多 风 雪 ，<br />
30       gèng dài jiāng nán bàn yuè chūn 。<br />
31       更 待 江 南 半 月 春 。<br />
32     </p>
33 </body>
34 </html>
```

图 1–40 代码视图（一）

③ 设置文本样式。在属性面板上（见图 1–41）单击“居中”按钮，将诗歌标题、作者和正文设置为居中对齐，观察图 1–42 中文本居中属性在代码中插入的位置；将全部文本选中，在属性面板上将文本颜色设置为 #0000FF，再观察图 1–43 中文本字体颜色属性在代码中插入的位置。

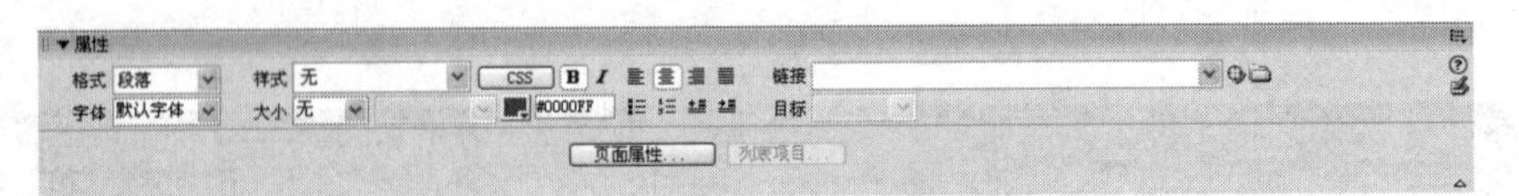

图 1–41　DW CS3 的属性面板

```
1  <!DOCTYPE html PUBLIC "-//W3C//DTD XHTML 1.0 Transitional//EN" "http://www.w3.org/TR/xhtml1/DTD/xhtml1-transitional.dtd">
2  <html xmlns="http://www.w3.org/1999/xhtml">
3  <head>
4  <meta http-equiv="Content-Type" content="text/html; charset=utf-8" />
5  <title>春江晚景</title>
6  </head>
7  <body>
8      <h2 align="center">惠崇春江晚景二首 / 惠崇春江晓景二首</h2>
9      <h3 align="center"> [宋]苏轼 </h3>
10     <p align="center">其一<br /><br />
11       zhú wài táo huā sān liǎng zhī ，<br />
12       竹 外 桃 花 三 两 枝 ，<br />
13       chūn jiāng shuǐ nuǎn yā xiān zhī 。<br />
14       春 江 水 暖 鸭 先 知 。<br />
15       lóu hāo mǎn dì lú yá duǎn ，
16       <br />
17       蒌 蒿 满 地 芦 芽 短 ，
18       <br />
19       zhèng shì hé tún yù shàng shí 。
20       <br />
21       正 是 河 豚 欲 上 时<br />
22       <br />
23       其二<br /><br />
24       liǎng liǎng guī hóng yù pò qún ，<br />
25       两 两 归 鸿 欲 破 群 ，<br />
26       yī yī hái sì běi guī rén 。<br />
27       依 依 还 似 北 归 人 。<br />
28       yáo zhī shuò mò duō fēng xuě ，<br />
29       遥 知 朔 漠 多 风 雪 ，<br />
30       gèng dài jiāng nán bàn yuè chūn 。<br />
31       更 待 江 南 半 月 春 。<br />
32   </p>
33 </body>
34 </html>
```

图 1–42　代码视图（二）

```
1  <!DOCTYPE html PUBLIC "-//W3C//DTD XHTML 1.0 Transitional//EN" "http://www.w3.org/TR/xhtml1/DTD/xhtml1-transitional.dtd">
2  <html xmlns="http://www.w3.org/1999/xhtml">
3  <head>
4  <meta http-equiv="Content-Type" content="text/html; charset=utf-8" />
5  <title>春江晚景</title>
6  <style type="text/css">
7      <!--
8          body {
9              background-image: url(Pics/timg.jpg);
10         }
11         .STYLE1 {
12             color: #0000FF;
13             font-weight: bold;
14         }
15     </style>
16 </head>
17 <body>
18     <h2 align="center">惠崇春江晚景二首 / 惠崇春江晓景二首</h2>
19     <h3 align="center"> [宋]苏轼 </h3>
20     <p align="center" class="STYLE1">其一<br /><br />
21         zhú wài táo huā sān liǎng zhī ，<br />
22         竹 外 桃 花 三 两 枝 ，<br />
23         chūn jiāng shuǐ nuǎn yā xiān zhī 。<br />
24         春 江 水 暖 鸭 先 知 。<br />
25         lóu hāo mǎn dì lú yá duǎn ，
26         <br />
27         蒌 蒿 满 地 芦 芽 短 ，
28         <br />
29         zhèng shì hé tún yù shàng shí 。
30         <br />
31         正 是 河 豚 欲 上 时<br />
32         <br />
33         其二<br /><br />
34         liǎng liǎng guī hóng yù pò qún ，<br />
35         两 两 归 鸿 欲 破 群 ，<br />
36         yī yī hái sì běi guī rén 。<br />
37         依 依 还 似 北 归 人 。<br />
```

图 1–43　代码视图（三）

④ 设计网页背景。单击属性面板中的“页面属性”按钮，弹出“页面属性”对话框，单击“背景图像”文本框右边的“浏览”按钮，弹出图 1–44 所示的对话框，找到图像文件，单击“确定”按钮即可。需要注意，在对话框的右边，有选中图片的宽度和高度的具体尺寸（像素）、图片文件存储容量的大小。如果图片在本站点外，按照案例 1 的操作方法，将其复制到站点内。

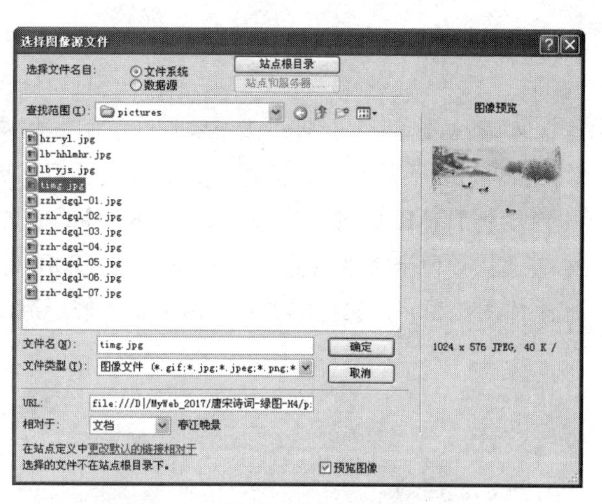

图 1–44　“选择图像源文件”对话框

5. 调试修改和发布网页

保存网页后再预览网页，如果设计效果达不到要求，就必须修改和调试，直到符合设计要求为止。保存文件、发布网页，完成后的网页浏览效果如图 1–45 所示。

图 1–45　网页浏览效果

设计总结

① 在本案例网页的设计过程中，采用面板操作方法。在文档窗口中，新增了一个“标准”工具栏。如果对多个文档进行了修改，可以单击“全部保存”按钮进行保存。

② DW CS3 在设置文本居中对齐时，采用在首标签中书写“属性 = 属性值”的格式；在设置文本颜色等属性时，采用在 CSS 中书写“标签 / 类名 /id 名 { 属性 : 属性值 ;}”的格式；在设置网页背景时，采用的也是“标签 / 类名 /id 名 { 属性 : 属性值 ;}”的格式。而在应用 DW CS6 设计网页时，会全部采用“标签 / 类名 /id 名 { 属性 : 属性值 ;}”的格式。当标签只设置少量属性时采用“属性 = 属性值”的格式，具有代码占用版面少的优点，故本书后面时常会用到该格式。

③ 通过本案例，要学会 DW CS3 面板的基本使用方法，掌握新建站点、新建文件、对文本应用不同标签、对文本设置格式和对页面设置背景（内嵌样式表）、整理代码格式等基本操作。

小　结

本章主要介绍了 Web 及前端开发的一些基本概念，主要包括 HTTP、URL、网页、HTML、CSS、Web 发展历程、Web 标准、Web 浏览器、Web 开发技术框架和开发工具等内容。需要重点掌握的内容是 HTML 标签、标签属性、CSS 样式表的语法格式和基本用法。本章最后用 DW CS3 和 CS6 分别设计了两个诗歌网页，案例展示了 HTML 标签的作用、标签属性（表）和 CSS 样式表在语法格式上的用法差异，完整地展示了网页设计的一般过程。

习　题

一、选择题

1. Web 标准的制定者是（　　）。

A. 微软　　B. 万维网联盟（W3C）

C. 网景公司（Netscape）　　D. Apple 公司

2. 在 Dreamweaver 的文件（File）菜单中，Save All 命令表示（　　）。

A. 保存动画的分帧文档　　B. 保存动画的所有分帧

C. 保存当前窗口中的所有文档　　D. 保存当前编辑的文档

3. 设置页面背景颜色的代码是（　　）。

A. <body bgcolor="#FF0000">　　B. <body text="#FF0000">

C. <body link="#FF0000">　　D. <body src="#FF0000">

4. 设置页面字体颜色的代码是（　　）。

A. <body bgcolor="#FF0000">　　B. <body text="#FF0000">

C. <body link="#FF0000">　　D. <body font-size="#FF0000">

5. 在 Dreamweaver 中，页面的视图模式有设计视图、代码视图和（　　）视图。

A. 局部　　B. 全局

C. 拆分　　D. 显示

6. HTML 5 之前的 HTML 版本是（　　）。

A. HTML 4.01　　B. HTML 4

C. HTML 4.1　　D. HTML 4.9

7. 在下列选项中，可以添加背景颜色的是（　　）。

A. <body color="red">　　B. <background>red</background>

C. <body bgcolor="red">　　D. <body background="#F00">

8. 在 HTML 代码中，空格的专用符号是（　　）。

A. < >　　B.

C. &npsb;　　D. &spnb;

9. 在 Dreamweaver 中，使用浏览器预览网页的快捷键是（　　）。

A. F9 B. F12

C. F10 D. Ctrl+F12

10. <p>和
标签都可以使文本换行，它们的区别是（ ）。

A. <p>使得当前行和新行之间有一行空距

B. <p>使得当前行和旧行之间有一行空距

C. <p>使得当前行和新行之间有一行空距，当前行和旧行之间没有空距

D.
使得当前行和前后行之间没有任何空距

二、判断题

1. HTML标签通常不区别大小写。 （ ）
2. 网站就是一个链接在一起的页面集合。 （ ）
3. 图像可以用于充当网页的内容，但不能作为网页的背景。 （ ）
4. 使用颜料桶工具可以填充渐变线条。 （ ）

三、问答题

1. 简述静态网页与动态网页的区别。
2. 什么是因特网和万维网？它们的区别在哪里？
3. Web前端技术的三大核心基础是什么？

第 2 章 单列图文网页设计

在手机上看到的网页一般都是单列图文网页，在PC上看到的网页也有单列图文网页，但大多为平面布局的多列图文网页。下面从简单到复杂，先介绍各种单列图文网页的设计，然后再介绍平面布局多列图文网页的设计。在该过程中始终以网页作品与案例为主线，系统地介绍常见的HTML标签的基本语法规则与使用方法，从而达到快速掌握网页设计方法的目的。

2.1 HTML 5标签和属性

2.1.1 标签分类

在网页中需要定义什么内容，就用相应的HTML标签来描述，因此要熟悉HTML的常用标签。表2–1按分类方法列出了HTML 5的常用标签。

表2–1 HTML 5常用标签

类型	标签名称
基础标签	<!DOCTYPE>、<html>、<title>、<body>、<h1> to <h6>、<p>、 、<hr>、<!--...-->
元信息	<head>、<meta>、<base>
样式 / 节	<style>、<div>、<span>、<header>、<footer>、<section>、<article>、<aside>、<details>、<dialog>、<summary>、<hgroup>
格式	<abbr>、<address>、<b>、<bdi>、<bdo>、<blockquote>、<cite>、<code>、<del>、<dfn>、<em>、<i>、<ins>、<kbd>、<mark>、<meter>、<pre>、<progress>、<q>、<rp>、<rt>、<ruby>、<s>、<samp>、<small>、<strong>、<sub>、<sup>、<time>、<u>、<var>、<wbr>
图像	<img>、<map>、<area>、<canvas>、<figcaption>、<figure>
Audio/Video	<audio>、<source>、<track>、<video>
链接	<a>、<link>、<main>、<nav>
表格	<table>、<caption>、<th>、<tr>、<td>、<thead>、<tbody>、<tfoot>、<col>、<colgroup>

续表

类　型	标 签 名 称
列表	<ul>、<ol>、<li>、<dl>、<dt>、<dd>、<menu>、<command>
框架	<iframe>
表单	<form>、<input>、<textarea>、<button>、<select>、<optgroup>、<option>、<label>、<fieldset>、<legend>、<datalist>、<keygen>、<output>
程序	<script>、<noscript>、<embed>、<object>、<param>

此外，根据标签在页面的占位情况，大多数 HTML 元素还可以定义为块级元素和内联元素（行内元素）两类。

块级元素（block level element）在浏览器显示时，通常会以新行来开始（和结束），如 <h1>、<p>、<ul>、<table> 和 <div> 等。

内联元素（inline element）在显示时通常不会以新行开始，如 <span>、<b>、<strong>、<a> 和 <td> 等。

2.1.2　标签属性

标签有很多属性，可分为标准属性、可选属性和事件属性三类，应用标签还应该清楚标签有哪些属性。在网页中，如果对标签没有进行属性设置，浏览器就会按照默认的属性及属性值进行解析、渲染效果，这就是默认规则。例如：

```
<p>离离原上草，一岁一枯荣。</p>
<p align="center">野火烧不尽，春风吹又生。</p>
```

第一句没有设置属性，按默认属性（值）渲染，显示效果为左对齐；第二句设置 align 属性及属性值，显示效果为居中对齐。

表 2-2 列出了 HTML 5 标签的少量常用属性和通用属性。欲知标签的更多属性可以参考有关的技术手册和网站。

表 2-2　HTML 5 标签的一些属性

属　性	描　述
id	规定标签元素的 id（id 值必须唯一，不能与其他标签元素的 id 重复）
class	规定标签元素的类名（classname）
style	规定标签元素的行内样式（inline style）
title	描述了标签元素的额外信息（作为工具条使用）
background-color	描述了标签元素的背景颜色
background-image	描述了标签元素的背景图片
width	描述了标签元素的宽度
height	描述了标签元素的高度
text-align	描述了该对标签元素内文本的对齐方式
color	描述了该对标签元素内文本的颜色
font-size	描述了该对标签元素内文本的字体大小（字号）

小提示： 属性值应该始终被包括在引号内。双引号是最常用的，不过使用单引号也没有问题。在某些个别情况下，比如属性值本身就含有双引号，那么必须使用单引号。例如：

```
name='John "ShotGun" Nelson'
```

在网页中有很多相同的标签和不同的标签，为更好地设置它们的属性，需要准确指定、选择某一个标签或某一类标签，可以事先对这些标签设置 id 属性和 class 属性。例如：

```
<div class = "passage">
    <p id = "pA">
       <span class = "s01">…</span><br><span class = "s02">…</span>
    </p>
    <p id = "pB">
       <span class = "s01">…</span><br><span class = "passage">…</span>
    </p>
<div>
```

讨论： 在什么情况下标签应用 id 属性比较合适？在什么情况下标签应用 class 属性比较合适？一个标签能够应用两个 class 属性吗？

2.2 HTML 5 网页文档结构

2.2.1 案例 3 HTML 5 网页文档结构的实例

用 DW CS6 创建一个基于 HTML 5 文档类型的空白网页，得到的 HTML 文件就是最简单、最基本的 HTML 5 文档，设计网页就是在这个文档的基础上开始的。为了能对 HTML 5 网页的文档结构进行详细解读，对第 1 章第 1.8 节的案例代码进行整理和修改，得到的具体代码（An03_HTML 5 网页文档结构.html）如下，它展示了一个 HTML 5 网页文档的典型结构。

```
行号   代码：An03_HTML 5网页文档结构.html
 1     <!doctype html>
 2     <html>
 3     <head>
 4       <meta charset="utf-8">
 5       <title>唐诗-登鹳雀楼</title>
 6       <link rel="stylesheet" type="text/css" href="外部样式文件.css" />
 7       <style type="text/css">
 8       <!--
 9         body {
10           background-image: url(Pics/zzh-dgql-01.jpg);
11           background-size: cover;
12           text-align: center;.
13         }
14       -->
15       </style>
16       <script>document.write("<h1>古诗<h1>");</script>
17     </head>
18     <body>
```

```
19        <h2>登鹳雀楼</h2>
20        <h3>[唐] 王之涣</h3>
21        <p>白日依山尽，黄河入海流。</p>
22        <p>欲穷千里目，更上一层楼。</p>
23     </body>
24     </html>
```

2.2.2　HTML 5 网页的文档结构

从代码“An03_HTML 5 网页文档结构 .html”中可以看出，HTML 5 网页文档的结构是由一些 HTML 标签按照嵌套的层次关系组成的，即：

① <! doctype>——代码的第 1 行。

② <html> 元素——以 <html> 标签开始，以 </html> 标签结束，所有内容都需要放在这两个标签之间。

③ <head> 元素——以 <head> 标签开始，以 </head> 标签结束，封装其他位于文档头部的标签，如 <meta>、<title>、<link>、<style> 及 <script> 等。

④ <body> 元素——以 <body> 标签开始，以 </body> 标签结束，网页的正文即用户在浏览器主窗口中看到的信息，包括图片、表格、段落、图片、视频等内容，必须位于 <body>…</body> 标签之内。

1. <!doctype>

<!doctype> 标签需放在所有标签之前，用于说明文档使用的 HTML 或 XHTML 的特定版本，并告诉浏览器后续内容应按照什么方式进行解析。删除 <!doctype> 就等于把如何解析 HTML 页面规则的权利完全交给了浏览器。这时 IE、Firefox、Chrome 浏览器对页面的渲染效果会存在一定的差别。

在 XHTML 中，<! doctype> 的用法比较复杂，即：

```
<!DOCTYPE html PUBLIC "-//W3C//DTD XHTML 1.0 Transitional//EN" "http://www.w3.org/TR/xhtml1/DTD/xhtml1-transitional.dtd">
```

在 HTML 5 中，<! doctype html> 的用法则比较简单，即：

```
<! doctype html>
```

2. <html>

<html> 是根标签，位于 <! doctype > 标签之后，用于告知浏览器它是一个 HTML 文档。 <html> 标签标志着 HTML 文档的开始，</html> 标签标志着 HTML 文档的结束，在它们之间的是文档的头部和主体内容。

在 XHTML 中，<html> 中有一串代码：

```
<html xmlns="http://www.w3.org/1999/xhtml">
```

用于声明 XHTML 统一的默认命名空间。在 HTML 5 中，仅用 < html> 即可。

3. <head>

<head> 是头部标签，紧跟在 <html> 标签之后，用于定义 HTML 文档的头部信息，即描述文档或页面标题、元信息（如作者等）、CSS 样式、JavaScript 脚本以及和其他文档的关系等，向浏览器提供整个页面的基本信息。

一个 HTML 文档只能含有一对 <head>…</head> 标签，绝大多数文档头部包含的数据都不会真正

作为内容显示在页面中，标题元素（<title>…</title>标签的内容）除外，它会显示在浏览器窗口的左上角。

4. <meta>

<meta />标签是元标签，用于定义页面的元信息，可重复出现在<head>头部标签中，在HTML中是一个单标签。<meta />标签本身不包含任何文本元素的内容，通过使用“名称 / 值”的形式定义页面的相关参数，例如，为搜索引擎提供网页的关键字、作者姓名、内容描述以及定义网页的刷新时间等。

（1）<meta name="名称"content="值"/>的用法

① 设置网页关键字：

```
<meta name="keywords" content="武昌理工学院,人工智能学院"/>
```

其中，name属性的值为keywords，定义搜索内容为“网页关键字”；content属性的值由网页关键字的具体内容确定，如“武昌理工学院，人工智能学院”，多个关键字内容之间可以用“,”分隔。

② 设置网页描述：

```
<meta name="description" content="民办高校,成功素质教育"/>
```

其中，name属性的值为description，定义搜索内容为“网页描述”；content属性的值由网页描述的具体内容确定。需要注意的是网页描述的文字不必过多。

③ 设置网页作者：

```
<meta name="author" content="Web前端设计小组"/>
```

其中，name属性的值为author，定义搜索内容为“网页作者”；content属性的值由具体的作者信息确定。

（2）<meta http-equiv="名称" content="值"/>的用法

在<meta>标签中使用http-equiv/content属性 / 属性值，可以设置服务器发送给浏览器的HTTP头部信息，为浏览器显示该页面提供相关的参数。其中http-equiv属性提供参数类型，content属性提供对应的参数值。

① 设置文件类型：

默认时会发送

```
<meta http-equiv="Content-Type" content="text/html"/>
```

通知浏览器发送的文件类型是HTML。

② 设置字符集：

在XHTML中

```
<meta http-equiv="Content-Type" content="text/html; charset=utf-8" />
```

其中，http-equiv属性的值为Content-Type；content属性的值为text/html和charset= utf-8，中间用“;”隔开，说明当前文档类型为HTML，使用的字符集为utf-8。

在HTML 5中，字符集的设置较简单，即：

```
<meta charset="utf-8">
```

其中，charset属性的值为utf-8，说明当前文档类使用的字符集为utf-8。utf-8（Unicode）是目前最常用的字符集编码，浏览器在渲染页面时，根据meta标签设定的汉字编码utf-8来显示汉字，不会出现乱码。

小提示： 在网页设计时，如果设置标签meta的charset属性值为GB2312或GBK时，浏览页面时汉字会出现乱码，这是因为目前浏览器默认的字符集为utf-8，此时将用户浏览器的编码设置为

GB2312或GBK，汉字字符会显示正确。故页面声明的中文编码方案要与文档编辑软件所使用的中文编码方案保持一致。

③ 设置页面自动刷新与跳转：

```
<meta http-equiv="refresh" content="10; url=http://www.wut.edu.cn/ "/>
```

其中，http-equiv的属性值为refresh；content的属性值为数值和url地址，中间用“;”隔开，用于指定在特定的时间（10 s）后跳转至目标页面（武昌理工学院官网），该时间默认以秒为单位。

5. <title>

<title>标签用于定义HTML页面的标题，即给网页取一个名字，便于识别网页。一个HTML文档只能含有一对<title>…</title>标签，而且必须位于<head>标签之内。<title>…</title>之间的内容将显示在浏览器窗口的标题栏中。

6. <link>

一个页面往往需要多个外部文件的配合，在<head>中使用<link>标签可引用外部文件，一个页面允许使用多个<link>标签引用多个外部文件。例如：

```
<link  rel="stylesheet"  type="text/css"  href="外部样式文件.css" />
```

其中，属性rel用于指定当前文档与引用外部文档的关系，取值stylesheet时表示外部样式表；属性type用于声明引用外部文档的类型，取值为text/css表示CSS样式文件。

7. <style>

<style>标签用于为HTML文档定义样式信息，位于<head>头部标签中，故称为内嵌样式表。其语法格式如下：

```
<style 属性 = "属性值">  样式内容  </style>
```

在HTML中使用style标签时，常常定义其属性为type，相应的属性值为text/css，表示使用内嵌式的CSS样式。

8. <script>

<script>标签用于定义客户端脚本（如JavaScript）。<script>元素中可以包含脚本语句，其语法格式如下：

```
<script type="text/javascript">  JavaScript语句  </script>
```

其中，type属性规定脚本的MIME类型；<script>元素中也可以通过src属性指向外部脚本文件，其语法格式如下：

```
<script type="text/javascript" src="jquery-3.3.1.js"></script>
```

JavaScript的常见应用是图像操作、表单验证以及动态内容更新。

9. <body>

<body>是主体标签，用于定义HTML文档所要显示的内容，浏览器中显示的所有文本、图像、音频和视频等信息都必须位于<body>…</body>标签内，<body>…</body>标签中的信息才是最终展示给用户看的。

一个HTML文档只能含有一对<body>…</body>标签，且<body>…</body>标签必须嵌套在<html>…</html>标签内，位于<head>…</head>头部标签之后，与<head>…</head>标签是并列关系。

10. <!-- -->

在 HTML 中还有一种特殊的标签——注释标签。如果需要在 HTML 文档中添加一些便于阅读和理解但又不需要显示在页面中的注释文字，就需要使用注释标签。其语法格式如下：

```
<!--  注释内容 -->
```

注释内容不会显示在浏览器窗口中，但是作为 HTML 文档内容的一部分，也会被下载到用户的计算机上，查看源代码时就可以看到。

2.2.3 HTML 5 文档编码规则

在编辑超文本标记语言文件和使用有关标记符时有一些约定或默认的要求。

① 超文本标记语言源程序的文件扩展名默认使用 .html 或 .htm（磁盘操作系统 DOS 限制），以便于操作系统或程序辨认。

② 超文本标记语言源程序为文本文件，其列宽可不受限制，即多个标记可写成一行，甚至整个文件可写成一行；若写成多行，浏览器一般忽略文件中的回车符（标记指定除外）；对文件中的空格通常也不按源程序中的效果显示。完整的空格可使用特殊符号（实体符）“ ”（注意此字母必须小写，方可空格）表示非换行空格；表示文件路径时使用符号“/”分隔，文件名及路径描述可用双引号也可不用引号括起。

③ 标记符中的标记元素用尖括号括起来，带斜杠的元素表示该标记说明结束；大多数标记符必须成对使用，以表示作用的起始和结束；标记元素忽略大小写，即其作用相同；许多标记元素具有属性说明，可用参数对元素作进一步的限定，多个参数或属性项说明次序不限，其间用空格分隔即可；一个标记元素的内容可以写成多行。

④ 标记符号，包括尖括号、标记元素、属性项等必须使用半角的西文字符，而不能使用全角字符。

⑤ HTML 注释由“<!--”符号开始，由“-->”符号结束。例如，<!-- 注释内容 -->。注释内容可插入文本中任何位置。任何标记若在其最前面插入感叹号，即被标识为注释，不予显示。

2.3 文本网页的设计

2.3.1 案例 4 小说正文网页设计

任务描述

选用《三国演义》第一回的内容，设计一个小说正文网页，要求页面工整、美观。

视频

案例4 小说正文网页设计

软件环境

Windows 7、DW CS6、IE、Chrome。

设计要点

① 新建站点和文件。新建站点后创建一个新网页文件，文档类型为 HTML 5，文件保存为“An04_ 小说正文网页 .html”。

② 输入小说文本。选择拆分视图（水平拆分），在设计窗口中逐一输入《三国演义》第一回的全部文字内容。图 2–1 是显示器屏幕分辨率为 1 920 × 1 080 像素的 DW 界面，图 2–2 是显示器屏幕分辨率为 1 024 × 768 像素的 DW 界面，可见文本文字在两者中的版面是不一样的。要注意的是，在默认情况下文本文字到达 DW 编辑窗口（大小可自由设定）的右边界后会自动换行。

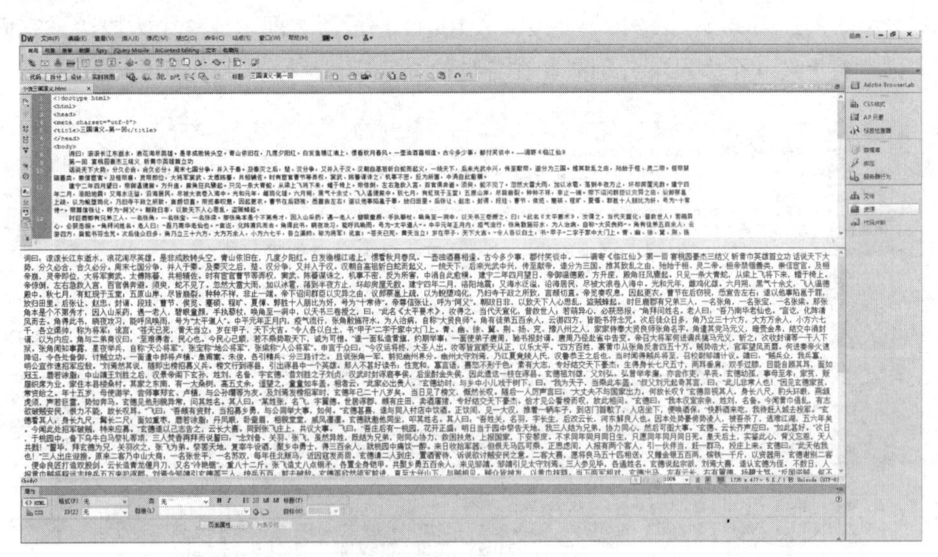

图 2–1　DW CS6 设计网页的界面（屏幕分辨率 1 920 × 1 080 像素）

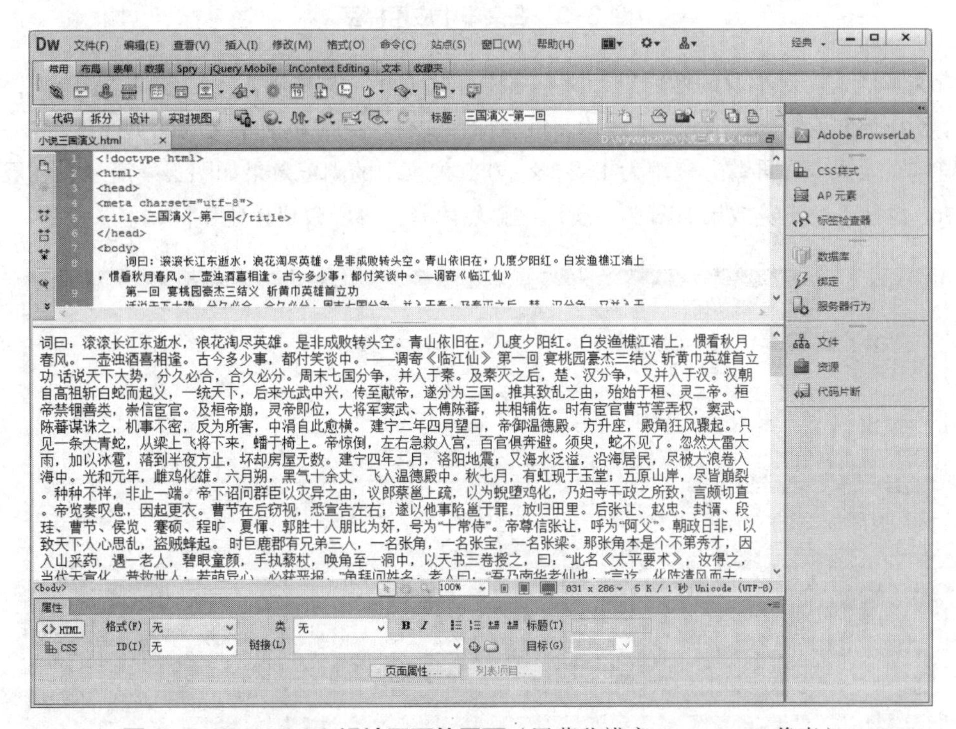

图 2–2　DW CS6 设计网页的界面（屏幕分辨率 1 024 × 768 像素）

③ 版面布局设计。从图 2–1 和图 2–2 中可见，为了使结构清晰、层次分明，代码也是需要进行排

版的，但网页的渲染效果丝毫不受其影响，因为网页是靠标签在浏览器中来显示版面布局效果的。切换到代码窗口中，应用 <span>…</span> 标签对小说的诗词进行排版，即每一行诗句都要嵌套在一对 <span>…</span> 标签中，其后再用
 标签换行；小说的标题应用 <h2> 和 <h3> 标签进行排版；诗句和标题之间应用 <hr> 标签进行分隔布局。小说的正文是分小段落和大段落的，应用 <span>…</span>
 标签嵌套每一个小段落；第 1–2、第 3、第 4–9、第 10–11 小段落之间形成 4 个大段落，它们之间会有一个空白行，因此将上述 4 个大段落分别嵌套在各自的 <p>…</p> 标签之中即可，如图 2–3 所示。

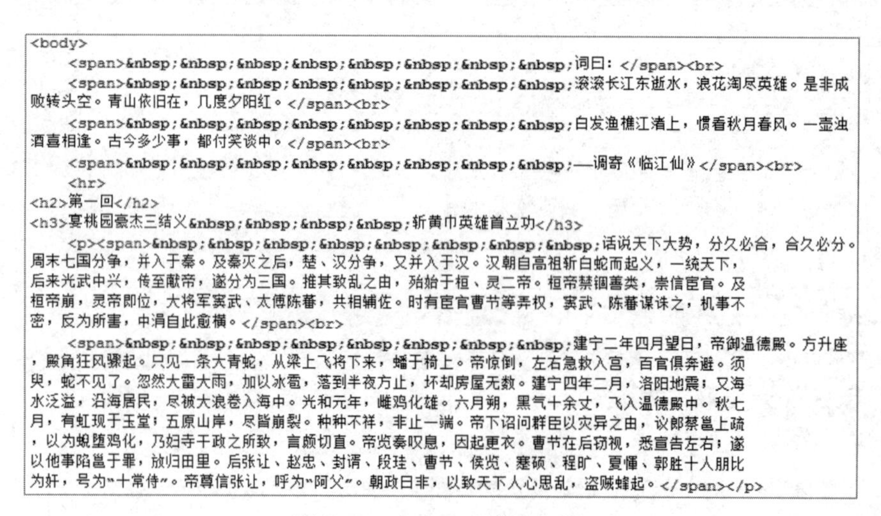

```
<body>
    <span>        词曰：</span><br>
    <span>        滚滚长江东逝水，浪花淘尽英雄。是非成
败转头空。青山依旧在，几度夕阳红。</span><br>
    <span>        白发渔樵江渚上，惯看秋月春风。一壶浊
酒喜相逢。古今多少事，都付笑谈中。</span><br>
    <span>        ——调寄《临江仙》</span><br>
    <hr>
<h2>第一回</h2>
<h3>宴桃园豪杰三结义    斩黄巾英雄首立功</h3>
    <p><span>        话说天下大势，分久必合，合久必分。
周末七国分争，并入于秦。及秦灭之后，楚、汉分争，又并入于汉。汉朝自高祖斩白蛇而起义，一统天下，
后来光武中兴，传至献帝，遂分为三国。推其致乱之由，殆始于桓、灵二帝。桓帝禁锢善类，崇信宦官。及
桓帝崩，灵帝即位，大将军窦武、太傅陈蕃，共相辅佐。时有宦官曹节等弄权，窦武、陈蕃谋诛之，机事不
密，反为所害，中涓自此愈横。</span><br>
    <span>        建宁二年四月望日，帝御温德殿。方升座
，殿角狂风骤起。只见一条大青蛇，从梁上飞将下来，蟠于椅上。帝惊倒，左右急救入宫，百官俱奔避。须
臾，蛇不见了。忽然大雷大雨，加以冰雹，落到半夜方止，坏却房屋无数。建宁四年二月，洛阳地震；又海
水泛溢，沿海居民，尽被大浪卷入海中。光和元年，雌鸡化雄。六月朔，黑气十余丈，飞入温德殿中。秋七
月，有虹现于玉堂；五原山岸，尽皆崩裂。种种不祥，非止一端。帝下诏问群臣以灾异之由，议郎蔡邕上疏
，以为蜺堕鸡化，乃妇寺干政之所致，言颇切直。帝览奏叹息，因起更衣。曹节在后窃视，悉宣告左右；遂
以他事陷邕于罪，放归田里。后张让、赵忠、封谞、段珪、曹节、侯览、蹇硕、程旷、夏恽、郭胜十人朋比
为奸，号为"十常侍"。帝尊信张让，呼为"阿父"。朝政日非，以致天下人心思乱，盗贼蜂起。</span></p>
```

图 2–3　在文本中应用标签

④ 设置文本样式。对小说的标题进行文本居中样式设置（具体操作方法参见案例 1），文本段落开头的空白需用特殊字符“ ”来表达。最后保存文件，完成小说正文的网页设计。

⑤ 浏览网页效果。在屏幕分辨率为 1 920 × 1 080 像素下的浏览效果如图 2–4 所示，在屏幕分辨率为 1 024 × 768 像素下的浏览效果如图 2–5 所示，显然两者的界面效果也是不同的。

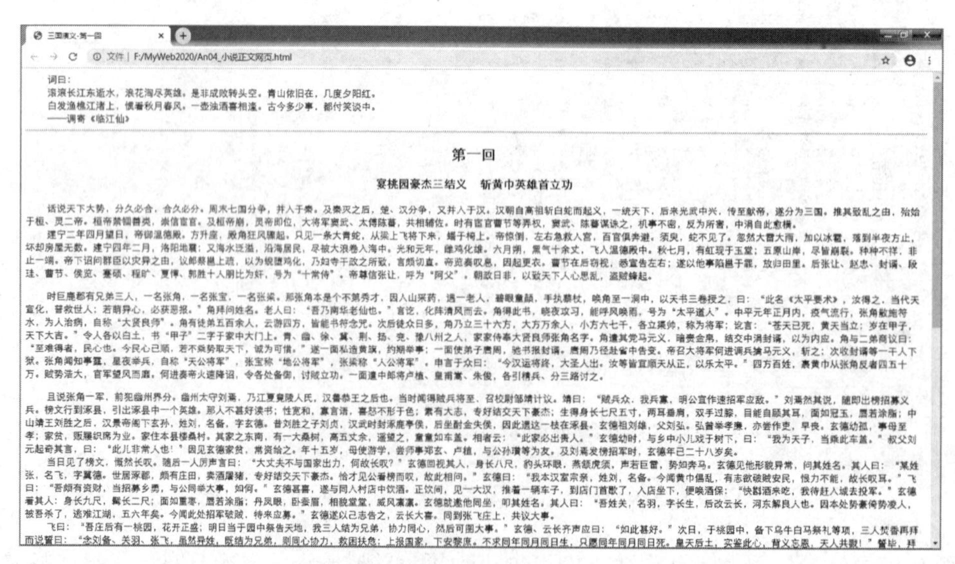

图 2–4　网页浏览效果（屏幕分辨率 1 920 × 1 080 像素）

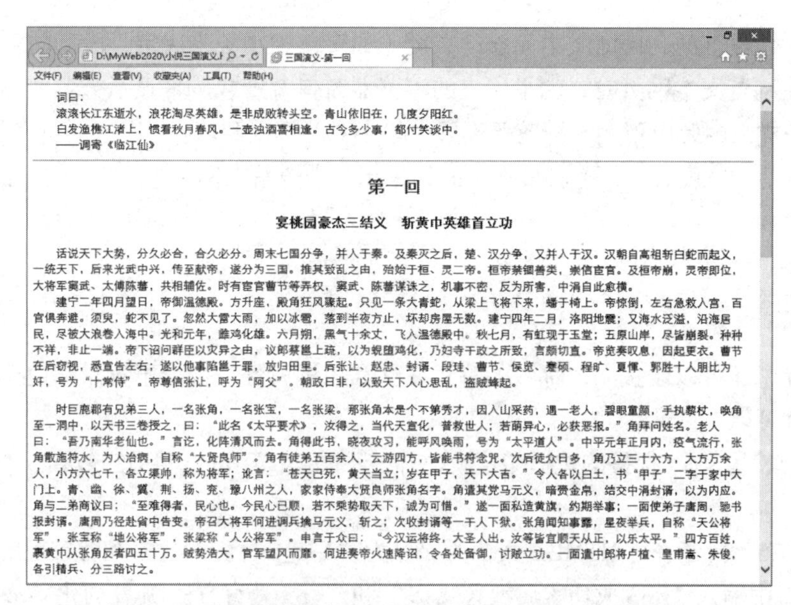

图 2-5　网页浏览效果（屏幕分辨率 1 024 × 768 像素）

设计总结

① 在本案例网页的设计过程中，主要采用的是代码编辑方法。在有些情况下，代码编辑法要比面板操作法来得简单，如在一段文本文字的外面套上 <span>…</span> 就是这样。

② <body> 标签容纳着其他标签元素和文本元素，是它们的父容器或祖先容器。在默认规则下（不设置任何标签的水平宽度值），例如像 p 这样的标签，标签的宽度不超过 <body> 的宽度，<body> 的宽度不超过编辑器或浏览器窗口的宽度，窗口的宽度（分辨率）不超过屏幕当前的水平宽度（分辨率）。当标签容器或 <body> 容器内的文本总宽度超过容纳它的父容器宽度（即文本充满容器的当前行）时，文本就自动换行到新一行，使用
 的情况除外。容器的大小随着设备分辨率或编辑器、浏览器窗口的大小而变化，这就是伸缩性规则。

③ 根据上述规则，为了让使用不同分辨率设备的用户得到相同的浏览效果和体验，在设计网页时要设定好网页的标准宽度。在主流显示器分辨率为 800 × 600 像素的时代，网页的宽度标准是 800 像素；随着用户屏幕分辨率高端化和多样化，网页宽度标准就没有统一值约束了，可根据大多数用户屏幕分辨率的实际情况（如 1 920 × 1 080 像素）来确定即可。

④ 通过本案例，要学会在代码视图中编写代码来设计网页。

讨论： 在案例 4 中，如果设置的网页宽度超过了屏幕的最大水平分辨率，会有什么后果？

2.3.2　文本网页设计应用的标签和属性

文本网页设计主要涉及文本段落和文本样式两个方面的标签，下面介绍这些标签的具体用法。

1. <p> 标签

<p> 标签是双标签，用来定义文本的一个段落。

在浏览器渲染时，<p> 标签会自动在其前后创建一行空白，形成段落之间的空白分界。

在默认情况下，段落的高度由文本元素的高度（如字体大小）来决定，段落的宽度会与父容器的宽度保持一致。在浏览文本网页时，如果用户的浏览器窗口宽度或屏幕显示分辨率不一样，看到的文本网页效果就不一样。因此应用 <p> 标签要设置一些必要的属性和值。

如果想限定段落的宽度，应设置 width 属性；如果想文本段落在网页中居中，应设置 text-align 属性，例如：

```
<style type="text/css">
   p { width: 800px; text-align: center; }
</style>
```

此外，在设计中还可以设置 <p> 标签的背景属性和边框属性。设置了背景和边框属性，标签的区块特性在网页中就可以一目了然。

【例 2-1】 **设置 <p> 标签的边框和背景，并在不同窗口下浏览网页的效果。**

操作过程

① 打开 DW CS6，新建一个 HTML 5 文档，保存为“2-1_p 标签的边框和背景设置 .html”。

② 在代码窗口中输入“<p> 成功素质教育 </p>”和“<p> 教育方法 开发内化 </p>”。

③ 选中任意一行 <p> 标签，在属性面板中单击 CSS 按钮，然后单击“编辑规则”按钮，弹出“新建 CSS 规则”对话框，在“选择器类型”下拉列表中选择“标签”，“选择器名称”中会自动出现 <p> 标签，单击“确定”按钮，弹出“p 的 CSS 规则定义”对话框，在“分类”列表框中选择“边框”，设置 Style 为 solid，Width 为 1 px，Color 为 #F00，如图 2-6 所示。

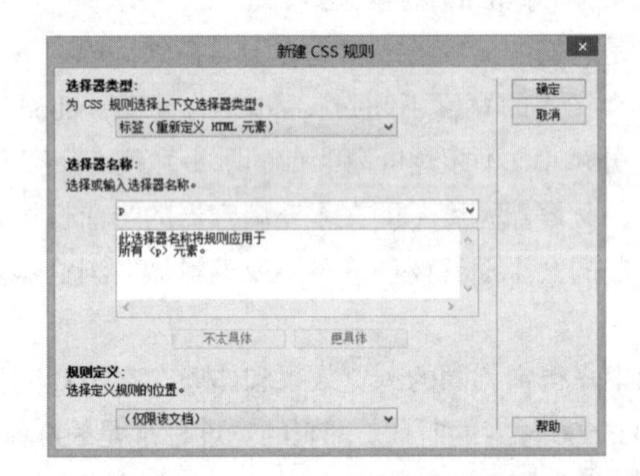

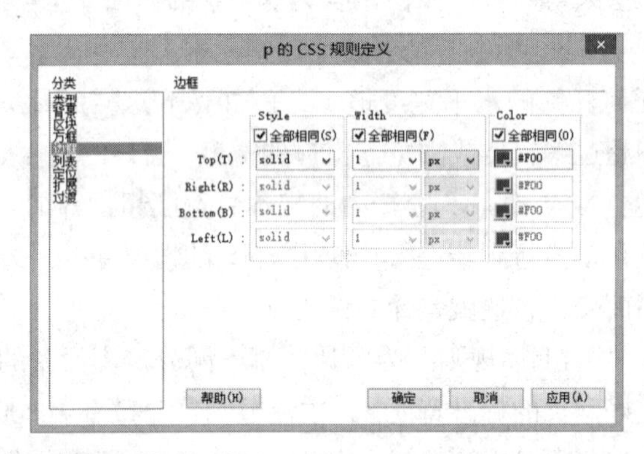

图 2-6　设置 <p> 标签的属性（边框）

④ 继续在“分类”列表框中选择“背景”，设置 Background-color 为 #FF0；选择“类型”，设置 font-size 为 36 px，如图 2-7 所示，最后单击“确定”按钮。

⑤ 在“<p> 成功素质教育 </p>”这一行的外面（不能在行内）单击，然后在属性面板中单击 CSS 按钮，再单击“编辑规则”按钮，弹出“新建 CSS 规则”对话框，在“选择器类型”下拉列表中选择“ID”，在“选择器名称”组合框中输入 p01，单击“确定”按钮，弹出“#p01 的 CSS 规则定义”对话框，在“分类”列表框中选择“背景”，设置 Background-image 为选定图像（见图 2-8），单击“确定”按钮即可。该行的代码如下：

```
<p id="p01">成功素质教育</p>
```

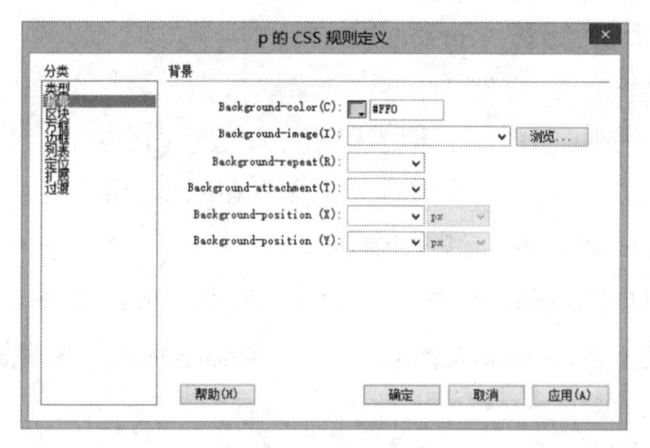

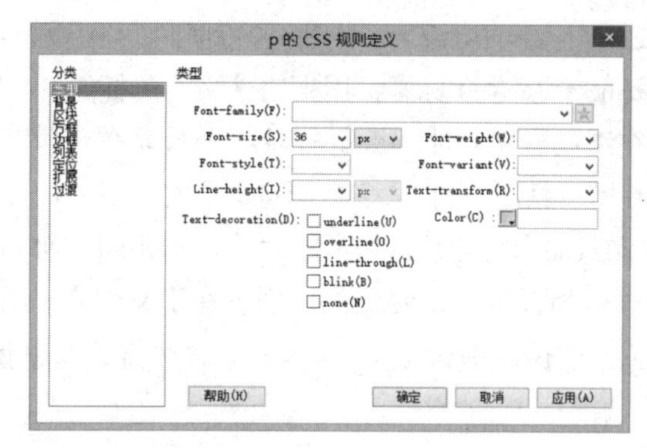

图 2-7　设置 <p> 标签的属性（背景颜色和字号）

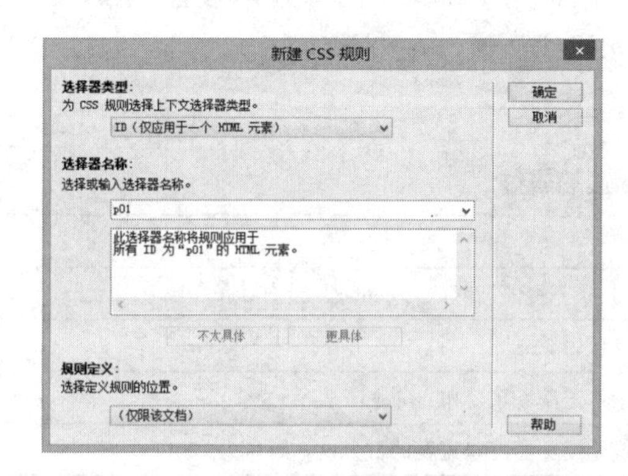

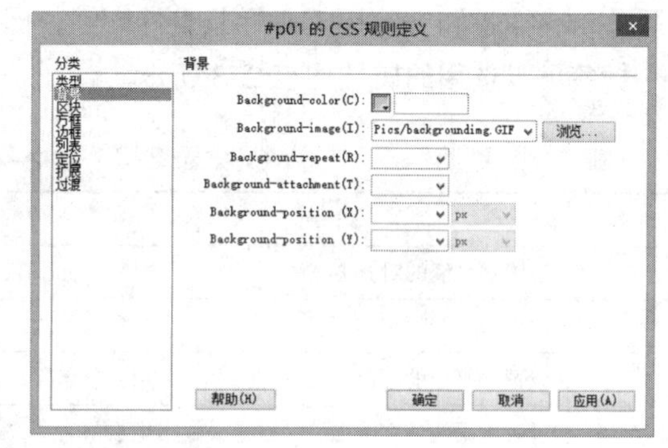

图 2-8　设置 <p> 标签的属性（背景图片）

⑥ 保存文件，在不同的窗口宽度下，网页浏览效果如图 2-9 所示。

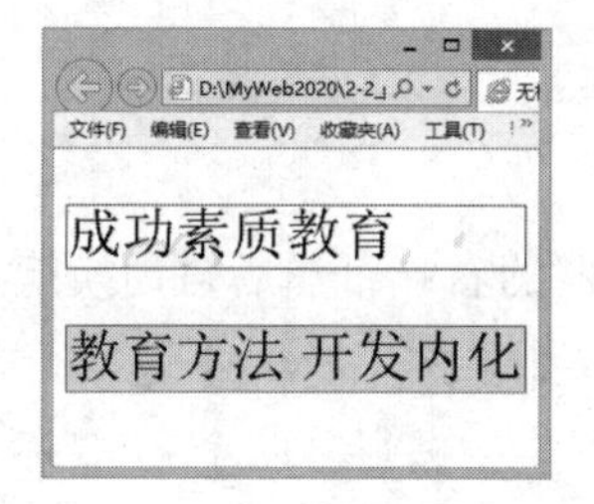

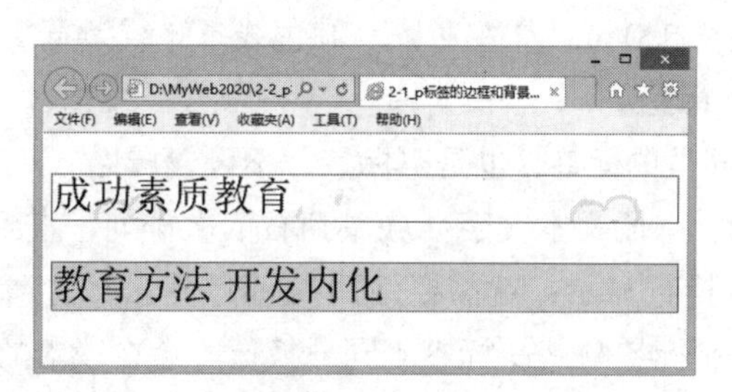

图 2-9　在不同窗口宽度下 <p> 标签的浏览效果

小提示：在例 2-1 中，在第⑤步操作前，<p> 标签设置了背景颜色，所有文本的 <p> 标签都会显示黄色背景；如果想要单独对第一行"<p> 成功素质教育 </p>"设置背景图片，就先给该行设置一个值为"p01"的 id 属性，得到的 <p id="p01"> 标签和第 2 行的 <p> 标签就有区别了，再对"id=p01"的 <p> 标签设置背景图片，图片背景属性就只对该行 <p> 标签有效。在标签中同时设置背景的图片和颜色时，颜色会被图片覆盖掉，而且文字总在背景的前面。

讨论：在例 2-1 中，如果背景的图片尺寸比 <p> 标签的边框尺寸小，网页浏览的效果是什么样？如果背景的图片尺寸比 <p> 标签的边框尺寸大，网页浏览的效果又是什么样？

2. <h1>、<h2>、<h3>、<h4>、<h5>、<h6> 标签（hn 标签）

<hn> 标签是双标签，用来定义文本的标题。

在浏览器渲染时，<hn> 标签也会自动在其前后创建一行空白，形成段落之间的空白分界。

在默认情况下，在大多数浏览器中显示的 <h1>、<h2>、<h3> 元素内容大于文本在网页中的默认尺寸，<h4> 元素的内容与默认文本的大小基本相同，而 <h5> 和 <h6> 元素的内容较小一些。

<hn> 标签和 <p> 标签的区别仅在于文字样式的区别，<hn> 标签可以看成是特殊的 <p> 标签。

讨论： 如何将 <p>…</p> 标签内文本浏览效果设置成与 <hn>…</hn> 标签内文本浏览效果完全一样？

3. <hr> 标签

<hr /> 标签是单标签，可以在页面中产生一条水平线，用来将文本内容分开为上下两个区域。默认情况下，<hr> 标签和 <p> 标签一样具有伸缩性，即水平线从窗口左边画到右边。

<hr> 标签可以选用的属性如表 2-3 所示。

表 2-3 <hr> 标签的属性

属 性 名	含 义	属 性 值
align	设置水平线的对齐方式	有 left、right 和 center 三种值，默认为 center，居中对齐
size	设置水平线的粗细	以像素为单位，默认为 2 px
color	设置水平线的颜色	可用颜色名称、十六进制 #RGB 和 rgb(r,g,b) 表示
width	设置水平线的宽度	用像素值表示，或用浏览器窗口宽度的百分比，默认为 100%

例如，可以为 <hr> 标签设置水平线的长度，线条的颜色和线条的宽度如下：

```
<hr color="#FF0000" align="left" size="15" width="800">
```

表示该水平线长 800 px，靠左对齐，红色线条，线条宽 15 px。

4.
 标签

 标签是单标签，也是空标签，不设置属性。

在网页中，一段文本文字会从左到右依次排列，直到父容器的右端，然后自动换行。如果希望在中间某处强制换行显示，就需要使用换行标签
。请注意，如果按【Enter】键换行，使用的就是 <p> 标签。
 标签与 <p> 标签不同，换行不会在段落的前后产生空白行。两个
 标签连用，才会产生一个空白行的效果。

 标签可与 <span> 标签连用，将一段连续的文本折断成两行。例如：

```
<span>绝句</span><br><span>杜甫</span><br><span>两个黄鹂鸣翠柳，</span>
<br><span>一行白鹭上青天。</span><br><span>窗含西岭千秋雪，</span><br>
<span>门泊东吴万里船。</span>
```

小提示： 在代码视图中，输入一段含有
 标签文本（如上面的杜甫《绝句》），再切换到设计视图中，不论选中全部文本，还是选中部分文本或者在文本的任意位置单击，只要在插入面板中单击“文本”标签页→“段落”按钮，都会在整个文本的外面套上一对 <p>…</p> 标签。如果应用 <h1>~<h3> 标签、<ul> 标签、<ol> 标签和 <dl> 标签，也是这样的规律。

5. <span> 标签

<span> 标签是双标签，用来给一串文本添加标签，为文本设置 CSS 提供基础。

在默认情况下，给一串文本外套一对 <span>…</span> 标签，与没有加标签的效果是一样的，但是，一旦给 <span> 标签设置属性后，就可以渲染出任何想要的效果来。

<span> 标签可以单独使用，也可以和 <p> 标签配合使用，从而形成不同风格的文本段落（见图 2–5 所示效果）。

在 <span>…</span> 标签之中不能嵌套 <p>…</p> 标签，但 <span>…</span> 标签可以被嵌套在 <p>…</p> 标签之中使用，即：

```
错误用法：<span><p>…</p></span>
正确用法：<p><span>…</span></p>
```

此外，在 <span>…</span> 标签之中还可以嵌套文本格式标签。

6. 文本格式标签

在网页中有时需要为文本文字设置粗体、斜体或下画线、删除线等效果，这时就需要应用到文本格式标签，使文字以特殊方式显示。常用的文本格式化标签如表 2–4 所示。

表 2–4　文本格式化标签

标　签	HTML 5	HTML 4.01 / XHTML 1.0			XHTML 1.1	用 法 说 明
		Transitional	Strict	Frameset		
<abbr>	Yes	Yes	Yes	Yes	Yes	定义缩写
<b>	Yes	Yes	Yes	Yes	Yes	定义粗体字
<big>	No	Yes	Yes	Yes	Yes	定义大号字
cite	Yes	Yes	Yes	Yes	Yes	定义引用（citation）
code	Yes	Yes	Yes	Yes	Yes	定义计算机代码文本
<del>	Yes	Yes	Yes	Yes	No	定义被删除文本
<dfn>	Yes	Yes	Yes	Yes	Yes	斜体，定义特殊术语或短语
<dir>	No	Yes	No	Yes	No	定义目录列表，不赞成使用
<em>	Yes	Yes	Yes	Yes	Yes	斜体，强调文本
<i>	Yes	Yes	Yes	Yes	Yes	斜体，强调文本
<ins>	Yes	Yes	Yes	Yes	No	定义被插入文本
<kbd>	Yes	Yes	Yes	Yes	Yes	定义键盘文本
<q>	Yes	Yes	Yes	Yes	Yes	定义短引用，渲染时添加引号
<rp>	Yes	No	No	No	No	浏览器不支持 ruby，显示内容
<rt>	Yes	No	No	No	No	定义 ruby 注释的解释
<ruby>	Yes	No	No	No	No	定义 ruby 注释
<s>	Yes	Yes	No	Yes	No	加删除线的文本，不赞成使用
<samp>	Yes	Yes	Yes	Yes	Yes	定义计算机代码样本
<small>	Yes	Yes	Yes	Yes	Yes	定义小号文本

续表

标　签	HTML5	HTML 4.01 / XHTML 1.0			XHTML 1.1	用 法 说 明
		Transitional	Strict	Frameset		
<strike>	No	Yes	No	Yes	No	加删除线的文本，不赞成使用
<strong>	Yes	Yes	Yes	Yes	Yes	粗体，重要文本
<sub>	Yes	Yes	Yes	Yes	Yes	定义下标文本
<sup>	Yes	Yes	Yes	Yes	Yes	定义上标文本
<track>	Yes	No	No	No	No	定义用在媒体播放器中的文本轨道
<tt>	No	Yes	Yes	Yes	Yes	定义打字机文本
<u>	No	Yes	No	Yes	No	定义下画线文本，不赞成使用
var	Yes	Yes	Yes	Yes	Yes	定义文本的变量部分

7. HTML 颜色

颜色由红色（Red）、绿色（Green）、蓝色（Blue）三种基色混合而成，简称 RGB。每种颜色的最小值是 0（十六进制为 #00），最大值是 255（十六进制为 #FF）。

HTML 4.0 标准仅支持 16 种颜色名：aqua、black、blue、fuchsia、gray、green、lime、maroon、navy、olive、 purple、red、silver、teal、white 和 yellow。HTML 5 支持的颜色，大多数浏览器都支持颜色名集合。

如果需要使用其他颜色，则需要使用十六进制颜色值表示，它是以“#”打头的 6 位十六进制数。上述颜色名也可以用十六进制的颜色值表示，例如“#FF0000”表示 red（红色）颜色。

在 CSS 样式表中，标签背景和文本的颜色还可以使用与十六进制颜色值等效的 rgb() 形式。图 2-10 给出了 9 种常用颜色的表示形式。

颜色 (Color)	颜色十六进制 (Color HEX)	颜色 RGB (Color RGB)
	#000000	rgb(0,0,0)
	#FF0000	rgb(255,0,0)
	#00FF00	rgb(0,255,0)
	#0000FF	rgb(0,0,255)
	#FFFF00	rgb(255,255,0)
	#00FFFF	rgb(0,255,255)
	#FF00FF	rgb(255,0,255)
	#C0C0C0	rgb(192,192,192)
	#FFFFFF	rgb(255,255,255)

图 2-10　十六进制颜色值及其等效的 rgb() 形式

小提示： ① rgb() 的参数是十进制数，且只能作为 CSS 样式属性值，而不能作为标签属性值。② rgb() 除了表示基本色的三个参数外，还可以有第四个参数，表明不透明度。

8. 背景属性和颜色属性

在网页设计中，常常要对一些 HTML 标签设置背景图片、背景颜色，对文本设置字体颜色，增强网页的表现效果。

【例2-2】 设计一个网页，设置 <body> 标签的背景图像、<p> 标签和 <span> 标签的背景颜色，设置 <table> 标签的背景颜色、设置 <td> 标签的背景颜色，设置文本的字体颜色。

操作过程

在本网页的设计中，采用代码编写方法。准备好背景图片素材，打开 DW CS6，新建一个 HTML 5 文档，保存为“2-2_ 背景和颜色的设置 .html”，在代码视图中输入下列代码，完成网页设计。

```
行号    代码：2-2_背景和颜色的设置.html
 1      <!doctype html>
 2      <html>
 3      <head>
 4      <meta charset="utf-8">
 5      <title>背景与颜色的设置</title>
 6        <style type="text/css">
 7          p {background-color: #FF9933;}
 8          span {background-color: #FF9933;}
 9          body {background-image: url(Pics/hhl-00.jpg);
10            background-repeat:no-repeat;
11            background-size:cover;
12            font-size: 24px;
13          }
14           table {background-color: #FF9966;}  <!-- 设置表格背景颜-->
15        </style>
16      </head>
17      <body>
18        <p>&lsaquo;p&rsaquo;标签的背景颜色（橙色）和默认宽度&lsaquo;/p&rsaquo;</p>
19         <span>&lsaquo;span&rsaquo;标签背景颜色&lsaquo;/span&rsaquo;和
        &lsaquo;span&rsaquo;默认宽度&lsaquo;/span&rsaquo;</span><br>
20        <br>
21        <table>                          <!-- 表格标签，背景颜色在内嵌式样式表中设置-->
22          <tr>                           <!-- 表格的行标签，第1行-->
23            <td>2行3列的表格(背景橙色)<br>1行1列单元格,不设置背景色</td>
                                           <!-- 表格单元格标签-->
24            <td bgcolor="#FFFF00">1行2列单元格,背景颜色黄色</td>
                                           <!--背景色以属性方式设置-->
25            <td bgcolor="#66FFFF">1行3列单元格,背景颜色青色</td>
26          </tr>
27          <tr>                           <!-- 表格的第2行-->
28            <td bgcolor="#66FFFF">2行1列,文本默认左对齐</td>
                                           <!-- 不设置文本对齐方式，默认左对齐-->
29            <td align="center" bgcolor="#AAAA00">文本居中对齐</td>
30            <td align="right">2行3列,文本设置右对齐</td>
31          </tr>
32        </table>
33      </body>
34      </html>
```

网页的浏览效果如图 2-11 所示。

讨论：在图 2-11 中，<p> 标签、<span> 标签和 <table> 标签的水平宽度不一样，可以总结出哪些规律?

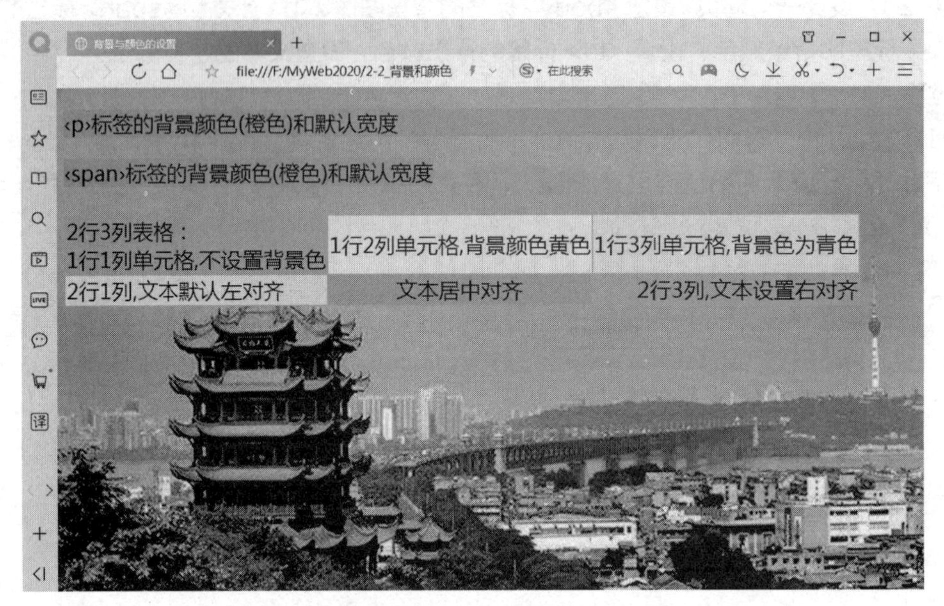

图 2-11　设置标签背景和文本颜色的浏览效果

延伸阅读

（1）文本字体颜色

在 HTML 4.01 中提供了文本样式标签 <font>，用来控制网页中文本的字体、字号和颜色。<font> 标签常用的属性如下：

属 性 名	含　义
face	设置文字的字体，如微软雅黑、黑体、宋体等
size	设置文字的大小，可以取 1 ~ 7 之间的整数值
color	设置文字的颜色

在 HTML 5 中，<font> 标签被弃用，在文档中插入了大量的 <font> 标签后，HTML 文档变得臃肿不堪，网站在重新设计和修改时，逐一找出这些 font 元素也不简单，把 <font> 标签的属性交给它的父容器标签代理，却是一种更好的解决方案。例如：

```
p{font-family:"宋体"; font-size:36px;color:#00F;text-decoration: underline; }
```

（2）文本的对齐方式

在 HTML 4.01 中可用 <center> 标签定义文本居中对齐，但它和 <font> 标签一样，在 HTML 5 中被弃用，一般在标签中用 align 属性设置对齐方式，其取值如下：

left：设置标题文字左对齐（默认值）；

center：设置标题文字居中对齐；

right：设置标题文字右对齐。

例如：

```
<p align="center">
    <font color="#979797" size="2">
        更新时间：2020年03月03日14时08分 来源：<font color="blue">人工智能学院</font>
    </font>
</p>
```

在 HTML 5 中，标签的 align 属性也不再使用，而是在 CSS 中应用 text-align 属性代替。例如：

```
p {font-family: "宋体";  font-size: 36px; color: #00F; text-align: center; }
```

9. 特殊字符

在 HTML 中某些字符是预留的，如文本元素不能使用小于号（<）和大于号（>），这是因为浏览器会误认为它们是标签。为了正确地显示预留字符、使用 HTML 标签语法中的某些字符作为普通文本，HTML 为这些特殊字符准备专门的替代代码（字符实体），如表 2-5 所示。

表 2-5　特殊字符

特殊字符	描　述	字符的代码	特殊字符	描　述	字符的代码
	空格符		±	正负号	±
<	小于号	<	×	乘号	×
>	大于号	>	÷	除号	÷
&	和号	&	²	平方 2（上标 2）	²
¥	人民币	¥	³	立方 3（上标 3）	³
©	版权	©	‹	单左角引号	‹
®	注册商标	®	›	单右角引号	›
°	摄氏度	°			

10. 文本滚动标签

<marquee> 标签是双标签，控制文本的滚动方向。基本语法格式如下：

```
<marquee > 滚动对象 </marquee>
```

在默认情况下，页面效果是对象从右至左循环滚动。可以设置一些属性，控制文本的滚动。

① 要控制滚动的速度，需要设置 scrollamount 属性——对象滚动步进像素间距；

② 定义滚动区域大小及背景颜色，需要设置 width、height 及 bgcolor 属性；

在网站首页中，通常含有向上滚动的新闻，此时除了需要设置大小属性外，还需设置方向属性，即 Direction="up"。当鼠标经过时会停止滚动，这是通过定义 marquee 对象的事件及事件处理方法实现的。

小提示： 如果将 <marquee> 标签嵌入表格的单元格标签内，此时对象就在单元格内滚动。另外，在 <marquee> 和 </marquee> 之间定义的滚动对象，除了文字外，还可以为一组图片（电影胶片效果）。<marquee> 标签还有 align 等属性。

11. 列表标签

在 HTML 页面中，使用列表将相关信息放在一起，会使内容显得更具有条理性。HTML 中的列表有以下三种类型，即

- 有序列表：使用一些数值或字母作为编号；
- 无序列表：使用项目符号作为编号；
- 定义列表：列表中的每个项目与描述配对显示。

（1）有序列表

在有序列表中，每一项的前缀可以通过数字或字母进行编号。

在 HTML 中应用 <ol> 标签来实现有序列表，使用一些数值或字母作为编号。

有序列表的语法格式如下：

```
<ol>
    <li>…</li>
    …
</ol>
```

其中，<ol> 中允许包含多个列表项 <li>，每一个列表项都要嵌入在 <ol>…</ol> 之间；<li> 标签用于展示某一列表项，其内容包含在 <li>…</li> 之间。

有序列表的编号默认以阿拉伯数字 1 开始编号。通过 type 属性可以指定有序列表编号的样式，取值方式有如下几种，即

- “1”代表阿拉伯数字（1、2、3…）；
- “a”代表小写字母（a、b、c…）；
- “A”代表大写字母 (A、B、C…）；
- “i”代表小写罗马数字（i、ii、iii…）；
- “I”代表大写罗马数字（I、II、III…）。

并且还可以通过 start 属性指定列表序号的开始位置，例如 start="3" 表示从 3 开始编号。

（2）无序列表

无序列表与有序列表不同，无序列表每一项的前缀显示的是图形符号，而不是编号。

在 HTML 中，应用 <ul> 标签实现无序列表。

无序列表的语法格式如下：

```
<ul>
    <li>…</li>
    …
</ul>
```

其中，每一个列表项 <li> 要嵌入在 <ul>…</ul> 之间，使用方式基本与有序列表一致；type 属性用于设置列表的图形前缀，取值可以是 circle（圆）、disc（点）、square（方块）、none 等类型；当省略 type 属性时大部分浏览器默认是 disc 类型。

（3）定义列表

定义列表是一种特殊列表，将项目与描述成对显示，使用 <dl> 标签来实现。

```
<dl>
    <dt>…</dt>
    <dd>…</dd>
    …
</dl>
```

其中，一个定义列表中可以包含 1 ~ n 个子项；每一子项都由两部分构成：标题（dt）和描述（dd），且成对出现；<dt>…</dt> 标签用于存放标题内容；<dd>…</dd> 标签用于存放描述内容。

有序列表、无序列表和定义列表是可以相互嵌套使用的。

【例 2-3】 有序列表、无序列表和定义列表是可以相互嵌套使用的。试设计一个网页，包含这三种列表标签。

操作过程

在本网页的设计中，采用代码编写方法。打开 DW CS6，新建一个 HTML 5 文档，保存为“2-3_列表网页 .html”，在代码视图中输入下列代码，完成网页设计。

```
行号    代码：2-3_列表网页.html
 1      <!doctype html>
 2      <html>
 3      <head>
 4      <meta charset="utf-8">
 5      <title>列表</title>
 6      </head>
 7      <body>
 8         <h3>线上学习资源介绍</h3>
 9         <hr>
10         <dl>
11            <dt>RUNOOB.COM（一）</dt>
12            <dd>
13               <ol type="1">
14                  <li>HTML/CSS
15                     <ul type="circle">
16                        <li>HTML</li>
17                        <li>HTML5</li>
18                        <li>CSS</li>
19                        <li>CSS3</li>
20                     </ul>
21                  </li>
22                  <li>JavaScript</li>
23                  <li>服务端</li>
24                  <li>数据库</li>
25                  <li>移动端</li>
26               </ol>
27            </dd>
28            <dt>RUNOOB.COM（二）</dt>
29            <dd>
30               <ol type="1" start="6">
31                  <li>XML教程</li>
32                  <li>ASP.NET</li>
33                  <li>Web Service</li>
34                  <li>开发工具</li>
35                  <li>网站建设</li>
36               </ol>
37            </dd>
38            <dt>W3school.com.cn</dt>
```

```
39            <dd>
40                <ul type="square">
41                    <li>HTML</li>
42                    <li>XHTML</li>
43                    <li>HTML5</li>
44                    <li>CSS</li>
45                    <li>CSS3</li>
46                    <li>TCP/IP</li>
47                </ul>
48            </dd>
49    </body>
50    </html>
```

网页的浏览效果如图 2-12 所示。

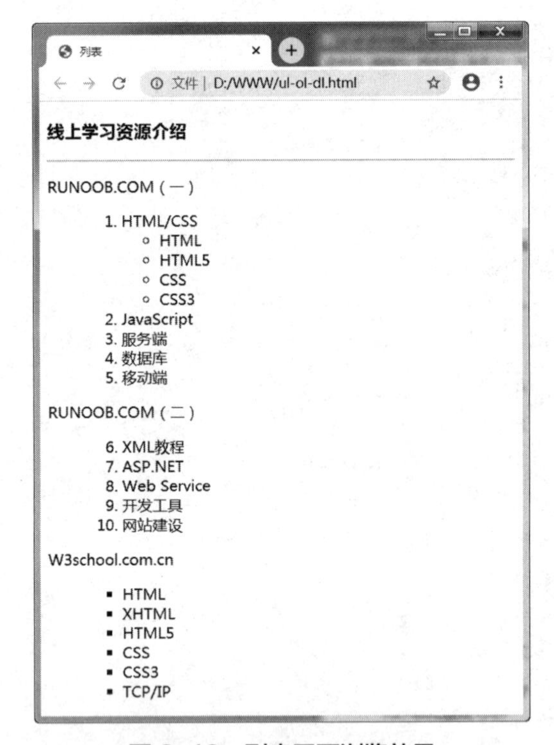

图 2-12 列表网页浏览效果

2.4 图册网页的设计

视频

案例5 教师节出版社图书展网页设计

2.4.1 案例 5 教师节出版社图书展网页设计

任务描述

出版社每个学期都会去各高校展出教材和图书，选用一些图书图片，设计一个教师节出版社图书展网页，要求页面布局简洁。

软件环境

Windows 7、DW CS6、Photoshop、Firworks、IE、Chrome。

设计要点

① 准备素材。选择色差较大的图片，如果图片四周有白色，应用图像工具将其裁剪掉，将处理好的文件保存到专用文件夹中。

② 新建站点和文件。新建站点后创建一个新网页文件，文档类型为 HTML 5，文件保存为“An05_教师节出版社图书展 .html”。

③ 选择拆分视图进行设计。在视图窗口中，输入“教师节出版社图书展”，在属性面板的格式下拉列表中选择“标题 1”，然后在插入面板（对象面板）上，单击“水平线”按钮（见图 2-13），插入水平线，或者切换到代码窗口中，直接输入水平线标签“<hr>”。

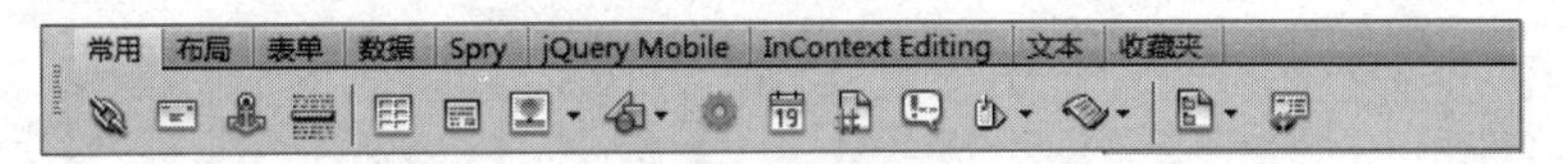

图 2-13 DW 的插入面板（对象面板）

④ 插入图片。在插入面板中，单击“图像”按钮，弹出“选择图像源文件”对话框，找到希望插入的图片，单击“确定”按钮，弹出“图像标签辅助功能属性”对话框，在“替换文本”组合框中输入文本“编程”，在“详细说明”文本框中输入图片的链接地址，或者什么内容都不输入，直接单击“确定”按钮，如图 2-14 所示。反复操作，插入一组图片，然后插入水平线，再插入另外一组图片。

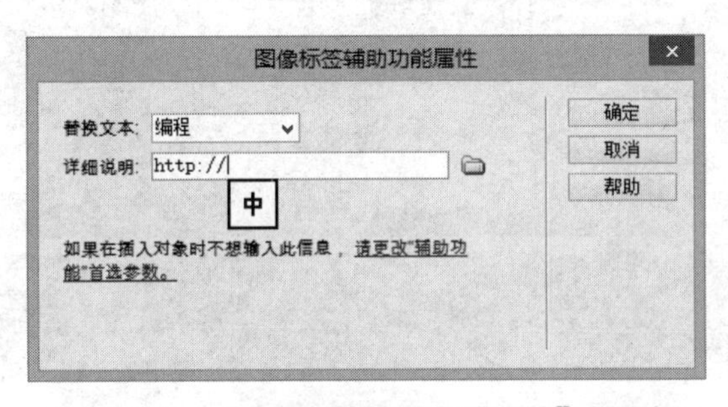

图 2-14 “图像标签辅助功能属性”对话框

⑤ 整理代码格式。按照图 2-15 所示整理代码的格式，即第一组每个 <img> 标签各占一行，第二组 <img> 标签连续书写，两个 <img> 标签之间不要留任何空白，最后保存文件。

⑥ 浏览网页效果。完成后的网页效果如图 2-16 所示。

设计总结

① 在本案例网页的设计过程中，主要采用插入面板的操作方法。

② 在第一组图片中，图片和图片之间存在空白间隙，在第二组图片中，图片和图片之间没有空白间隙，这与代码的排版有关，具体见图 2-15 所示的代码排版规律。

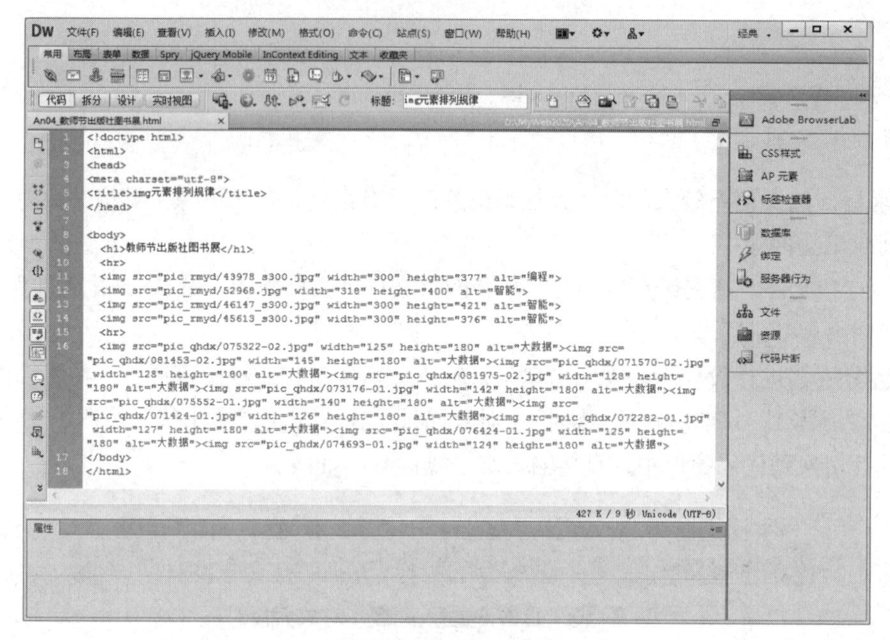

图 2-15　代码格式

图 2-16　图册的浏览效果（浏览器窗口可调状态）

③ <img> 元素与文本元素一样，在默认情况下，从左到右依次排列，最右边剩下的空间如果比图片小，哪怕只是小 1 px，该图片都会折行、排列到下一行显示，并且在上下两行之间会有空白间隙存在（XHTML 或 HTML 4.01 文档没有间隙）。

④ 如果图片的高度不一，在默认情况下，以图片的底边对齐为准。

⑤ 对整个图片可以设置超链接，指向目标地址。

讨论：在"An05_教师节出版社图书展.html"中，选择 XHTML 1.0 的文档类型进行设计，网页浏览的效果又是什么样？

2.4.2 图册网页设计应用的标签和属性

图册网页设计主要涉及图像标签和常用的容器类标签，下面主要介绍这些标签的具体用法。

1. <img> 标签

<img/> 标签是单标签、空标签，它只包含属性，没有闭合标签，用来定义网页中的图像。

应用 <img> 标签的语法格式如下：

```
<img src = "图像url"  width = "图像宽度"  height = "图像高度"  alt = "文本"/>
```

（1）src 属性

<img> 标签向网页中嵌入一幅图像，从技术上讲，<img> 标签并不会在网页代码中插入图像，而是在网页中链接该图像。<img> 标签创建的是被引用图像的占位空间。

要在页面上显示图像，需要使用 <img> 标签的源属性 src（src 表示 source），src 属性规定显示图像的 URL，即源属性的值是图像的 URL 地址（存储图像的位置）。如果名为 pulpit.jpg 的图像位于 www.runoob.com 的 images 目录中，那么其绝对 URL 为"http://www.runoob.com/images/pulpit.jpg"；如果该图像位于站点的 Pics 文件夹中，那么其相对 URL 为"Pics/pulpit.jpg"。

浏览器将图像显示在文档中图像标签 <img> 出现的地方。如果将图像标签置于两个段落之间，那么浏览器会首先显示第一个段落，然后显示图片，最后显示第二段。

小提示：假如某个 HTML 文件包含 10 个图像，那么为了正确显示这个页面，需要加载 11 个文件。加载图片是需要时间的，所以建议慎用图片。

（2）alt 属性

<img> 标签的 alt 属性规定图像的替换文本，替换文本属性的值是用户定义的。例如：

```
<img src="boat.gif"  alt="Big Boat">
```

在浏览器无法载入图像时，浏览器将显示这个替代性的文本而不是图像。替换文本属性告诉浏览者失去图像的相关信息。

在设计网页时，要注意插入页面图像的路径，如果不能正确设置图像的位置，浏览器无法加载图片，图像标签就会显示一个破碎的图片。

（3）width 属性和 height 属性

width（宽度）与 height（高度）属性用于设置图像的高度与宽度，属性值的默认单位为像素。

在应用面板操作方法插入图像时，图像的宽度和高度属性值会默认按照图像的原始大小自动加入到代码中（见图 2-15）。如果对图像指定了高度和宽度，页面加载时就会保留指定的尺寸。注意，如果不锁定图像宽度和高度的比例，任意设置图像的宽度和高度，那么就会显示出变形的图像效果。

讨论：在 <p> 标签中插入一幅图片，网页浏览的效果是什么样？如果 <p> 标签设置了宽度和高度属性，网页浏览的效果又是什么样？

表 2-6 给出了 <img> 标签的可选属性、值及其描述。

表 2-6　<img> 标签的可选属性、值及其描述

属　性	值	描　述
align	top, bottom, middle,left, right	规定如何根据周围的文本来排列图像。不推荐使用
border	pixels	定义图像周围的边框。不推荐使用
height	pixels, %	定义图像的高度
hspace	pixels	定义图像左侧和右侧的空白。不推荐使用
ismap	URL	将图像定义为服务器端图像映射
longdesc	URL	指向包含长的图像描述文档的 URL
usemap	URL	将图像定义为客户器端图像映射
vspace	pixels	定义图像顶部和底部的空白。不推荐使用
width	pixels, %	设置图像的宽度

小提示：在 HTML 4.01 中，不推荐使用 image 元素的 align、border、hspace 及 vspace 属性，在 XHTML 1.0 Strict DTD 中，不支持 image 元素的 align、border、hspace 及 vspace 属性。

（4）图像格式

<img> 标签支持的图像格式有 jpg/jpeg、gif 和 png 等，不支持元图 bmp 格式。

小提示：将图片设置为背景时，图片文件名中不能有中英文括号，否则如 timg(01).jpg 在网页浏览时不会显示。

讨论：在网页中插入一幅图片（不是背景），怎样使图片在网页中居中？

2. <map> 标签和 <area> 标签

<map> 标签用于客户端图像映射。图像映射是指一幅图像带有可单击的区域。<area> 标签定义图像的映射区域。<area> 元素始终嵌套在 <map> 标签内部。

<img> 中的 usemap 属性引用 <map> 中的 id 或 name 属性（取决于浏览器），所以应同时向 <map> 添加 id 和 name 属性。

【例 2-4】　图 2-17 展示的是一个艺术型的网页（主页），试在网页上制作导航链接。

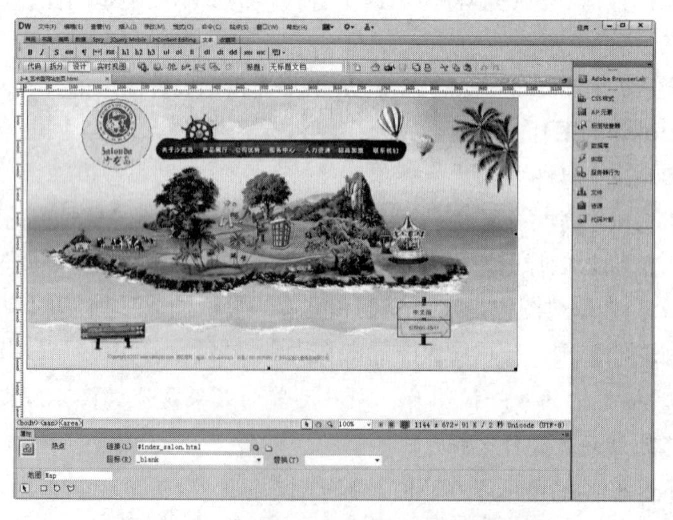

图 2-17　艺术型网站主页导航栏目的制作

操作过程

在 DW CS6 中打开网页“2–4_ 艺术型网站主页 .html”，在“插入”工具栏中单击“绘制椭圆热点”按钮，绘制一个圆，将“沙龙岛图标”完全覆盖，在属性面板“链接”右侧的文本框中，输入要链接的网页；单击“绘制矩形热点”按钮，在“中文版”图标附近，画一个矩形，将“中文版”图标完全覆盖，并在属性面板上输入要链接的网页。按照同样的方法，在导航栏目区域，绘制 7 个矩形热点，并输入相应的链接网页，这样就做好了网页的导航链接。

网页的核心代码如下（2–4_ 艺术型网站主页 .html）。

```
行号    代码：2-4_艺术型网站主页.html
 1      <!doctype html>
 2      <html>
 3      <head>
 4         <meta charset="utf-8">
 5         <title>图像热点的导航设计</title>
 6      </head>
 7      <body>
 8         <img src="Pics/SP-00.jpg" width="1024" height="565" usemap="#Map">
 9         <map name="Map">
10            <area  shape="circle"  coords="191,80,73"  href="#index_salon.html"
        target="_blank">
11           <area shape="rect" coords="776,459,885,496" href="#index_English.html"
        target="_blank">
12           <area shape="rect" coords="776,424,885,461" href="#index_chinese.html"
        target="_blank">
13         </map>
14      </body>
15      </html>
```

注意：<img> 标签中的 usemap 属性与 <map> 标签中的 name 相关联，以创建图像与映射之间的关系。

3. <table>、<tr> 和 <td> 标签

<table>、<tr>、<td> 标签是嵌套的组合标签，不单独使用而必须一起使用，用来定义 HTML 表格。<table>、<tr>、<td> 标签都是双标签。

简单的 HTML 表格由 <table> 元素以及一个或多个 <tr> 和 <td> 元素嵌套组成，<table> 界定表格的范围，<tr> 元素定义表格的行，<td> 元素定义表格的单元格（列）。

应用 <table>、<tr>、<td> 标签的语法格式如下：

```
<table
    <tr><td> 文本 </td>…<td> 文本 </td></tr>
    …
    <tr><td> 文本 </td>…<td> 文本 </td></tr>
</table>
```

如果表格有表头，第一行的所有 <td> 标签应用 <th> 标签来代替。

更复杂的 HTML 表格也可能包括 <caption>、<col>、<colgroup>、<thead>、<tfoot> 及 <tbody> 元素。

在网页中使用表格可以将数据有效地组织在一起，并以网格的形式进行显示。此外，应用表格对

简单的网页或网页的局部进行布局，非常简便。图 2-18 所示为应用表格对小说目录的布局效果，图 2-19 所示为应用表格对图册进行布局的效果。

图 2-18　小说目录网页

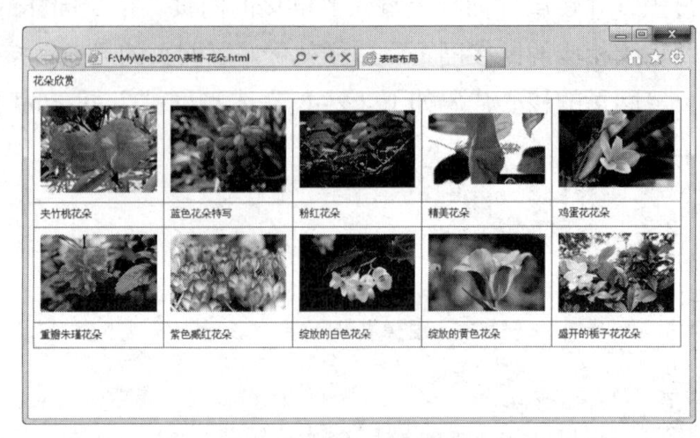

图 2-19　花朵图册网页

（1）<table> 的属性

表格的常用属性有宽度、高度、边框、背景颜色和对齐方式等，具体如表 2-7 所示。在网页设计中，通常在 <table> 标签中书写属性的设置，但也可以写在 CCS 中。

表 2-7　table 常用属性、值及其描述

属　性	值	描　述
align	left、center、right	规定表格相对周围元素的对齐方式，宜用样式代替
bgcolor	rgb(x,x,x)、#xxxxxx、colorname	规定表格的背景颜色
border	pixels	规定表格边框的宽度
cellpadding	pixels、%	规定单元边沿与其内容之间的空白
cellspacing	pixels、%	规定单元格之间的空白
frame	void、above、below、hsides、lhs、rhs、vsides、box、border	规定外侧边框的哪个部分是可见的
height	%、pixels	规定表格的高度
rules	none、groups、rows、cols、all	规定内侧边框的哪个部分是可见的
summary	text	规定表格的摘要
width	%、pixels	规定表格的宽度

注意： 属性 cellpadding 表示单元格边界与单元格内容之间的距离，cellspacing 表示单元格与单元格之间的距离。如图 2-20 所示，将 cellspacing 设置一个较大的值，可以清楚地看出表格中单元格之间的间距效果。

（2）<tr> 的属性

表格由一行或多行组成，一行可以包含一个或多个单元格，即 <tr> 元素包含一个或多个 <th> 或 <td> 元素。除单元格有合并的情况外，表格每行的单元格标签个数一般是相等的。对表格行进行属性

设置，该行所有单元格就具备同样的属性。表 2.8 是行标签的常用属性、值及其描述。

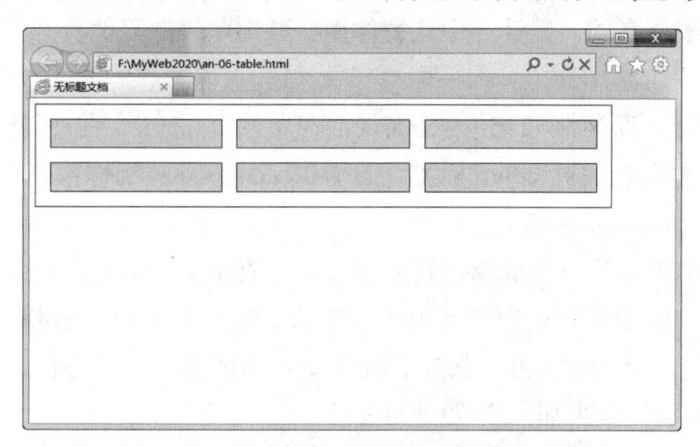

图 2–20　设置 cellspacing 的表格效果

表 2–8　行标签的常用属性、值及其描述

属　性	值	描　述
align	right、left、center、justify、char	定义表格行的内容对齐方式
bgcolor	rgb(x,x,x)、#xxxxxx、colorname	规定表格行的背景颜色，宜用样式取而代之
char	character	规定根据哪个字符进行文本对齐
charoff	number	规定第一个对齐字符的偏移量
valign	top、middle、bottom、baseline	规定表格行中内容的垂直对齐方式

（3）<td> 的属性

单元格是表格的基本单元，通过 <td> 和 <th> 标签来创建。所有文本元素放在单元格标签中。可以对单元格的属性进行设置，表 2–9 所示为单元格标签的常用属性、值及其描述。

表 2–9　单元格标签的常用属性、值及其描述

属　性	值	描　述
align	left、right、center、justify、char	规定单元格内容的水平对齐方式
bgcolor	rgb(x,x,x)、#xxxxxx、colorname	规定单元格的背景颜色，宜用样式取而代之
colspan	number	规定单元格可横跨的列数
height	pixels、%	规定表格单元格的高度。宜用样式取而代之
nowrap	nowrap	规定单元格中的内容是否折行，宜用样式取而代之
rowspan	number	规定单元格可横跨的行数
valign	top、middle、bottom、baseline	规定单元格内容的垂直排列方式
width	pixels、%	规定表格单元格的宽度，宜用样式取而代之

注意： 单元格的水平跨度 colspan 是指表格内的某个单元格在水平方向上跨越单元格的列数，垂直跨度 rowspan 是指单元格在垂直方向上跨越单元格的行数。

讨论： 在 <table>、<tr> 和 <td> 标签中，都可以设置颜色，当它们设置不同的颜色时，网页

会有什么效果？

【例 2-5】 应用表格布局，设计一个儿童体重身高对照表的网页。

操作过程

新建一个 HTML 5 网页，保存为“2-5_表格布局的简单网页.html”。在 <body> 标签中设置一个居中、靠顶的背景图片，然后再嵌套一对 <div> 标签，设置其 margin-top 属性值，最后在 <div> 标签中嵌套表格标签，并为表格设置 caption 标签。

在设计视图中，选中表格第一列的第 1 行和第 2 行，在 DW CS6 的属性面板中单击“单元格”区域的“合并”按钮（见图 2-21）；选中表格第 1 行的第 2 列和第 3 列，单击“合并”按钮；选中表格第 1 行的第 4 列和第 5 列，单击“合并”按钮，完成单元格的合并。核心代码（2-5_表格布局的简单网页.html”）如下。网页浏览效果如图 2-22 所示。

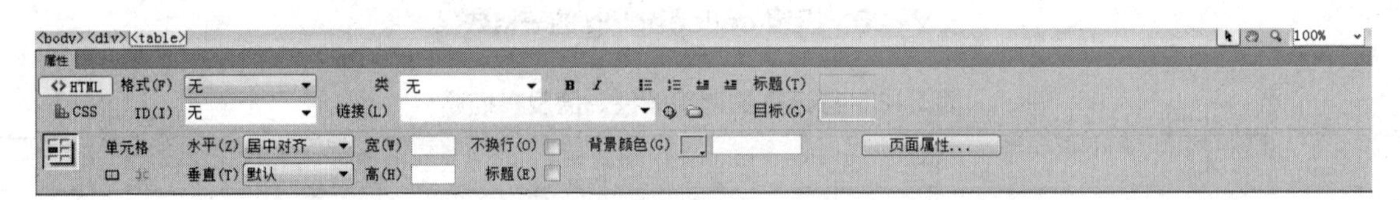

图 2-21 属性面板“单元格”区域的“合并”按钮

```
行号  代码：2-5_表格布局的简单网页.html
 1    <!doctype html>
 2    <html>
 3    <head>
 4    <meta charset="utf-8">
 5    <title>体重身高表</title>
 6    <style type="text/css">
 7    body {
 8        background-image: url(Pics/timg-1.jpg);
 9        background-repeat: no-repeat;
10        background-position:center top;
11    }
12    div {
13        margin-top: 250px;
14    }
15    body,td,th {
16        font-size: 24px;
17    }
18    </style>
19    </head>
20    <body>
21    <div>
22    <table width="650" border="1" align="center" cellpadding="1" cellspacing="1">
23    <caption>
24    <h3>儿童体重身高对照表</h3>
25    </caption>
26      <tr>
27        <td rowspan="2" align="center"><b>年龄</b></td>
28        <td colspan="2" align="center"><b>体重（kg）</b></td>
```

```
29            <td colspan="2" align="center"><b>身高（cm）</b></td>
30         </tr>
31         <tr>
32            <td align="center"><strong>男</strong></td>
33            <td align="center"><strong>女</strong></td>
34            <td align="center"><strong>男</strong></td>
35            <td align="center"><strong>女</strong></td>
36         </tr>
37         <tr>
38            <td align="center">2岁</td>
39            <td align="center">11.2-14.0</td>
40            <td align="center">10.6-13.2</td>
41            <td align="center">84.3-91.0</td>
42            <td align="center">83.3-89.8</td>
43         </tr>
44         …
45         <tr>
46            <td align="center">10岁</td>
47            <td align="center">26.8-38.7</td>
48            <td align="center">27.2-40.9</td>
49            <td align="center">131.4-143.6</td>
50            <td align="center">131.5-145.1</td>
51         </tr>
52      </table>
53      </div>
54      </div>
55      </body>
56      </html>
```

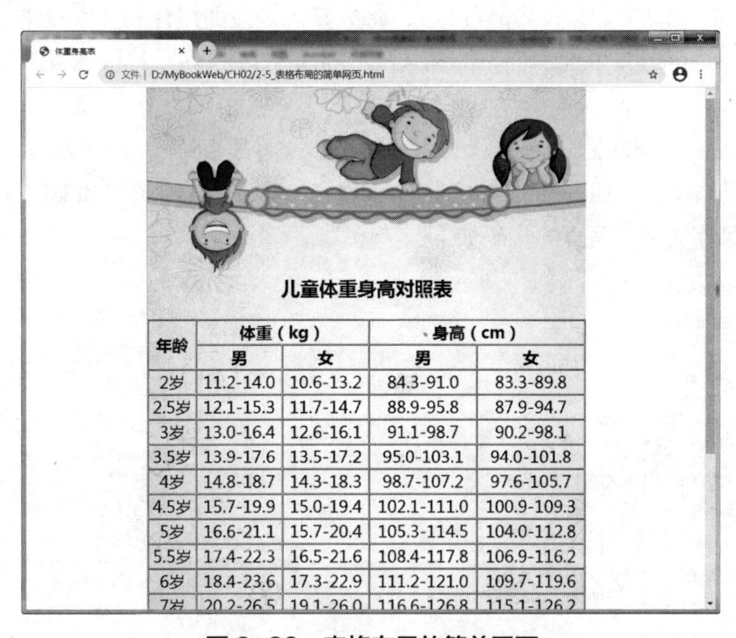

年龄	体重（kg）		身高（cm）	
	男	女	男	女
2岁	11.2-14.0	10.6-13.2	84.3-91.0	83.3-89.8
2.5岁	12.1-15.3	11.7-14.7	88.9-95.8	87.9-94.7
3岁	13.0-16.4	12.6-16.1	91.1-98.7	90.2-98.1
3.5岁	13.9-17.6	13.5-17.2	95.0-103.1	94.0-101.8
4岁	14.8-18.7	14.3-18.3	98.7-107.2	97.6-105.7
4.5岁	15.7-19.9	15.0-19.4	102.1-111.0	100.9-109.3
5岁	16.6-21.1	15.7-20.4	105.3-114.5	104.0-112.8
5.5岁	17.4-22.3	16.5-21.6	108.4-117.8	106.9-116.2
6岁	18.4-23.6	17.3-22.9	111.2-121.0	109.7-119.6
7岁	20.2-26.5	19.1-26.0	116.6-126.8	115.1-126.2

图 2-22　表格布局的简单网页

2.5 图文网页的设计

2.5.1 案例 6 连环画网页设计

任务描述

选用《西游记》中三打白骨精的故事，设计图文并茂的连环画网页，要求排版工整、美观。

软件环境

Windows 7、DW CS6、IE、Chrome。

设计要点

① 素材准备。对小说的文本进行加工，将故事划分为若干个场景，文字表述做到精简紧凑；再根据场景准备好配图。

② 新建站点和文件。新建站点后创建一个新网页文件，文档类型为 HTML 5，文件保存为“An06_连环画网页 .html”。

③ 页面设计。

- 首先在 <body>…</body> 中插入一对 <div class="box"></div> 进行页面的整体布局，设置其宽度为图片的宽度，设置边框线（便于看清效果），设置在网页中居中。
- 应用嵌套的 <div id="b01"><div></div><div></div></div>，将故事的封面和文字放进去。
- 应用嵌套的 <div id="b02"><span></span></div>，将故事第 1 段的图片和文字放进去。
- 应用嵌套的 <dl id="b03"><dt></dt><dt></dt></dl>，将故事第 2 段的图片和文字放进去。
- 应用嵌套的 <div id="b04"><p></p></div>，将故事第 3 段的图片和文字放进去。
- 应用嵌套的 <figure id="b05"><figcaption></figcaption></figure>，将故事第 4 段的图片和文字放进去。
- 应用嵌套的 <dl id="b06"><dt></dt><dd></dd></dl>，将故事第 5 段的图片和文字放进去。
- 故事第 6 段至结束，应用嵌套的 <div><span></span></div>，将图片和文字放进去。

④ 测试修改，保存文件。网页的代码如下：

```
行号  代码：An06_连环画网页.html
 1    <!doctype html>
 2    <html>
 3    <head>
 4       <meta charset="utf-8">
 5       <title>西游记选</title>
 6       <style type="text/css">
 7          div.box {
 8             width: 691px;
 9             margin-top: 0px;
10             margin-right: auto;
11             margin-bottom: 0px;
12             margin-left: auto;
13             text-align: left;
```

```
14            border: 1px solid #f00;
15        }
16      </style>
17  </head>
18  <body>
19  <div class="box">
20      <div id="b01">
21          <div><img src="pic/u=296940508,3433333292&fm=173&app=25&f=JPEG.jpg"
    width="691" height="800"></div>
22          <div style="text-align:center;">《西游记》选</div>
23      </div>
24      <br>
25      <div id="b02">
26          <img src="pic/u=3424212723,1628815047&fm=173&app=25&f=JPEG.jpg"
    width="691" height="800">
27          <span>1.唐僧师徒四人去西天取经。这一天，他们走到一座形势险恶、妖雾弥漫的荒山。走了
    一段，孙悟空将师父与师弟们安顿在他用金箍棒画成的圆圈内，自己先去巡山探路，顺便采撷些野果给
    大家吃。</span>
28      </div>
29      <dl id="b03">
30            <dt><img src="pic/u=2555253221,3776835105&fm=173&app=25&f=JPEG.jpg"
    width="691" height="800"></dt>
31          <dt>2.此山上的妖精白骨精听说吃了唐僧肉能长生不老，便早早设下阴谋，伺机出动。白骨精
    见悟空走了，便冲上去抓唐僧，谁知圆圈顷刻变成铜墙铁壁，碰得白骨精眼冒金星。</dt>
32      </dl>
33      <div id="b04">
34           <img src="pic/u=148273152,3607796860&fm=173&app=25&f=JPEG.jpg"
    width="691" height="800"><br>
35          <p>3.那妖精没有办法，于是变化成一个年轻女子，拎着一篮子馒头向唐僧他们走来。饿得正慌
    的猪八戒闻到了馒头的香味，跳出圈子向她化斋。那女子说她家住在附近，爹娘信佛，让她到山上寺庙
    里去送斋。</p>
36      </div>
37      <figure id="b05">
38           <img src="pic/144703674_5_20180919114527473.jpg" width="691"
    height="896">
39            <figcaption>4.师徒三人正要跟那女子去寺庙，悟空巡山回来了。火眼金睛的悟空一眼就看
    出女子是白骨精所变。&ldquo;大胆妖孽！&rdquo;悟空一声大喝，举起金箍棒便打。&ldquo;啪
    &rdquo;的一声，那女子被悟空一棒打死。可是倒地的只是白骨精的化身，她的真身化成一缕轻烟逃跑
    了。悟空随后便追。</figcaption>
40      </figure>
41      <dl id="b06">
42          <dt><img src="pic/144703674_6_20180919114527582.jpg" width="691"
    height="888"></dt>
43          <dd>5.见出了人命，唐僧慌了，连声说：&ldquo;罪过！罪过！&rdquo;这时蹒跚走来一位老
    妇，见其女儿被打死，便跟唐僧哭闹不休。谁知悟空也赶回来了，认出老妇又是白骨精所变，一棒打去，
    老妇应声倒下，死了。</dd>
44      </dl>
45      <div>
46           <img src="pic/144703674_7_20180919114527785.jpg" width="691"
    height="904"><br>
```

```
47          <span>6.白骨精仍不甘心，又变成一个老翁假装来寻老伴和女儿。悟空识破妖精的诡计，欲打老翁，唐僧连忙阻拦并念起紧箍咒，念得悟空头痛脑裂，倒地乱滚。</span>
48      </div>
49      <div>
50          <img src="pic/144703674_8_20180919114527910.jpg" width="691" height="904" alt=""><br>
51          <span>7.悟空忍住头痛，又将老翁打死。唐僧大怒道：&ldquo;佛门弟子，慈悲为本，就是妖怪，也要劝她弃恶从善。我留不了你，你走吧！&rdquo;无论悟空如何解释，八戒、沙僧如何苦苦相劝，唐僧就是不答应。悟空无可奈何，只得回花果山去了。</span>
52      </div>
53      <div>
54          <img src="pic/144703674_9_2018091911452867.jpg" width="691" height="888"><br>
55          <span>8.悟空走后，唐僧就被白骨精抓住，沙僧也失手被擒，只有八戒寻机逃出了白骨洞。</span>
56      </div>
57      <div>
58          <img src="pic/144703674_10_20180919114528223.jpg" width="688" height="888"><br>
59          <span>9.八戒连忙赶到花果山，请悟空下山相救。悟空早有主意，对八戒说：&ldquo;师父讲慈悲，那妖精一定会被他感化，放他出来的。我不去！&rdquo;八戒听了又急又恼，只好独自回去跟妖精拼命。</span>
60      </div>
61      <div>
62          <img src="pic/144703674_11_20180919114528363.jpg" width="680" height="888"><br>
63          <span>10.八戒与白骨精决战，结果被擒入妖洞。八戒见了师父，诉说上花果山请不到悟空之事。唐僧听了默默无言，知道错怪了悟空。白骨精听了大喜，正要将唐僧师徒推出去开刀，忽听一声大喝，孙悟空出现在眼前。</span>
64      </div>
65      <div>
66          <img src="pic/144703674_12_20180919114528598.jpg" width="679" height="888"><br>
67          <span>11.原来，悟空瞒着八戒悄悄下山，欲打白骨精一个措手不及。白骨精没有防备，见到孙悟空便慌了手脚，来不及逃脱，被悟空一棒打了个正着。八戒、沙僧也各显神通，将大小妖精统统歼灭干净。</span>
68      </div>
69      <div>
70          <img src="pic/144703674_13_20180919114528848.jpg" width="685" height="888">
71          <span>12.唐僧羞愧万分，说：&ldquo;这都是为师的不是，弄得人妖颠倒，师徒分离。&rdquo;悟空安慰他说：&ldquo;这也是妖精施的诡计害人。&rdquo;并且提醒大家，此去西天，妖魔正多，还得留神才是。唐僧听了，点头称是并吩咐带马上路，继续向前。</span>
72      </div>
73  </div>
74  </body>
75  </html>
```

浏览网页的效果如图 2-23 所示。

图 2-23　网页浏览效果

设计总结

① 在本案例网页的设计过程中，采用了各种合适的标签组合进行故事块的设计。

② 标签不同，效果略有差别。

③ 标签组 <figure><figcaption></figcaption></figure> 默认将内容左边留白。

④ 标签组 <dl><dt></dt><dd></dd></dl> 中的 <dd></dd> 会将内容左边留白。

⑤ 采用标签组 <div><span></span></div>
 和 <dl><dt></dt><dt></dt></dl> 效果更佳。

2.5.2　图文网页设计应用的标签和属性

图文网页含有图像和文本等界面元素，一般将图文看成是独立的小块，布局到页面中。图文网页设计主要涉及图像、文本和布局的容器类标签，下面主要介绍这些标签的具体用法。

1. <div> 标签

<div> 标签是双标签，默认情况下没有任何格式、没有特定的含义，属于块级元素（block-level）。通常用来定义文档中的区域、分区或节（division/section）。

大多数 HTML 元素被定义为块级元素或内联元素。<span> 标签是内联元素（inline），也没有任何

格式、没有特定的含义，通常用作文本的容器。这样 HTML 可以通过 <div> 标签、<span> 标签和其他标签（如 <p> 标签）将元素组合起来，<div> 标签则是这些 HTML 元素的容器，把文档分割为独立的、不同的部分。如果与 CSS 一同使用，<div> 标签可用于对大的内容块设置样式属性。因此，<div> 标签经常与 CSS 一起使用，对文档或页面进行布局。

<div> 标签可以嵌套使用。为了区分不同层次的 <div> 标签，有必要用 id 或 class 来标记不同的 <div> 标签，该标签的作用会变得更加有效。如果某个 <div> 标签不需要单独设置任何样式，也不必为其加上 id 或 class。

例如，下面的代码表示了 <div> 标签的一般用法。

```
<body>
<div id = "box">
    <div class = "Header">
       <span class = "s01">……</span><br>
       <span class = "s02">……</span>
    </div>
    <div class = "Article">
       <p><img src="…"/></p>
       <span class = "s02">…</span><br>
       <span class = "s01">…</span>
    </div>
    <div class = "Footer">…</div>
<div>
</body>
```

在 HTML 5 中，出现一些新的语义标签，如 <header>、<nav>、<section>、<article>、<aside> 和 <footer> 标签等，它们可以用来代替 <div> 标签，使用语义更加明确。例如，用 <header> 标签代替 <div class = "Header"> 就比较好。

在应用 DW 进行网页设计时，在设计视图中，<div> 标签用虚线框标识（<table> 标签也有），对设计十分有益，而 <p> 标签和 <span> 标签等就没有，如图 2-24 所示。

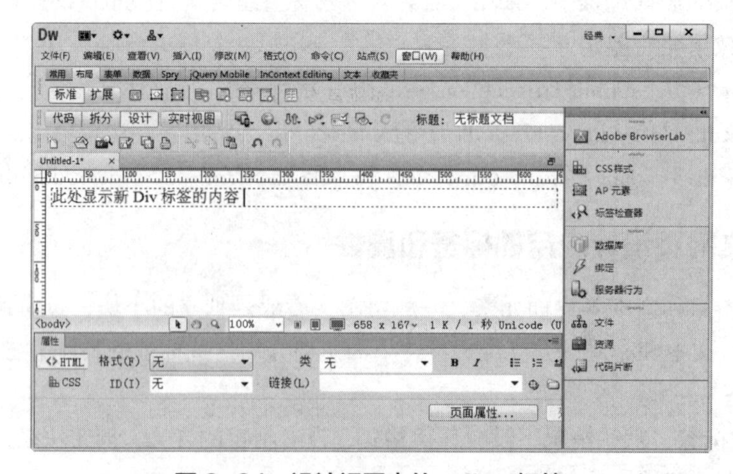

图 2-24 设计视图中的 <div> 标签

对 <div> 标签可以进行字体颜色、背景、边框和大小等样式设置。

2. <figure> 标签

<figure>、<figcaption> 标签是嵌套的组合标签，用来定义独立的流内容（如图像、图表、照片、代码等）。

<figure> 标签的内容应该与主内容相关，同时标签的位置相对于主内容是独立的。如果被删除，则不应对文档流产生影响。

<figcaption> 标签被用来为 <figure> 标签定义标题。

<figure>、<figcaption> 标签都是双标签。

从图 2-23 中可以看出，<figure>、<figcaption> 标签默认是有左边距（空白）的，两者左边是对齐的，右边则与父容器的设置有关。

3. <a> 标签

<a> 标签是双标签，通常用来定义超链接，用于从一个页面链接到另一个页面。

应用 <a> 标签的语法格式如下：

```
<a href ="URL" target = "目标窗口"> 文本 </a>
```

<a> 标签最重要的属性是 href 属性，它指定链接的目标。在所有浏览器中，链接的默认外观如下：

① 未被访问的链接带有下画线而且是蓝色的；

② 已被访问的链接带有下画线而且是紫色的；

③ 活动链接带有下画线而且是红色的。

例如，下面的代码：

```
<a href ="http://www.artsdome.com/sgyy/001.htm" target = "目标窗口">
宴桃园豪杰三结义 斩黄巾英雄首立功</a>
```

表示单击文本“宴桃园豪杰三结义　斩黄巾英雄首立功”可以链接到网站的页面上，在新窗口中显示页面。

小提示： ①如果没有使用 href 属性，则不能使用 hreflang、media、rel、target 及 type 属性。②通常在当前浏览器窗口中显示被链接页面，除非规定了其他 target。③使用 CSS 改变链接的样式。

在 HTML 4.01 中，<a> 标签既可以是超链接，也可以是锚；但在 HTML 5 中，<a> 标签是超链接，假如没有 href 属性，它仅仅是超链接的一个占位符。

HTML 5 有一些新的属性，同时不再支持一些 HTML 4.01 的属性。<a> 标签的常用属性、值及其描述见表 2-10。

表 2-10　<a> 标签的常用属性、值及其描述

属　性	值	描　述
charset	char_encoding	HTML 5 不支持。规定目标 URL 的字符编码
coords	coordinates	HTML 5 不支持。规定链接的坐标
download	filename	指定下载链接
href	URL	规定链接的目标 URL
hreflang	language_code	规定目标 URL 的基准语言。仅在 href 属性存在时使用
media	media_query	规定目标 URL 的媒介类型。默认值为 all。仅在 href 属性存在时使用

续表

属　性	值	描　述
name	section_name	HTML 5 不支持。规定锚的名称
rel	alternate author bookmark help license next nofollow noreferrer prefetch prev search tag	规定当前文档与目标 URL 之间的关系。仅在 href 属性存在时使用
rev	text	HTML 5 不支持。规定目标 URL 与当前文档之间的关系
shape	default rect circle poly	HTML 5 不支持。规定链接的形状
target	_blank _parent _self _top framename	规定在何处打开目标 URL。仅在 href 属性存在时使用 _blank：新窗口打开 _parent：在父窗口中打开链接 _self：默认，当前页面跳转 _top：在当前窗体打开链接，并替换当前的整个窗体（框架页）
type	MIME_type	规定目标 URL 的 MIME 类型。仅在 href 属性存在时使用 注：MIME = Multipurpose Internet Mail Extensions

【例 2-6】 **设计一个篇幅比较长的网页，实现从页首跳到页尾、从页尾返回到页首的效果。**

操作过程

以三国演义小说的目录为素材设计网页，应用 <a> 标签的 name 属性，设置锚点，再在链接中应用锚点即可。具体代码如下（2-6_ 返回页首 .html）：

```
行号    代码：2-6_返回页首.html
 1      <!doctype html>
 2      <html>
 3      <head>
 4        <meta charset="utf-8">
 5        <title>三国演义（Artsdome）</title>
 6      </head>
 7      <BODY text=#000000 vLink=#3300cc aLink=#ff0000 link=#0000ee bgColor=#ffffff>
 8        <P><A name = "pageheader" href = "#pagefooter">跳到目录页尾</A></P>
 9        <TABLE style="BORDER-COLLAPSE: collapse" borderColor=#111111  width=750
        border=0>
10        <TR>
11          <TD><H1><FONT face=楷体_GB2312 color=#006699>《三国演义》</FONT></H1>></TD>
12        </TR>
13        <TR>
14          <TD></TD>
15        </TR>
```

```
16        <TR>
17            <TD><CENTER><FONT POINT-SIZE="14"><FONT face=宋体>〖</FONT>明<FONT
      face=宋体>〗</FONT>罗贯中 原著</FONT></CENTER></TD>
18        </TR>
19        </TABLE>
20        <HR align=left width=750>
21        <TABLE cellPadding=3>
22        <TR>
23          <TD><FONT POINT-SIZE="12">第 一 回 </FONT></TD>
24         <TD><FONT POINT-SIZE="12"><A href="http://www.artsdome.com/sgyy/001.htm">
      宴桃园豪杰三结义 斩黄巾英雄首立功 </A></FONT></TD>
25          <TD><FONT POINT-SIZE="12">第 二 回 </FONT></TD>
26         <TD><FONT POINT-SIZE="12"><A href="http://www.artsdome.com/sgyy/002.htm">
      张翼德怒鞭督邮 何国舅谋诛宦竖</A></FONT></TD>
27        </TR>
28        …
29        </TABLE>
30        <HR align=left width=750>
31        <P><A name = "pagefooter" href = "#pageheader">返回目录页首</A></P>
32        <P><FONT face=Verdana>&copy; Artsdome.com</FONT></P>
33        <!-- Google Analytics Starts Here --><!-- Google Analytics Ends Here -->
34      </BODY>
35      </HTML>
```

在代码的第 8 行中，锚点名称为 name = "pageheader"，在代码的第 31 行中，链接属性为 href = "#pageheader"，单击此处的超链接，就能返回页首。同样，在代码的第 31 行中，锚点名称为 name = "pagefooter"，在代码的第 8 行中，链接属性为 href = "# pagefooter "，单击此处的超链接，就能跳到页尾。效果如图 2-25 所示。

超链接 <a> 标签除了应用在文本上以外，还可应用在其他界面元素上。

超链接 <a> 标签应用在图像上的语法格式如下：

```
<a href ="URL" target = "目标窗口">  <img src ="图像URL"/>  </a>
```

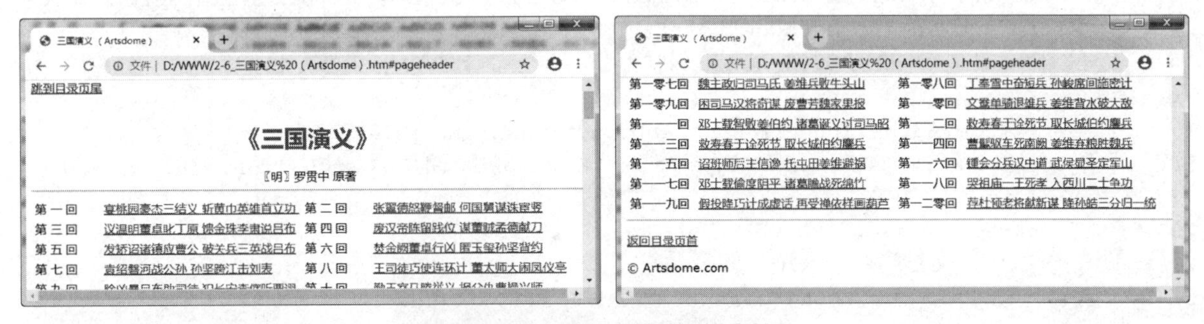

图 2-25　页面内跳动到锚点处

超链接 <a> 标签应用在文件下载的语法格式如下：

```
<a href ="下载文件的URL">  下载文件  </a>
```

超链接 <a> 标签应用在电子邮件上的语法格式如下：

```
<a href ="mailto: Email地址" >  写电子邮件  </a>
```

2.6 表单网页的设计

2.6.1 案例 7 表单网页设计

任务描述

应用表单元素，设计一个用户注册网页，输入框中有提示。要求排版工整、美观。

软件环境

Windows 7、DW CS6、IE、Chrome。

设计要点

① 新建站点和文件。新建站点后创建一个新网页文件，文档类型为 HTML 5，文件保存为“An07_用户注册网页 .html”。

② 选用合适的表单元素设计网页，测试、修改、发布。完成后的代码如下：

```
行号  代码：An07_用户注册网页.html
 1   <!doctype html>
 2   <html>
 3   <head>
 4      <meta charset="utf-8">
 5      <title>用户注册网页</title>
 6      <style type="text/css">
 7          #s1{ width:800px; margin-left:50px; }
 8          #s2{ font-size:24px; font-weight:bold; text-align:center; width:600px; }
 9      </style>
10   </head>
11   <body>
12   <div id="s1">
13   <div id="s2">用户注册<hr size="1" noshade="noshade" color="#000000"  align="left"></div>
14     <form action="#" method="post">
15        <table width="536" border="0">
16        <tr>
17          <td width="108">用  户  名：</td>
18          <td width="418"><input type="text" value="请输入用户名" style="color:#999999"></td>
19        </tr>
20        <tr>
21          <td>设置密码：</td>
22          <td><input type="password" id="psw1" ></td>
23        </tr>
24        <tr>
25          <td></td>
26          <td style="font-size:12px;color:#999999">6-20个字符，由字母，数字和符号的两种以上
     组合</td>
27        </tr>
28          <tr><td>确认密码：</td>
```

```
29          <td><input type="password" id="psw2"></td>
30        </tr>
31        <tr>
32          <td>邮箱地址：</td>
33          <td><input type="text" value="请输入邮箱地址" style="color:#999999"></td>
34        </tr>
35          <tr><td>真实姓名：</td>
36          <td><input type="text" value="请输入真实姓名" style="color:#999999"></td>
37        </tr>
38        <tr>
39          <td>您的性别：</td>
40          <td><input type="radio" name="sex" checked="checked">男
41          <input type="radio" name="sex">女</td>
42        </tr>
43        <tr>
44          <td>上传头像：</td>
45          <td><input type="file"></td>
46        </tr>
47          <tr><td>您的手机：</td>
48          <td><input type="text" value="请输入您的手机号" style="color:#999999"></td>
49        </tr>
50        <tr>
51          <td>单位名称：</td>
52          <td><input type="text" value="请输入单位名称" style="color:#999999"></td>
53        </tr>
54        <tr>
55          <td>单位地址：</td>
56          <td>
57          <select>
58              <option>请选择省份</option>
59              <option>湖北省</option>
60              <option>北京市</option>
61          </select>
62          <select>
63              <option>请选择城市</option>
64              <option>武汉市</option>
65              <option>荆州市</option>
66              <option>宜昌市</option>
67          </select>
68          <select>
69              <option>请选择区域</option>
70              <option>武昌区</option>
71              <option>汉口区</option>
72              <option>汉阳区</option>
73              <option>江夏区</option>
74          </select>
75          </td>
```

```
76          </tr>
77          <tr>
78            <td>您的爱好：</td>
79            <td><input type="checkbox">读书
80                <input type="checkbox">购物
81                <input type="checkbox">美食
82                <input type="checkbox">影视
83            </td>
84          </tr>
85          <tr>
86            <td>其他说明：</td>
87            <td><textarea cols="30" rows="3"></textarea></td>
88          </tr>
89          <tr>
90            <td> </td>
91            <td><input type="reset" value="重填"><input type="submit" value="提交"></td>
90          </tr>
93          </table>
94        </form>
95      </div>
96      </body>
97      </html>
```

网页运行的效果如图 2-26 所示。

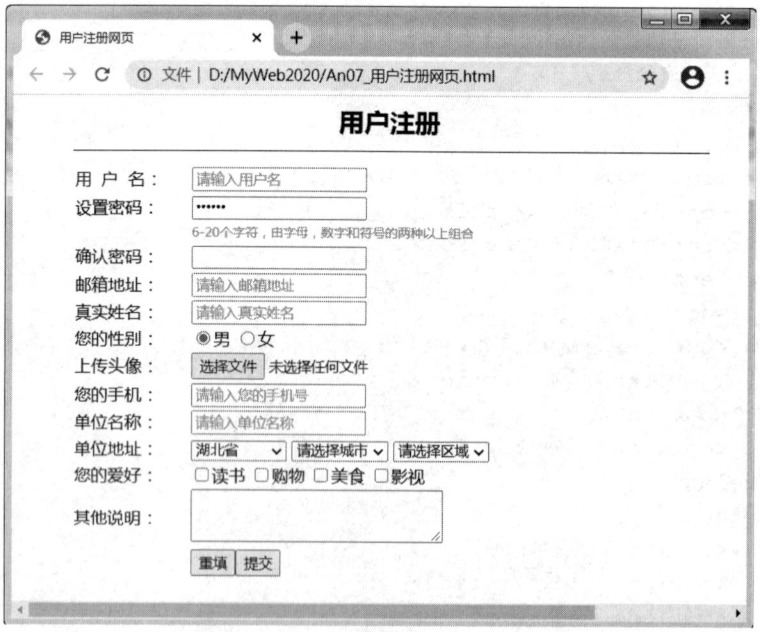

图 2-26　网页浏览效果

设计总结

① 在本案例网页的设计过程中，采用了各种合适的表单元素进行注册页面的设计。

② “确认密码”和“设置密码”需要应用JavaScript进行验证，以保证密码输入没有错误；“单位地址”中的“省－市－区”下拉列表框需要联动，应用jQuery编程实现。

2.6.2 表单网页设计应用的标签和属性

表单主要用于收集用户输入或选择的数据，并将其作为参数提交给远程服务器。在表单录入数据后，可通过表单元素（如“提交”按钮等）将数据传递给服务器端，由服务器接收表单数据并进行处理。将数据提交给服务器后的处理不属于HTML范畴，有兴趣的学习者可以另外学习PHP、JSP、ASP或ASP.NET技术。

1. 表单标签 <form>

表单是一个包含表单元素的区域。

表单标签<form>用于定义一个完整的表单框架，其内部可包含各式各样的表单元素，表单元素允许用户在表单中输入内容，如文本输入框、密码框、按钮、下拉列表、单选按钮、复选框等。

表单使用表单标签<form>…</form>进行设置，其语法格式如下：

```
<form action="处理数据程序的URL地址" method="get|post" name="表单名称" … >
    表单元素
    …
</form>
```

说明如下：

① 单纯的<form>标签不包含任何可视化内容，需要与表单元素配合使用形成完整的表单效果。

② 一个页面可以拥有一个或多个表单标签，各表单标签之间相互独立，不能嵌套。

③ 用户向服务器发送数据时一次只能提交一个表单中的数据。如需同时提交多个表单，需使用JavaScript的异步交互方式实现。

表单的常用属性及其描述如表2–11所示。

表2–11 表单的常用属性及其描述

属　性	描　述
action	当提交表单时，向何处发送表单中的数据
accept–charset	服务器可处理的表单数据字符集
enctype	表单数据内容类型，可以为application/x–www–form–urlencoded、text/plain、multipart/form–data
id	表单对象的唯一标识符
name	表单对象的名称
target	打开处理URL的目标位置（不建议使用）
method	规定向服务器端发送数据所采用的方式，取值可以为get、post
onsubmit	向服务器提交数据之前，执行其指定的JavaScript脚本程序
onreset	重置表单数据之前，执行其指定的JavaScript脚本程序

其中：

① action 属性值是 Web 服务器上数据处理程序的 URL 地址或者是 E-mail 地址。

② method 属性用于设置向服务器发送数据的方式，主要包括 get 和 post 两种方式。

GET 方法：提交表单数据时，GET 方法会将表单元素的数据转换为文本形式的参数并直接加在 URL 地址后面，即 URL 由地址部分和数据部分构成，两者之间用问号“？”隔开，数据以“名称 = 值”的方式成对出现，且数据与数据之间通过“&”符号进行分隔，例如：

```
http://www.itshixun.com/web/login.jsp?userName=admin&userPwd=123456
```

单击“提交”按钮后可以直接从浏览器地址栏中看到全部内容。这种方式适用于传递一些安全级别要求不高的数据，并且有传输大小限制，每次不能超过 2 KB。

POST 方法：这种方法传递的表单数据会放在 HTML 的表头中，将数据隐藏在 HTTP 的数据流中进行传输，不会出现在浏览器地址栏中，用户无法直接看到参数内容，适用于安全级别相对较高的数据。并且对于客户端而言没有传递数据的容量限制，完全取决于服务器的限制要求。

表单标签默认的提交方式为 GET 方法。

③ enctype 属性用于规定表单数据传递时的编码方式，具有 3 种属性值：

application/x-www-form-urlencoded：该属性值为 enctype 属性的默认值，这种编码方式用于处理表单元素中所有 value 属性值。

multipart/form-data：这种编码方式以二进制流的方式处理表单数据，除了处理表单元素中的 value 属性值，也可以把用于上传文件的内容也封装到参数中。该方法适合在使用表单上传文件时使用。

text/plain：这种编码方式主要用于通过表单发送邮件，适用于表单的 action 属性值为 mailto:URL 的情况。

④ 上述这些属性中比较常用的是 action 和 method，用于规定表单数据提交的 URL 地址以及提交方式。其余属性无特殊情况一般可省略直接使用默认值。

2. 输入标签 <input>

输入标签 <input> 是最常用、最重要的表单元素，根据其 type 属性值的不同可以显示多种表单元素样式，例如单行文本输入框、密码框、单选按钮和复选框等。<input> 标签 type 属性及其描述如表 2–12 所示。

表 2–12　<input> 标签 type 属性及其描述

类　型	描　述
text	定义常规文本输入
radio	定义单选按钮输入（选择多个选项之一）
submit	定义“提交”按钮（提交表单）
password	用于显示密码输入框，其中字符会被 * 代替
checkbox	用于显示复选框
reset	用于显示“重置”按钮，清除表单中的所有数据
button	用于显示无动作按钮，需要配合 JavaScript 使用
image	用于显示图像形式的按钮
file	用于显示文件上传控件，包括输入区域和浏览按钮
hidden	用于隐藏输入字段

<input> 标签的常见语法格式如下：

```
<input type="输入类型" name="名称" />
```

（1）单行文本框 text

在 <input> 标签中，type 的属性值 text 表示单行文本框，用于输入数据。

语法格式如下：

```
<input type="text" name="名称"/>
```

在同一个表单中，单行文本框的 name 属性值必须是唯一的。在大部分浏览器中，单行文本框的宽度默认值为 20 个字符，可以使用 <input> 标签的 size 属性重新规定可见字符的宽度，或者使用 CSS 样式定义该标签的 width 属性。

默认情况下，单行文本框在首次加载时内容为空，可以为其添加 value 属性、预设初始文本内容。例如：

```
<input type="text" name="username" value="admin" />
```

（2）密码框 password

在 <input> 标签中，type 的属性值 password 表示单行密码输入框，输入的字符会被密码专用符号所遮挡，以保证文本的安全性。

语法格式如下：

```
<input type="password" name="名称" />
```

除显示的文字内容效果不一样外，密码框其余特征均与单行文本框相同。

（3）单选按钮 radio

在 <input> 标签中，type 的属性值 radio 表示单选按钮，其样式为一个空心圆形区域，当用户单击该按钮时，会在空心区域中出现一个实心点。

语法格式如下：

```
<input type="radio" name="组名" value="值1" />
<input type="radio" name="组名" value="值2" />
```

其中，value 属性值为该表单元素在提交数据时传递的数据值。单选按钮传递的只能是事先定义好的、几个有限的 value 属性值。一般情况下，多个 radio 类型的按钮需要组合在一起使用，为它们添加相同的 name 属性值即可表示这些单选按钮属于同一个组。例如：

```
<input type="radio" name="gender" value="M" /> 男
<input type="radio" name="gender" value="F" /> 女
```

属于同一个组的单选按钮不能同时被选中，最多只能选择其中一个选项。

单选按钮可以使用 checked 属性设置默认选中的选项。例如：

```
<input type="radio" name="gender" value="M" checked /> 男
<input type="radio" name="gender" value="F" /> 女
```

其中，checked 属性完整写法为 checked="checked"，可简写为 checked。如果没有使用 checked 属性，则页面首次加载时所有选项均处于未被选中状态。

（4）复选框 checkbox

复选框又称多选框，在 <input> 标签中，type 的属性值 checkbox 表示复选框。其样式为一个可勾选的空心方形区域，当用户单击该按钮时，会在空心区域中出现一个对勾符号。

其语法格式如下：

```
<input type="checkbox" name="组名" value="值1" />
<input type="checkbox" name="组名" value="值2" />
```

与单选按钮的用法类似，只能在事先设置的几个有限的 value 属性值中选择，作为提交表单时传递的数据值。一般情况下，多个 checkbox 类型的按钮需要组合在一起使用，为它们添加相同的 name 属性值，即可表示这些复选框属于同一个组。例如：

```
<input type="checkbox" name="mygroup" value="1"/>红色
<input type="checkbox" name="mygroup" value="2"/>蓝色
<input type="checkbox" name="mygroup" value="3"/>绿色
<input type="checkbox" name="mygroup" value="4"/>黄色
```

复选框也可以使用 checked 属性设置默认被选中的选项，与单选按钮不同的是它允许多个选项同时使用该属性。

（5）提交按钮 submit

在 <input> 标签中，type 的属性值 submit 表示提交按钮。当用户单击该按钮时，会将当前表单中所有数据整理成名称（name）和值（value）的形式进行参数传递提交给服务器处理。

语法格式如下：

```
<input type="submit" value="按钮名称" />
```

其中，value 属性值可以用于自定义按钮上的文字内容。该属性如果省略不写，则按钮默认的文字内容为 Submit。

（6）重置按钮 reset

在 <input> 标签中，type 的属性值 reset 表示重置按钮，其样式与提交按钮完全相同。用户单击该按钮会清空当前表单中的所有数据，包括填写的文本内容和选项的选中状态等。

语法格式如下：

```
<input type="reset" value="按钮名称" />
```

其中，value 属性值可以用于自定义按钮上的文字内容。该属性如果省略不写，则按钮默认的文字内容为 Reset。

（7）无动作按钮 button

在 <input> 标签中，type 的属性值 button 表示普通无动作按钮，其样式与提交按钮、重置按钮均相同。

语法格式如下：

```
<input type="button" value="按钮名称" />
```

其中，value 属性值可以用于自定义按钮上的文字内容。该属性如果省略不写，则按钮默认的文字内容为 Button。

（8）文件上传域 file

在 <input> 标签中，type 的属性值 file 表示文件上传域，其样式为一个可单击的浏览按钮和一个文本输入框，当用户单击浏览按钮时，弹出文件选择对话框，用户可以选择需要的文件。

语法格式如下：

```
<input type="file" name="自定义名称" />
```

默认情况下，文件上传控件支持MIME标准认可的全部文件格式。文件上传控件可以添加accpet属性用于筛选上传文件的MIME类型。例如：

```
<input type="file" accpet="image/gif" />
```

上述代码表示只允许上传扩展名为.gif格式的图像文件，如果写成accpet="image/*"，则表示允许上传所有类型的图片格式文件。

3. 列表标签<select>

在HTML表单中，<select>标签可以用于创建单选或多选菜单，菜单的样式根据属性值的不同可显示为下拉菜单或列表框。最常见的用法是<select>元素配合若干<option>标签使用，形成简易的下拉菜单。

选项标签<option>配合列表标签<select>使用的基本语法格式如下：

```
<select>
    <option value="值1">选项1</option>
    <option value="值2">选项2</option>
    …
    <option value="值N">选项N</option>
</select>
```

其中，value属性值是提交表单时传递的数据值，不显示在网页上；<option>首尾标签之间的文本才是显示在网页上的选项内容。

4. 多行文本框

多行文本框是用来输入较长内容的文本输入框。

语法格式如下：

```
<textarea name="…" rows="…" cols="…" wrap="…" > 文本内容 </textarea>
```

在HTML中，通过<textarea>标签创建一个多行文本框，标签之间的内容会在页面加载时显示出来。

小　结

本章首先介绍了HTML 5网页文档的基本结构，然后用案例分别介绍了文本网页、图册网页、图文网页、表单网页的设计过程及其相应的标签详细用法，这4种简单网页的设计是Web网站开发的基础，应重点掌握。

习　题

一、选择题

1. 在表格标签中，定义表格表头单元格的标签是（　　）。

   A. <table>　　B. <tr>

   C. <td>　　D. <th>

2. 在网页设计中，超链接应用（　　）标签来表示。

   A. <a>…</a>　　B. <p>…</p>

C. <link>…</link>　　D. <script>…</script>

3. 在 <a> 标签中，应用（　　）属性表示链接的目标（URL）

A. src　　B. href

C. type　　D. herf

4. 在表单网页中，<form method="post">，method 含义是（　　）。

A. 提交方式　　B. 提交的脚本语言

C. 表单形式　　D. 提交的 URL

5. 不属于标签 input 的 type 属性的取值是（　　）。

A. text　　B. password　　C. images　　D. file

6. 在表单网页中，实现下拉菜单的标签是（　　）。

A. <input type="radio">　　B. <input type="checkbox">

C. <select>　<option>　　D. <menu>

7. 设置图片的热区链接会用到 3 个标签，以下（　　）标签不是。

A. <img>　　B. <map>

C. <area>　　D. <shape>

8. 以下（　　）属性值不是用来设置图像映射的区域形状的。

A. rect　　B. circle

C. cords　　D. poly

9. <font> 标签可以设置的属性有（　　）。

A. color　　B. align

C. size　　D. font-family

10. 在 HTML 中，正确的无序表标签是（　　）。

A. <ul><li>…</li></ul>　　B. <ol><li>…</li></ol>

C. <hl><li>…</li></hl>　　D. <li><ol>…</ol></li>

11. 在 html 中正确的注释标签是（ ）。

A. <--　　-->　　B. <--　！ -->

C. <--！　　-->　　D. <!--　　-->

二、判断题

1. <hr/> 为单标签，用于定义一条水平线。（　　）
2. <!Doctype> 标签和浏览器的兼容性无关，为了代码简洁，可以删除。（　　）
3. 在 HTML 中，标签可以拥有多个属性。（　　）

三、问答题

1. 简述一个 HTML 文档的基本结构。
2. 简述 HTML 文件中 <!Doctype> 的作用。
3. 简述 <table>、<tr>、<td> 标签的作用。
4. 简述 <dl>、<dt>、<dd> 标签的作用。
5. 简述 <figure>、<figcaption> 标签的作用。

第3章 层叠样式表 CSS

CSS（Cascading Style Sheet，层叠样式表）定义如何显示HTML元素，允许以多种形式声明样式信息，即样式可以声明在单个的 HTML 元素中，也可以声明在 HTML 网页的 <head>…</head> 之间以及声明在一个或多个外部的 CSS 文件中。

所有的样式一般会根据"浏览器默认设置→外部样式表→内部样式表（位于 <head> 标签内部）→内联样式（在 HTML 元素内部）"的规则（样式作用的优先级从低到高）层叠于一个新的虚拟样式表中，控制着网页 HTML 元素的渲染效果。

3.1 CSS 基本语法

3.1.1 案例 8 彩色文本网页设计

任务描述

选用苏轼的《赤壁怀古》，设计一个彩色文本的网页，要求排版工整、美观。

视频

案例8 彩色文本网页设计

软件环境

Windows 7、DW CS6、IE、Chrome。

设计要点

（1）新建站点和文件。新建站点后创建一个新网页文件，文档类型为 HTML 5，文件保存为"An08_彩色文本网页 .html"。

（2）选择代码视图进行设计。

① 在 <body>…</body> 标签中插入一对 <div>…</div> 标签，然后在 <div>…</div> 标签中插入若干对 <span>…</span>
 标签，在 <span>…</span> 标签中间插入一行拼音或诗句，直至录完所有拼音和诗句。

② 在词的上下阕文本（含拼音）的外面各自套上一对 <p>…</p> 标签。

③ 对 <div> 标签设置相对宽度值、字体大小和字体居中对齐等属性。

④ 建立“.cred”等 10 个 class 属性，并设置其颜色属性。

⑤ 对所有嵌套汉字的 <span> 标签分别设置 id 属性，例如“id=hz01”，最后对每个 id 设置合适的 letter-spacing 属性值。

⑥ 对所有嵌套拼音和汉字的标签，分别应用不同的 class 属性，使其呈现出不同的颜色。

（3）保存网页，测试修改网页，完成后发布网页。

网页“An08_彩色文本网页.html”的核心代码如下：

```
行号  代码：An08_彩色文本网页.html
1     <!doctype html>
2     <html>
3     <head>
4     <meta charset="utf-8">
5     <title>居中彩色字音两端对齐</title>
6     <style type="text/css">
7     <!--
8     div {position: absolute; width: 90%; left: 5%; font-family: "微软雅黑"; font-
      size: 24px; text-align: center;}
9     .cred {color: #FF0000; }
10    .corange {color: #FF7F00;}
11    .cyellow {color: #FFFF00;}
12    .cgreen {color: #00FF00;}
13    .ccyan {color: #00FFFF;}
14    .cblue {color: #0000FF;}
15    .cpurple {color: #FF00FF;}
16    .cblack {color: #000000;}
17    .ccolor{color: #9F5F9F;}
18    .py {color: #999999;}
19    #hz01 {letter-spacing: 7px;}
20    #hz02 {letter-spacing: 6px;}
21    #hz03 {letter-spacing: 8px;}
22    #hz04 {letter-spacing: 6px;}
23    #hz05 {letter-spacing: 8px;}
24    #hz06 {letter-spacing: 7px;}
25    #hz07 {letter-spacing: 8px;}
26    #hz08 {letter-spacing: 9px;}
27    -->
28    </style>
29    </head>
30    <body>
31    <div>
32        <span id="p1" class="py">niàn nú jiāo · chì bì huái gǔ</span><br />
33        <span id="c1" class="cblack">念 奴 娇 &#8226; 赤 壁 怀 古</span><br />
34        <span id="p2" class="py">[sòng] sū shì</span><br />
35        <span id="c2" class="cblack">【宋】苏轼</span><br />
36        <p>
37        <span id="py01" class="py">dà jiāng dōng qù , làng táo jìn , qiān gǔ fēng
      liú rén wù 。</span><br />
```

```
38        <span id="hz01" class="cred">大 江 东 去 , 浪 淘 尽, 千 古 风 流 人 物。</span><br />
39        <span id="py02" class="py">gù lěi xī biān , rén dào shì、sān guó zhōu láng
     chì bì 。</span><br />
40        <span id="hz02" class="corange">故 垒 西 边, 人 道 是、三 国 周 郎 赤 壁。</span><br />
41        <span id="py03" class="py">luàn shí chuān kōng , jīng tāo pāi àn ,
     juàn qǐ qiān duī xuě 。</span><br />
42        <span id="hz03" class="cyellow">乱 石 穿 空, 惊 涛 拍 岸, 卷 起 千 堆 雪。</span><br />
43        <span id="py04" class="py">jiāng shān rú huà , yī shí duō shǎo háo
     jié。</span><br />
44        <span id="hz04" class="cgreen">江 山 如 画 , 一 时 多 少 豪 杰。</span><br />
45        </p>
46        <p>
47        <span id="py05" class="py">yáo xiǎng gōng jǐn dāng nián , xiǎo qiáo
     chū jià liǎo , xíong zī yīng fā 。</span><br />
48        <span id="hz05" class="ccyan">遥 想 公 谨 当 年 , 小 乔 初 嫁 了 , 雄 姿 英
     发。</span><br />
49        <span id="py06" class="py">yǔ shàn guān jīn , tán xiào jiān 、qiáng
     lǔ huī fēi yān miè 。</span><br />
50        <span id="hz06" class="cblue">羽 扇 纶 巾, 谈 笑 间 、樯 橹 灰 飞 烟 灭</span>。<br />
51        <span id="py07" class="py">gù guó shén yóu , duō qíng yīng xiào wǒ,
     zǎo shēng huá fà。</span><br />
52        <span id="hz07" class="cpurple">故 国 神 游 , 多 情 应 笑 我 , 早 生 华 发。</span><br />
53        <span id="py08" class="py">rén shēng rú mèng , yī zūn huán lèi jiāng
     yuè。</span><br />
54        <span id="hz08" class="ccolor">人 生 如 梦 , 一 尊 还 酹 江 月。</span><br/>
55        </p>
56   </div>
57   </body>
58   </html>
```

网页“An08_彩色文本网页.html”的浏览效果如图 3-1 所示。

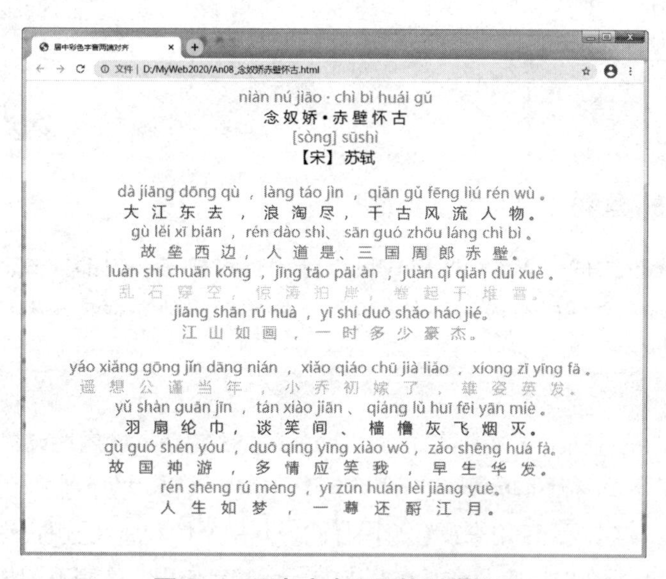

图 3-1 彩色文本网页的浏览效果

设计总结

① 在本案例网页的设计过程中，拼音都是灰色的，故用 class="py" 来设置。

② 古词共有 8 句，分别用“赤、橙、黄、绿、青、蓝、紫、暗紫” 8 种颜色来显示，
每一句的颜色也可用 class 属性表示，例如第 1 句就是用 class="cred" 来表示颜色的。

③ 古词句和拼音在行的两端对齐，采用 id 属性（如 #hz01，⋯，#hz08）分别设置字符间距来实现的。

3.1.2 CSS 语法格式

1. 语法格式

CSS 是由许多样式构成的表，每个样式包含以下两部分内容。

选择器（Selector）：用于指明网页中哪些元素应用此样式规则。浏览器解析该元素时，根据选择器指定的规则（声明）来渲染该元素的显示效果。

声明（Declaration）：每个声明由属性和属性值两部分构成，并以英文分号（;）结束。一个选择器可以包含一个或多个声明。

CSS 样式的语法格式如下：

```
选择器 {属性1:属性值1;  属性2:属性值2;  …  属性n :属性值n;}
```

2. 书写规则

在 CSS 样式声明中，书写格式可能有所不同，但应遵循以下规则：

① 第一项必须是选择器或选择器表达式。

② 选择器之后紧跟一对大括号。

③ 每个声明是由属性和属性值组成，且位于大括号之内。

④ 声明之间需以英文分号进行间隔，最后一个声明后面的英文分号可以省略。

3. CSS 样式示例

假如在网页中，欲对 <div> 标签设置如下属性：字体颜色为蓝色；字体大小为 12 px，在 CSS 中，该样式的具体写法如图 3-2 所示。

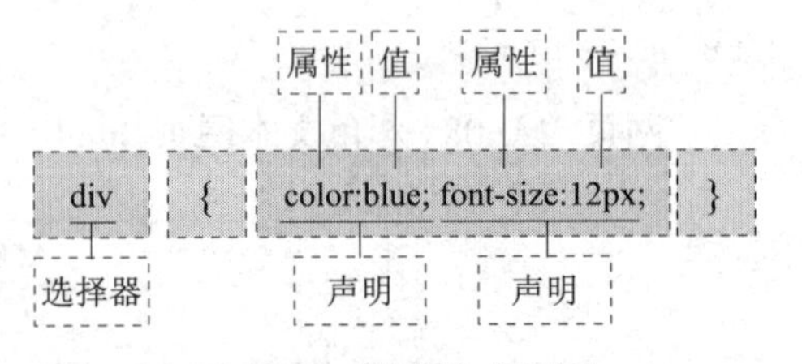

图 3-2　样式格式示例

3.1.3 CSS 的类型

根据 CSS 在网页文件中的位置，CSS 样式可以分为行内样式、内部样式和外部样式三种类型，前两种样式定义在 HTML 文件内，最后一种以 css 文件的形式独立存在于 HTML 文件外，需要引入 HTML 文件中。

1. 行内样式

行内样式（Internal Style Sheet）又称内联样式，是通过标签的 style 属性设置的，其语法格式如下：

```
<标签名 style="属性1:属性值1;属性2:属性值2; … 属性n :属性值n;"> … </标签名>
```

任何标签都具有 style 属性，可用来设置行内样式，其中属性和属性值的书写规则与 CSS 样式的规则相同。行内样式只对其所在的标签及嵌套在其中的子标签起作用，作用范围最小。

2. 内部样式

内部样式（Inline Style Sheet）是将CSS样式代码集中到HTML文档的<head>…</head>中，并用<style>来定义，其语法格式如下：

```
<head>
    <style type="text/css">
        选择器 {属性1:属性值1;  属性2:属性值2;  …  属性n :属性值n;}
    </style>
<head>
```

内部样式表仅对当前页面有效，作用范围是整个HTML文档。

3. 外部样式

外样式（External Style Sheet）是将CSS样式以独立的文件进行存储（扩展名为.css），然后在HTML文件中再引入该文件。外部样式表可以让网站中的部分或所有HTML文件引用，使得页面的风格能够保持一致，有利于页面样式的维护与更新，降低网站的维护成本。

当用户浏览网页时，CSS样式文件会被暂时缓存；在继续浏览其他页面时，会优先使用缓存中的CSS文件，避免重复从服务器中下载，从而提高网页的加载速度。

外部样式表对所有关联的HTML文件都有效，作用范围最大。

外部样式表有两种引入方式：链接式和导入式。

（1）链接式

在HTML中用<link>标签将HTML文档与外部样式表进行关联，其语法格式如下：

```
<head>
    <link type="text/css" rel="stylesheet" href="url" />
<head>
```

<link>标签是单标签，需要放在<head>…</head>中。其type属性用于设置链接目标文件的MIME类型，CSS样式表的MIME类型是text/css；rel属性用于设置链接目标文件与当前文档的关系，stylesheet表示外部文件的类型是CSS文件；href定义所链接外部样式表的URL地址。

（2）导入式

在HTML中用@import关键字可将外部样式表导入HTML文档内部，其语法格式如下：

```
@import url("样式文件的引用地址");
/*此种方式IE、Firefox和Opera均支持，推荐使用*/
@import 样式文件的引用地址;
/*此种方式仅IE支持，Firefox与Opera不支持*/
```

注意：@import关键字用于导入外部样式表文件；url中的引用地址需要用引号（""）引起来，否则会有浏览器不支持；在<style>标签中，@import语句需要位于内部样式的最前面，即

```
<head>
    <style type="text/css">
        @import url("css/mystyle.css");
        选择器 {属性1:属性值1;  属性2:属性值2;  …  属性n :属性值n;}
    </style>
<head>
```

延伸阅读

外部样式表采用链接式和导入式两种引入方式的区别。①隶属关系不同：<link> 标签属于 HTML 标签，而 @import 是 CSS 提供的载入方式。②加载时间及顺序不同：使用 <link> 链接的 CSS 样式文件时，浏览器先将外部的 CSS 文件加载到网页中，然后再进行编译显示；而 @import 导入 CSS 文件时，浏览器先将 HTML 结构呈现出来，再把外部的 CSS 文件加载到网页中，当网速较慢时会先显示没有 CSS 时的效果，加载完毕后再渲染页面。③兼容性不同：由于 @import 是 CSS 2.1 提出的，只有在 IE 5 以上的版本才能识别，而 <link> 标签无此问题；④ DOM 模型控制样式：使用 JavaScript 控制 DOM 改变样式时，只能使用 <link> 标签，而 @import 不受 DOM 模型控制。

【例 3-1】 写出在网页中应用外部样式表的具体步骤。

操作过程

使用链接式外部样式的具体步骤如下：

① 在 DW 中创建 CSS 文件，将文件保存为 3-1A_style.css，输入如下代码：

```
行号    代码：3-1A_style.css
 1      @charset "utf-8";
 2      /* CSS Document */
 3      /*h1标签的样式声明*/
 4      h1{
 5          color: #033;
 6      border: dashed 1px #6600CC;
 7      }
 8      /*hr标签的样式声明*/
 9      hr{
10          color: #03C;
11      }
12      /*id和class的样式声明*/
13      #sp01{
14          font-size:24px;
15          color:red;
16      }
17      #sp02{
18          font-size:20px;
19          color:blue;
20      }
21      .sp{
22          font-family:"微软雅黑";
23      }
```

② 在 HTML 页面的 <head> 标签中使用 <link> 标签关联 style.css 样式文件，<link type="text/css" rel="stylesheet" href="style.css" />。

③ <body> 中的 HTML 元素通过标签选择器、id 选择器自动引用样式文件中预定义的样式，但 HTML 标签通过添加 class 属性后，才能应用样式。

④ 完整的网页代码如下（3-1B_ 外部样式表应用 .html）。

```
行号    代码：3-1B_外部样式表应用.html
 1      <!doctype html>
```

```
 2    <html>
 3    <head>
 4      <meta charset="utf-8">
 5      <title>外部样式表应用实例</title>
 6      <link href = "Css/3-1A_style.css" rel = "stylesheet" type = "text/css">
 7    </head>
 8    <body>
 9      <h1>外部样式表</h1>
10      <hr>
11      <span id="sp01">链接式: link</span><br>
12      <span class="sp" id="sp02">导入式: @import</span><br>
13      <span class="sp">在HTML文档中可用上述两种方式引入外部样式表</span>
14    </body>
15    </html>
```

小提示：①关键字 @charset 用于指定样式表使用的字符集，该关键字只能用于外部样式表文件中，并位于样式表的最前面，且只允许出现一次；②在外部样式表中，不能使用 <style></style> 标签；③内部样式表中的 <!--　--> 属于 HTML 的注释，当低版本浏览器不能识别 <style> 标签时，浏览器会忽略掉该标签中的内容，并保证样式代码不会在页面中显示出来，在 CSS 样式表中的注释应采用“/* 注释内容 */”格式。

3.1.4　CSS3 属性的前缀

目前 CSS3 规范有可能会变动，其功能也处于实验期。为了避免命名空间冲突，新增的功能都会加上表示浏览器厂商的前缀。如圆角、渐变、阴影和变形等效果，需要在声明部分加上下面的一些前缀：

① -webkit：webkit 核心浏览器，如 Chrome、Safari 等。

② -moz：Firefox 浏览器。

③ -ms：IE 浏览器。

④ -o：Opera 浏览器。

例如：

```
.border_div{
    -webkit-border-radius:3px;
    -moz-border-radius:3px;
    border-radius:3px;
}
```

最后，在代码中书写符合 W3C 标准的属性，能够更好地保证在所有浏览器下渲染效果相同。

3.2　CSS 选择器

3.2.1　基本选择器

1. 标签选择器

网页是由 HTML 标签和文本元素等组成的，网页中的任何一个 HTML 标签都可以作为标签选择器，即标签选择器是指将任意的 HTML 标签名作为一个 CSS 的选择器，用于为该 HTML 标签统一设置样式。

例如在图 3–3 中，选择 <div> 作为标签选择器，网页中所有 <div> 块都会显示出红色边框线，边框线宽 1 px，边框内外边距为 5 px（设置了 id 和 class 属性的 div 可能会因重复设置这些样式而渲染效果不一样）。

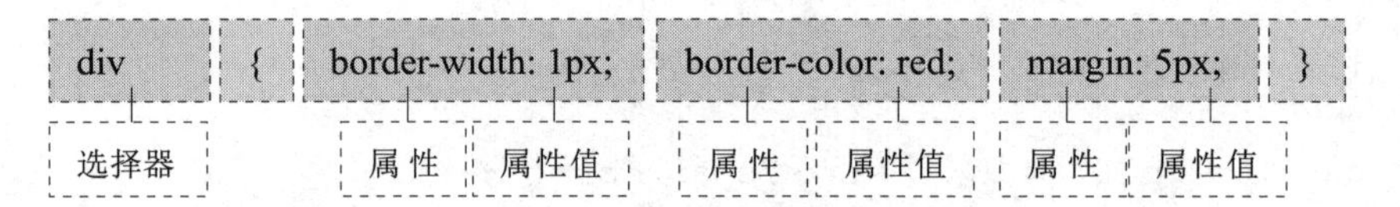

图 3–3 标签选择器

2. id 选择器

在案例 8 中，中文词句都是嵌套在 <span>…</span> 之中的。如果在 CSS 中，设计 <span> 标签选择器，实现不了“不同的中文词句呈现出不同的颜色”的目的。因此将每一个 <span> 指定一个 id 属性后，这些 <span> 标签就能区分开来了。

id 选择器表示将某个标签的 id 名作为选择器的名称，声明具体样式后，只对该标签有效。例如在 An08_ 彩色文本网页 .html 中，为第 13 行设计的 id 选择器如图 3–4 所示，该样式只对第 15 行有效。

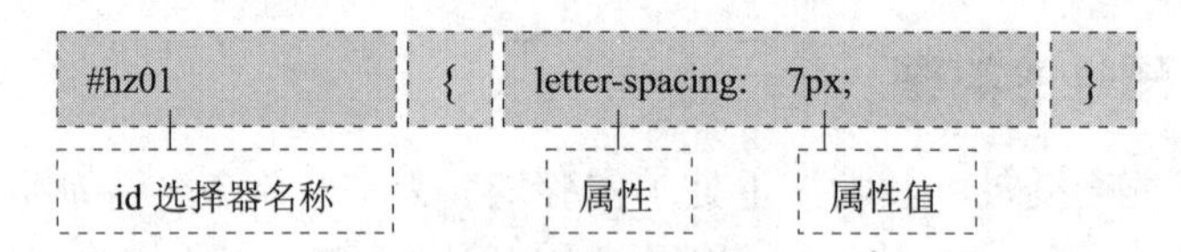

图 3–4 id 选择器

小提示： id 值必须以字母或者下画线开始，不能以数字开始。

3. class 选择器

在案例 8 中，所有拼音也是嵌套在 <span>…</span> 之中的，都需要设置为同一种颜色，显然使用 id 选择器是不合适的。

class 选择器（类选择器）允许以一种独立于标签元素的方式指定样式，class 选择器的名称由用户自己定义，属性和属性值的设置和标签选择器相同。

在 An08_ 彩色文本网页 .html 中，设计了一个类名为“py”的 class 选择器，如图 3–5 所示。在网页中对所有的拼音应用“.py 选择器”，拼音的颜色都是灰色了。当然，在本例中也可以应用标签选择器。

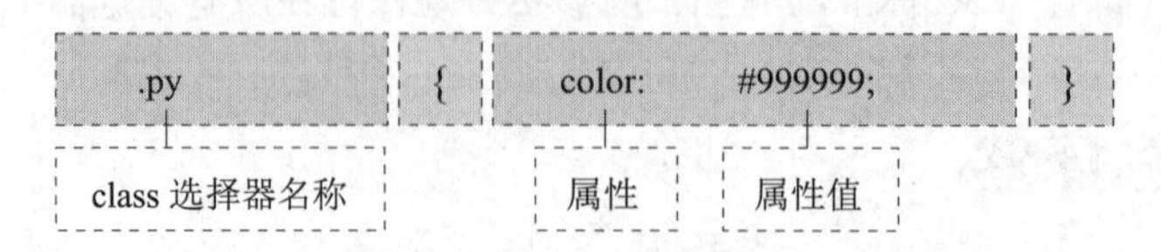

图 3–5 class 选择器

小提示： ①类名不能以数字开头！只有 Internet Explorer 支持这种做法。② class 选择器一般用于不同的标签元素，因为它们有共同的属性需要设置。当然也可以用于某一种标签或某一个标签，因为在 DW 的 CSS 面板中，对 class 选择器的操作更方便。

4. 通用选择器

通用选择器（Universal Selector）是一个星号（*），功能类似于通配符，用于匹配网页文档中所有标签元素。通用选择器可以使页面中所有 HTML 元素都使用该规则。图 3-6 所示的通用选择器，表示将使网页中所有 HTML 元素的字体样式统一设置为 12 px 大小。

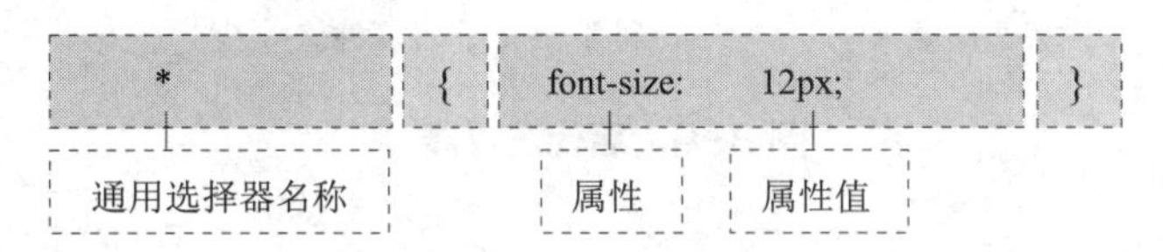

图 3-6　通用选择器

小提示： 在一般情况下，基本选择器的优先级从低到高的顺序是：通用选择器→标签选择器→ class 选择器→ id 选择器。

3.2.2　复合选择器

1. 并集选择器

在 CSS 中，不同的选择器可能会出现声明相同的情况，为了减少重复的 CSS 代码，可以将这些选择器写在一起，构成并集选择器。图 3-7 表示标签 <div> 和 <p> 的属性设置相同。

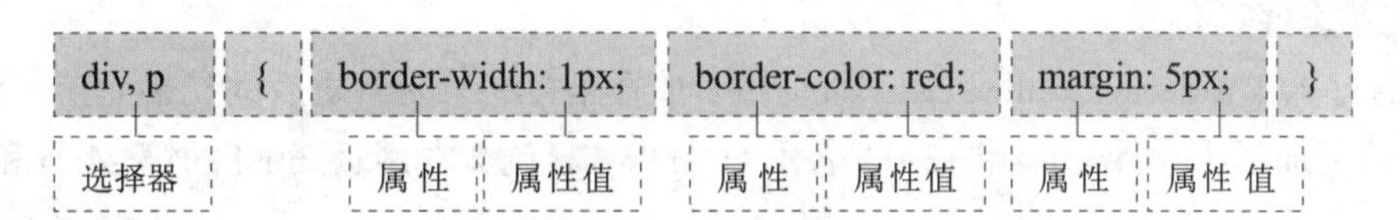

图 3-7　并集选择器

2. 交集选择器

交集选择器是由两个相关的选择器直接连接构成，其中第一个选择器必须是标签选择器，第二个选择器必须是该标签的 id 选择器或其应用的 class 选择器。两个选择器之间必须连续写，不能有空格。图 3-8 表示对 An08_ 彩色文本网页 .html 的第 24 行构成的交集选择器。在复杂的 HTML 代码中，应用交集选择器具有查找标签元素快速和准确的优点。

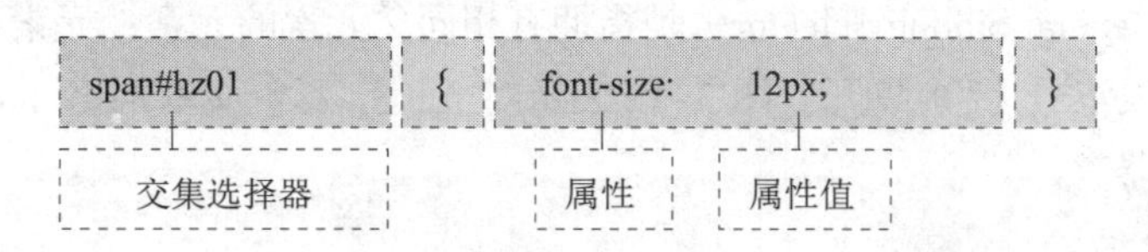

图 3-8　交集选择器

讨论： 假设在网页中有 <div id="div-01" class="color-red">…TextContent…</div> 元素，对 <div> 标签、div#id、div.color-red 分别设置了 font-size 属性，其属性值分别为 12 px、16 px 和 20 px，文本元素 TextContent 最终显示的字体是多大？

3. 后代选择器

后代选择器（Descendant Selector）用于选取某个标签元素的所有后代元素；两个标签元素之间要用用空格隔开。图 3-9 表示将 <div> 标签中的 <span> 标签的背景颜色设置为 #CCCCCC。

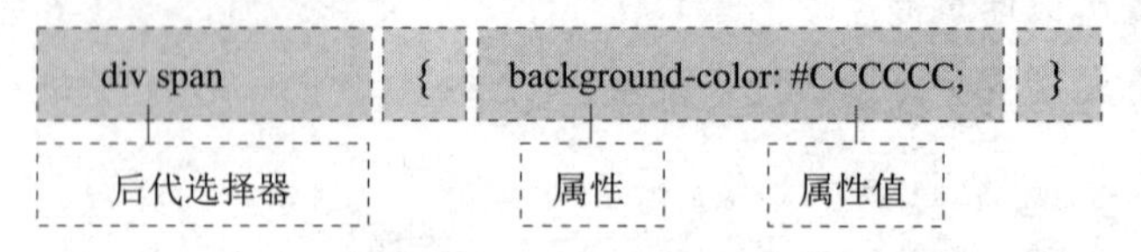

图 3-9　后代选择器

4. 子元素选择器

子元素选择器（Child Selectors）用于选取某个标签元素的直接子元素（间接子元素不适用）。在子元素选择器中，父子元素之间使用大于号（>）隔开。图 3-10 表示将 <div> 标签中的 <p> 标签的背景颜色设置为 #CCCCCC。

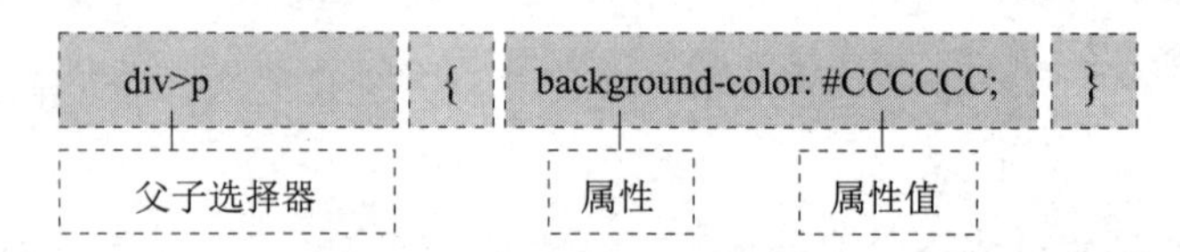

图 3-10　父子选择器

5. 相邻兄弟选择器

相邻兄弟选择器（Adjacent Sibling Selector）用于选择紧接在某元素之后的兄弟元素。相邻兄弟选择器元素之间使用加号（+）隔开。图 3-11 表示对 An08_ 彩色文本网页 .html 的第 24 行和第 25 行构成的相邻兄弟选择器。

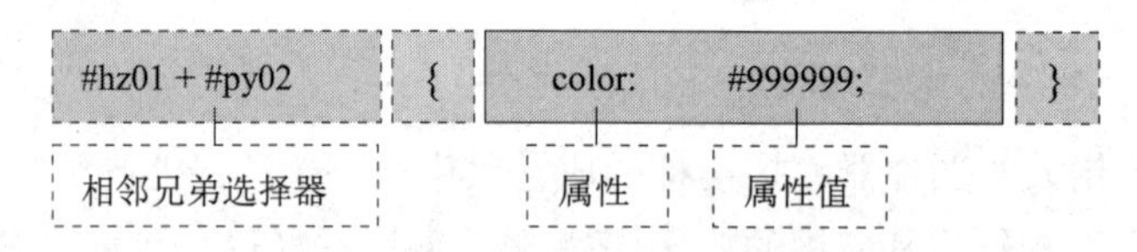

图 3-11　相邻兄弟选择器

6. 普通兄弟选择器

普通兄弟选择器（General Sibling Selector）是指拥有相同父元素的元素；元素与元素之间不必直接紧随；选择器之间使用波浪号（~）隔开。图 3-12 表示对 An08_ 彩色文本网页 .html 的第 24 行和第 25 行构成的普通兄弟选择器。

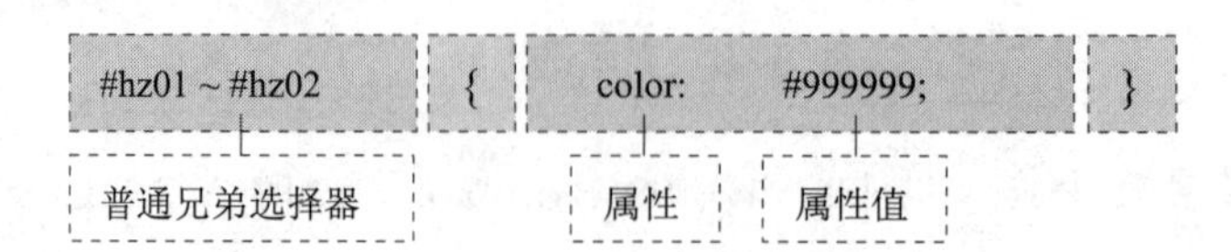

图 3-12　普通兄弟选择器

小提示：子选择器及兄弟选择器是从 IE 7 版本开始支持，而在一些高版本的过渡版本中支持不够好，所以在使用时，必须带有 <!DOCTYPE … > 声明部分。

3.2.3 属性选择器

属性选择器是根据元素的属性来选取元素。属性选择器分为存在选择器、相等选择器、包含选择器、连接字符选择器、前缀选择器、子串选择器和后缀选择器。具体如表 3-1 所示。

表 3-1 属性选择器

选择器类型	语　法	示　例	描　述
存在选择器	[attribute]	p[id]	任何带 id 属性的 <p> 标签
相等选择器	[attribute=value]	p[name="textartice"]	name 属性为 "textartice" 的 <p> 标签
包含选择器	[attribute~=value]	p[name ~="stu"]	name 属性中包含 "stu" 单词，并与其他内容通过空格隔开的 <p> 标签
连接字符选择器	[attribute|=value]	p[lang|="en"]	匹配属性等于 en 或以 en- 开头的所有元素
前缀选择器	[attribute^=value]	p[title^="ABC"]	选择 title 属性值以 "ABC" 开头的所有元素
子串选择器	[attribute*=value]	p[title*="ABC"]	选择 title 属性值包含 "ABC" 字符串的所有元素
后缀选择器	[attribute$=value]	p[title$="try"]	选择 title 属性值以 "try" 结尾的所有元素

3.2.4 伪类与伪元素

1. 伪类选择器

CSS 伪类用于向某些选择器添加特殊的效果。

伪类选择器也是一种选择器，伪类是以冒号（:）开始来表示的，在类型选择符与冒号之间不能出现空白，冒号之后也不能出现空白。其语法格式如下：

```
selector:pseudo-class { property: value }
```

CSS 类也可与伪类搭配使用，其语法格式如下：

```
selector.class:pseudo-class { property: value }
```

用伪元素定义的 CSS 样式不是作用在 HTML 标签上，而是作用在标签的某种状态上。伪类选择器与 class 选择器的区别是：class 选择器可以自由命名，而伪类选择器是在 CSS 中已经定义好了的选择符，不能随便命名和定义。

常用伪类属性及其描述如表 3-2 所示。

表 3-2 常用伪类属性及其描述

属　性	描　述	CSS
:active	向被激活的元素添加样式	1
:focus	向拥有键盘输入焦点的元素添加样式	2
:hover	当鼠标悬浮在元素上方时，向元素添加样式	1
:link	向未被访问的链接添加样式	1

续表

属　性	描　述	CSS
:visited	向已被访问的链接添加样式	1
:readonly	向只读元素添加样式	2
:checked	向被选中的元素添加样式	2
:disabled	向被禁用的元素添加样式	2
:enabled	向可用的元素添加样式	2
:first-child	向元素的第一个子元素添加样式	2
:lang	向带有指定 lang 属性的元素添加样式	2

由于有很多浏览器支持不同类型的伪类，没有统一标准，因此很多伪类不常用，但是超链接的伪类是主流浏览器都支持的。为了确保鼠标每次经过文本时的效果相同，定义超链接伪类时，要按照下列顺利依次编写：

```
a:link {color: #FF0000}                /* 未访问的链接 */
a:visited {color: #00FF00}             /* 已访问的链接 */
a:hover {color: #FF00FF}               /* 鼠标移动到链接上 */
a:active {color: #0000FF}              /* 选定的链接 */
```

在 CSS 定义中，a:hover 必须被置于 a:link 和 a:visited 之后，才是有效的，a:active 必须被置于 a:hover 之后，才是有效的。

【例 3-2】在网页中，应用伪类选择器编写对第一个 <p> 元素设置样式的实例。

编写的代码如下：

```
行号   代码：3-2_伪类选择器样式实例.html
 1     <html>
 2     <head>
 3        <style type="text/css">
 4           p:first-child {  color: red;   }
 5        </style>
 6     </head>
 7     <body>
 8        <p>begin</p>
 9        <p>some text</p>
10        <div>end</div>
11     </body>
12     </html>
```

2. 伪元素

CSS 伪元素用于向某些选择器设置特殊效果。其语法格式如下：

```
selector:pseudo-element { property: value }
```

CSS 类也可与伪元素配合使用，其语法格式如下：

```
selector.class:pseudo-element { property: value }
```

常用伪元素及其描述如表 3-3 所示。

表 3-3　常用伪元素及其描述

伪　元　素	描　　述
:first-line	向文本的首行添加特殊样式
:first-letter	向文本的第一个字母或汉字添加特殊样式
:before	在元素之前添加内容
:after	在元素之后添加内容

【例 3-3】　在网页中，应用伪元素编写一个样式的实例。

编写的代码如下：

```
行号    代码：3-3_伪元素样式实例.html
 1      <html>
 2      <head>
 3         <style type="text/css">
 4            p:first-letter{color:#ff0000;  font-size:xx-large;}
 5            p:first-line{color:#0000ff;  font-variant:small-caps;}
 6         </style>
 7      </head>
 8      <body>
 9          <p>You can combine the :first-letter and :first-line pseudo-elements to
        add a special effect to the first letter and the first line of a text!</p>
10      </body>
11      </html>
12
```

网页运行的结果是，第一行字母大写，首字母加大显示。

3.3　CSS 样式属性

在选择器的定义中，声明由属性和属性值构成。常用的 CSS 样式的属性有文本、字体、背景、列表、表格及定位等属性。下面简要介绍这些常用样式属性。

3.3.1　文本属性

在 CSS 中，文本可以设置对齐方式、行高、文本缩进、字间距和字母间隔等属性。文本的常用属性及其描述如表 3-4 所示。

表 3-4　文本的常用属性及其描述

功　能	属 性 名	描　　述
缩进文本	text-indent	设置行的缩进大小，值可以为正值或负值，单位可以用 em、px 或百分比（%）
水平对齐	text-align	设置文本的水平对齐方式，取值 left、right、center、justify
垂直对齐	vertical-align	设置文本的垂直对齐方式，取值 bottom、top、middle、baseline
字间距	word-spacing	设置字（单词）之间的标准间隔，默认 normal（或 0）
字母间隔	letter-spacing	设置字符或字母之间的间隔

续表

功　能	属 性 名	描　　述
字符转换	text-transform	设置文本中字母的大小写，取值 none、uppercase、lowercase、capitalize
文本修饰	text-decoration	设置段落中需要强调的文字，取值 none、underline（下画线）、overline（上画线）、line-through（删除线）、blink（闪烁）
空白字符	white-space	设置源文档中多余的空白，取值 normal（忽略多余）、pre（正常显示）、nowrap（文本不换行，除非遇到 标签）

3.3.2 字体属性

字体（字型）是字母和符号的样式集合。虽然字体之间可能会一定的差异，但总体特征基本相同，如图 3-13 所示。

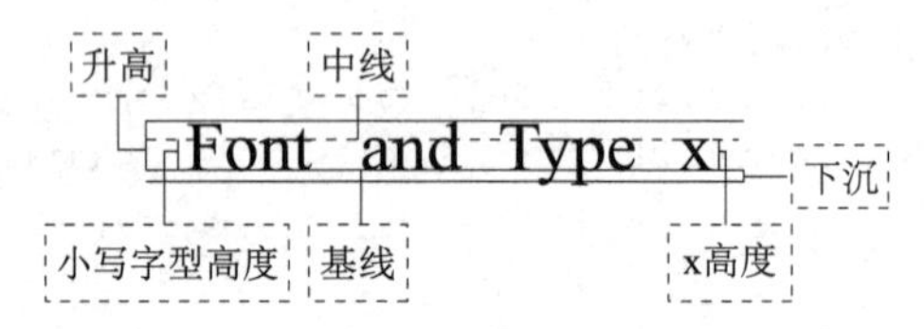

图 3-13　字体特征

字体的常用属性及其描述如表 3-5 所示。

表 3-5　字体的常用属性及其描述

功　能	属 性 名	描　　述
文本颜色	color	设置文本的颜色
字体类型	font-family	设置文本的字体
字体风格	font-style	设置字体样式，取值 normal（正常）、italic（斜体）、oblique（倾斜）
字体变形	font-variant	设定小型大写字母，取值 normal（正常）、small-caps（小型大写字母）
字体加粗	font-weight	设置字体的粗细，取值可以是 bolder（特粗体）、bold（粗体）、normal（正常）、lighter（细体）或 100~900 之间的 9 个等级
字体大小	font-size	设置文本的大小，值可以是绝对或相对值，其中绝对值从小到大依次 xx-small、x-small、small、medium（默认）、large、x-large、xx-large；单位可以是 pt 或 em，也可以采用百分比（%）的形式
行 间 距	line-height	设置文本的行高，即两行文本基线之间的距离
字体简写	font	属性的简写可用于一次设置元素字体的两个或更多方面，书写顺序 font-style、font-variant、font-weight、font-size/line-height、font-family

3.3.3 背景属性

在 CSS3 中，新增了控制背景图片的显示位置、分布方式以及多背景图片等属性，在 IE 9+、Firefox 4+、Opera、Chrome 以及 Safari 5+ 等浏览器中得到了较好的支持。

背景区域的填充有 border-box、padding-box 和 content-box 三种形式，如图 3-14 所示。

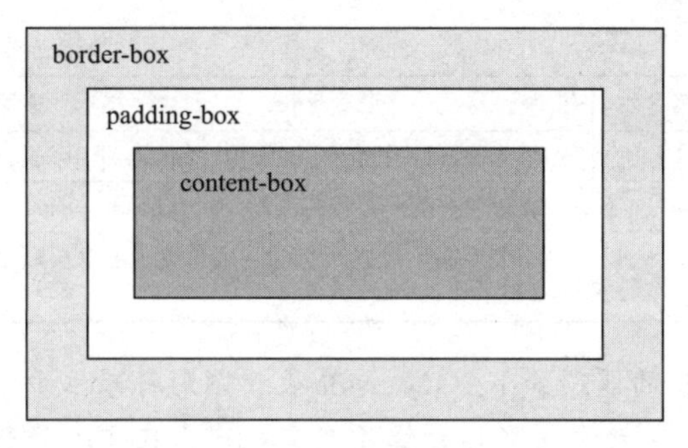

图 3–14　背景区域填充

背景的常用属性及其描述如表 3–6 所示。

表 3–6　背景的常用属性及其描述

功　能	属 性 名	描　述
背景颜色	background–color	设置元素的背景色
背景图像	background–image	设置背景图像
背景重复	background–repeat	设置背景平铺的方式，取值 no–repeat（不平铺）、repeat–x（横向平铺）、repeat–y（纵向平铺）、repeat（x/y 双向平铺）
背景定位	background–position	设置图像在背景中的位置，取值 top、bottom、left、right、center 或具体值、百分比
背景关联	background–attachment	设置背景图像是否随页面内容一起滚动，取值 scroll（滚动）、fixed（固定）
背景尺寸	background–size	用来设置背景图片的尺寸
填充区域	background–origin	规定 background–position 属性相对于什么位置来定位
绘制区域	background–clip	规定背景的绘制区域
背景简写	background	在一个声明中设置所有的背景属性

小提示： 背景图片位于背景颜色的上层，当同时存在背景图片和背景颜色时，背景图片将覆盖背景颜色；而没有背景图片的地方，背景颜色便会显露出来。

在 <div> 标签中只对 content–box 区域设置了背景图片，背景图片与边框出现了一定的间距，从间距中可以看到所设置的背景颜色。

CSS3 中虽然提供了多背景图像，但 IE 7 及更早版本的浏览器并不支持，而在 IE 8 中需要 <!DOCTYPE > 文档声明。

3.3.4　列表属性

列表属性用于改变列表项的图形符号。列表的图形符号不仅可以是圆点、空心圆、方块或数字，甚至还可以是指定的图片。列表的常用属性及其描述如表 3–7 所示。

表 3–7　列表的常用属性及其描述

功　能	属 性 名	描　述
列表类型	list–style–type	设置列表的图形符号，取值 none、disc、circle、square、decimal、lower–roman、upper–roman、lower–latin、upper–latin 等

续表

功　能	属 性 名	描　述
列表项图像	list-style-image	将图形符号设为指定的图像，如 list-style-image:url(xxx.gif)
符号位置	list-style-position	设置列表图形符号的位置，取值 inside、outside
列表简写	list-style	一个声明中设置所有的列表属性，可以按顺序设置如下属性：list-style-type、list-style-position、list-style-image

注意： inside 和 outside 的区别如下：① outside 表示图形符号位于文本之外，当文本内容换行时，无须参照标志的位置；② inside 表示图形符号位于文本之内，在文本换行时列表内容将与列表项的符号相对齐。

3.3.5 表格属性

通过表格属性对表格的边框、背景颜色和单元格间距等进行设置，使表格更加美观、富有特色，显著改善表格的外观。表格的常用属性及其描述如表 3-8 所示。

表 3-8　表格的常用属性及其描述

功　能	属 性 名	描　述
边框	border	设置表格边框的宽度
折叠边框	border-collapse	设置是否将表格边框折叠为单一边框，取值 separate（双边框，默认）、collapse（单边框）
宽度	width	设置表格宽度，可以是像素或百分比
高度	height	设置表格高度，可以是像素或百分比
水平对齐	text-align	设置水平对齐方式，比如左对齐、右对齐或者居中
垂直对齐	vertical-align	垂直对齐方式，比如顶部对齐、底部对齐或居中对齐
内边距	padding	设置表格中内容与边框的距离
单元格间距	border-spacing	设置相邻单元格边框间的距离，仅用于双边框模式
标题位置	caption-side	设置表格标题的位置，取值 top、bottom

注意： 表格和单元格都有独立的边框，使得表格具有双线条边框，通过 border-collapse 属性设置表格是单边框还是双边框。

表格属性得到大部分浏览器的支持，而 border-spacing 和 caption-side 属性需要在 IE 8+ 版本且有 <!DOCTYPE > 文档声明才支持。

3.3.6 display 属性

display 属性有两个作用：通过 display 属性可以将页面元素隐藏或显示出来；通过 display 属性可以将元素强制改成块级元素或内联元素。display 的常用属性及其描述如表 3-9 所示。

表 3-9　display 的常用属性及其描述

属　性	描　述
none	将元素设为隐藏状态
block	将元素显示为块级元素，此元素前后会带有换行符
inline	默认，此元素会被显示为内联元素，元素前后没有换行符

示例代码如下：

```
<style type="text/css">
    p{ display:inline; }
    span{ display:block; }
    div{ display:none; }
</style>
```

3.3.7　visibility 属性

visibility 属性可以将页面中的元素隐藏，但是被隐藏的元素仍占原来的空间；当不希望对象在隐藏时仍然占用页面空间时，可以使用 display 属性。

visibility 属性的取值范围为 visible 或 hidden。

3.3.8　position 属性

在一般情况下，页面是由页面流构成的，页面 HTML 元素在页面流中的位置是由该元素在 HTML/XHTML 文档中的位置决定的。

块级元素从上向下排列（每个块元素单独成行）；而内联元素将从左向右排列，其元素在页面中的位置会随外层容器的改变而改变。

CSS 提供了 HTML 元素的三种定位机制：普通流、定位（position）和浮动（float）。position 的常用属性及其描述如表 3-10 所示。

表 3-10　position 常用属性及其描述

属　性	描　述
static	正常流（默认值）。元素在页面流中正常出现，并作为页面流的一部分
relative	相对定位，相对于其正常位置进行定位，并保持其未定位前的形状及所占的空间
absolute	绝对定位，相对于浏览器窗口进行定位，将元素框从页面流中完全删除后，重新定位。当拖动页面滚动条时，该元素随其一起滚动
fixed	固定定位，相对于浏览器窗口进行定位，将元素框从页面流中完全删除后，重新定位。当拖动页面滚动条时，该元素不会随之滚动

注意：①当 position 的属性值为 relative、absolute 或 fixed 时，可以使用元素的偏移属性 left、top、right 和 bottom 进行重新定位；②当 position 属性为 static 时，会忽略 left、top、right、bottom 和 z-index 等相关属性的设置。

在屏幕坐标系中，不仅存在 x、y 方向，同时还存在 z 方向，如图 3-15 所示。x 轴正方向是从左向右，y 轴正方向是从上往下，z 轴与屏幕相互垂直、从内向外延伸，符合左手定则。z 坐标越大，对象离用户越近，z 坐标越小，对象离用户越远。

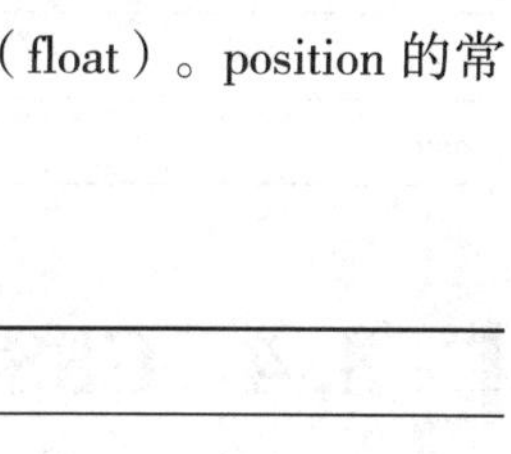

图 3-15　屏幕坐标系

当使用相对定位或绝对定位时，经常会出现元素相互重叠现象。此时可以使用 z-index 属性设置元素之间的叠放顺序。当元素取值为 auto 或数值（包括正负数）时，数值越大元素越靠前。

3.3.9 float 与 clear 属性

float 属性可以将元素从正常的页面流中浮动出来，离开其正常位置，浮动到指定的边界。当元素浮动到边界时，其他元素将会在该元素的另外一侧进行环绕。float 的常用属性及其描述如表 3-11 所示。

表 3-11 float 常用属性及其描述

属 性	描 述
left	元素浮动到左边界
right	元素浮动到右边界
none	默认值，元素不浮动

在页面中，浮动的元素可能会对后面的元素产生一定的影响；当希望消除因为浮动所产生的影响时，可以使用 clear 属性进行清除。clear 的常用属性及其描述如表 3-12 所示。

表 3-12 clear 常用属性及其描述

属 性	描 述
left	清除左侧浮动产生的影响
right	清除右侧浮动产生的影响
both	清除两侧浮动产生的影响
none	默认值，允许浮动元素出现在两侧

3.4 CSS 的优先级

3.4.1 案例 9 古典小说网站设计

任务描述

选用经典名著《三国演义》作为素材，设计小说网站，在主页上设计目录表，通过链接跳转到小说章节（回）的页面进行浏览。要求每个章节页面的背景颜色、字形、字体大小都相同，主页的背景颜色、字体等单独设计，整个网页排版工整、美观。

软件环境

Windows 7、DW CS6、IE、Chrome。

设计要求

（1）新建站点和主页。

① 新建站点后创建一个新网页文件，文档类型为 HTML 5，文件保存为“An09_ 小说目录 .html”。

② 在 <body>…</body> 中插入 <div class="box"></div>，作为页面的整体布局。

③ 在 <div class="box"></div> 中，插入表格，输入小说目录文本，完成本页面的设计。

（2）设计小说章回的各个页面。

① 新建一个网页文件，文档类型为 HTML 5，文件保存为“小说第一回 .html”。

② 在 <body>…</body> 中插入 <div class="box"></div>，作为页面的整体布局。

③ 在 <div class="box"></div> 中，输入小说正文文本，完成本页面的设计。

④ 重复步骤①至步骤③，完成整个小说章回页面的设计。

（3）设计 CSS 样式表。新建一个 CSS 文件，文件保存为“An09_ 小说样式 .css”。输入如下代码：

```
h2 {
    text-align: center;
}
h3 {
    text-align: center;
}
.box {
    font-family: "华文细黑";
}
```

（4）在各页面中引用 CSS。在“小说第 N 回 .html”中，引用“An09_ 小说样式 .css”，格式如下：

```
<head>
    <link href="An09_小说样式.css" rel="stylesheet" type="text/css">
</head>
```

（5）测试、修改，通过后发布网站。网站的浏览效果如图 3-16 所示。

图 3-16　小说网站（部分页面）浏览效果

设计总结

小说正文页面具有相同的样式，故可设计一个外部样式表，然后在每个页面中引用这个外部样式表，能够做到网站外观、风格和样式统一，同时减少代码的编写量。

3.4.2 层叠性、继承性与冲突性

在网页的实际设计过程中，往往会采用多种形式的样式表。多重样式（Multiple Styles）是指外部样式、内部样式和行内样式同时应用于页面中的某一个元素，因此在渲染 HTML 文档时，会出现样式的层叠性、继承性和冲突性三种现象。

1. 层叠性

所谓层叠性是指多种 CSS 样式的叠加。例如，当使用外部样式表定义 <p> 标签的字号大小为 16 px，内部样式表定义 <p> 标签的字体为黑体，行内样式表定义 <p> 标签的颜色为红色，那么所有 <p>…</p> 中的段落文本将显示为红色黑体文字、字体大小为 16 px，即三种不同位置的样式产生了最终的叠加效果。

2. 继承性

在 HTML 文档中，子元素可以继承父元素的某些样式。所谓继承性是指书写 CSS 样式表时，子标签会自动继承父标签的某些样式，如文本颜色和字号等。当子元素与父元素定义的样式重复时，则会覆盖父元素中的样式。CSS 样式中提供的继承机制，简化了 CSS 代码，缩短了开发的时间。

body 元素是 div、h1、h2、h3、p、ul、ol、dl 这些元素的父元素，如果父元素设置了某个属性，这些子元素都会继承该属性。例如

```
div,h1,h2,h3,p,ul,ol,dl { color:black;}
```

就可以改写成

```
body{ color:black;}
```

两种代码的效果是一样的。恰当地使用继承可以简化代码，降低 CSS 样式的复杂性。

如果在网页中所有元素都大量继承样式，那么判断样式的来源就会很困难。因此对于字体、文本属性等网页中通用的样式可以使用继承性来设计。例如，字体、字号、颜色、行距等可以在 body 等父元素中统一设置，然后通过继承性，就可以影响文档中所有子元素的文本显示效果。

注意，并不是所有 CSS 属性都可以继承，例如，下面的属性就不具有继承性：

① 边框属性。

② 外边距属性。

③ 内边距属性。

④ 背景属性。

⑤ 定位属性。

⑥ 布局属性。

⑦ 元素宽高属性。

3. 冲突性

定义 CSS 样式时，由于有内部样式表、多个外部样式表等，经常会出现两个或更多（相同）规则

应用在同一元素上，这些规则属性名相同、属性值不同，到底哪个位置的规则起作用，这时就需要用CSS的优先级来解决问题。

3.4.3 优先级

讨论CSS优先级的前提条件是必须要有CSS样式冲突现象产生。假设某个HTML元素在行内样式表、内部样式表和多个外部样式中都定义了颜色属性（仅以颜色属性举例，是因为颜色属性易于观察效果），赋予不同的颜色，甚至在同一种样式表的前后重复定义了颜色属性，这样就必定产生样式的冲突现象。如何判断最终是哪一个样式起了作用呢？答案是CSS的优先级取决于选择器的类型和样式表的类型。具体讨论如下。

1. 最高优先级

CSS定义了一个!important命令，该命令被赋予最大的优先级。样式的后面只要加上该命令，在HTML中，一定是该样式起作用。具体写法如下：

```
color: red!important;
```

!important命令必须位于属性值和分号之间，否则无效。

2. 行内样式

按照“浏览器默认设置→外部样式表→内部样式表→行内样式表”层叠新虚拟样式表的规则（优先级从低到高），排除第一种情况（最高优先级），只要在标签内设置了行内样式，同时因该样式会覆盖父元素中的样式（如果有），在HTML中，也一定是该样式起作用。

3. 单级标签

排除前面两种情况，再来讨论单级标签样式表优先级的问题。单级标签样式是指没有用嵌套标签定义该标签的样式。假如在标签中分别用标签选择器、class选择器和id选择器设置了样式，其CSS代码如下：

```
p{ color:red;}                /*标记样式*/
.blue{ color:green;}          /*class样式*/
#header{ color:blue;}         /*id样式*/
```

HTML代码如下：

```
<p id="header" class="blue"> 文本颜色 </p>
```

上面的例子是使用不同的选择器对同一个HTML元素设置文本颜色，这时浏览器会根据选择器的优先级规则解析CSS样式。CSS为每一种基础选择器都分配了一个权重，其中，标签选择器的权重为1；class选择器的权重为10；id选择器的权重为100。

权重越大，优先级就越高，与样式定义在内部样式表和外部样式表中无关。因此基础选择器优先级从低到高的顺序是：标签选择器→class选择器→id选择器。

这样上面例子中id选择器#header就具有最大的优先级，因此文本颜色显示为蓝色。

如果对单级标签在外部样式表和内部样式表中同时定义了同一种基础选择器，样式显示的优先级从低到高的顺序是外部样式表→内部样式表，内部样式表中的选择器起作用；如果在同一个样式表中前后不同的位置重复定义了同一种样式选择器，最后定义的样式优先显示。

4. 嵌套标签

在网页中经常会应用嵌套标签定义样式，即应用多个基础选择器构成的复合选择器（并集选择器除外），其权重为这些嵌套的基础选择器权重的叠加和。例如，CSS 代码如下：

```
p strong                { color:black}          /*权重为:1+1*/
.box strong             { color:yellow}         /*权重为:10+1*/
p.box strong            { color:orange;}        /*权重为:1+10+1*/
p.box .colors           { color:gold;}          /*权重为:1+10+10*/
#father strong          { color:pink;}          /*权重为:100+1*/
#father strong.colors   { color:red;}           /*权重为:100+1+10*/
#father #son            { color:navy;}          /*权重为:100+100*/
strong                  { color:blue;}          /*权重为:1*/
strong.colors           { color:green;}         /*权重为:1+10*/
strong#son              { color:gray;}          /*权重为:1+100*/
```

对应的 HTML 代码如下：

```
<p id="father" class="box" >
   <strong id="son" class="colors">文本的颜色</strong>
</p>
```

这时，页面文本将应用权重最高的样式，即文本颜色为海军蓝（navy）。

讨论：在上面的例子中，假如在样式表中同时设置了 #father strong{ color:pink;} 和 strong#son {color:blue;}，显示结果如何？

如果复合选择器的权重相同，CSS 遵循就近原则。内部样式表优先外部样式表；靠近元素的样式优先，或者说排在最后的样式优先级大。

延伸阅读

复合选择器的权重为组成它的基础选择器权重的叠加，但是这种叠加并不是简单的数字之和。例如：

```
行号  代码
 1    <style type="text/css">
 2        .inner{ text-decoration:line-through;}      /*类选择器定义删除线，权重为10*/
 3        div div div div div div div div div div div{ text-decoration:underline;}
 4        /*后代选择器定义下画线，权重为11个1的叠加*/
 5    </style>
 6    <body>
 7        <div>
 8            <div><div><div><div><div><div><div><div><div>
 9            <div class="inner">文本的样式</div>
10        </div></div></div></div></div></div></div></div></div>
11        </div>
12    </body>
```

后代选择器 div div div div div div div div div div div(包含 11 层 div)的权重为 11，大于类选择器 .inner 的权重 10，文本并没有添加下画线，而显示了类选择器 .inner 定义的删除线，即类选择器 .inner 的权重大于后代选择器 div div div div div div div div div div div。无论再在外层添加多少个 div 标记，即复合选择器的权重无论为多少个标记选择器的叠加，其权重都不会高于类选择器。同理，复合选择器的权重无论为多少个类选择器和标记选择器的叠加，其权重都不会高于id选择器。

3.5 CSS 框模型

3.5.1 CSS框模型定义

在CSS中，CSS框模型（Box Model）规定了标签元素（如div）框处理元素内容（element content）、内边距（padding）、边框（border）和外边距（margin）的方式。

由HTML标签元素内的元素（文本元素或图像元素）、内边距、边界或边框和外边距组成的结构，称为CSS框模型，简称标签元素框或元素框，例如div元素框或div框、p元素框、span元素框等。在默认状态下，元素框的margin、border、padding、width和height的值都为0，背景是透明的。因此，要使用元素框，必须进行必要的设置。在HTML文档中，可以对任何一个标签元素设置元素框，但只有块级元素才能显示出正确的元素框。图3-17给出了元素框的示意图。

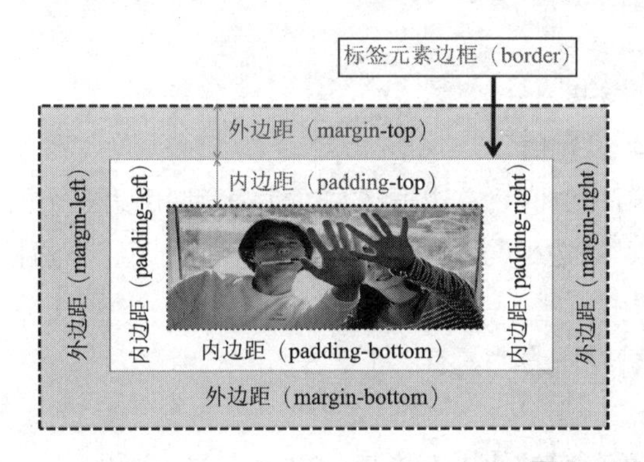

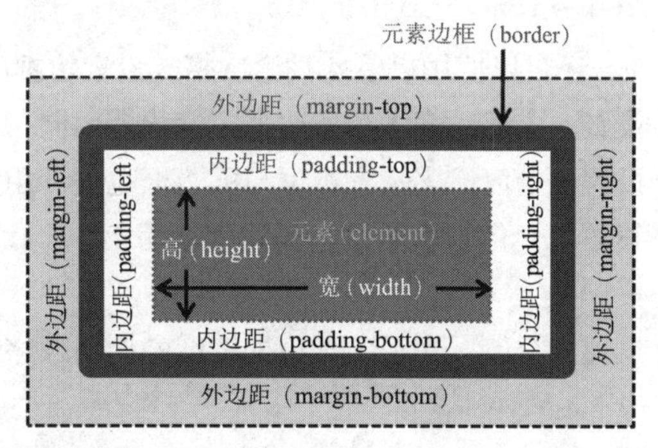

图3-17　元素框

在图3-17中，元素框最里面是文本元素或图像元素，它有高度（height）和宽度（width）尺寸；直接包围文本元素或图像元素的是内边距；内边距的外边缘是边框，边框可以设置线型（style）、宽度（width）和颜色（color）；边框以外是外边距，外边距默认是透明的，不会挡住其后的任何元素。

3.5.2 元素框设置

1. 边框属性

在CSS中，边框属性包括边框样式属性（border-style）、边框宽度属性（border-width）、边框颜色属性（border-color）。

（1）border-style

在CSS中，border-style属性用于设置边框的样式。其语法设置如下：

```
border-style: none|solid|double|dotted|dashed|groove|ridge|inset|outset
```

border-style属性设置值的具体含义如表3-13所示。

表 3–13　border-style 属性含义

属　性	说　明	属　性	说　明
solid	实线	groove	3D 凹线
double	双直线	ridge	3D 凸线
dotted	小点虚线	inset	3D 框入线
dashed	大点虚线	outset	3D 隆起线

（2）border–width

在 CSS 中，可以利用 border–width 属性来控制边框的宽度。

语法一（统一设置）：

```
border-width: thin|medium|thick|值px
```

注意：border–width 的参数值 thin 代表细、medium 代表中等、thick 代表粗。

语法二（分别设置）：

```
border-top-width: 值px
border-bottom-width: 值px
border-left-width: 值px
border-right-width: 值px
```

此外，还可以使用以下 4 种紧凑格式设置边框的宽度：

① 设置一个值：表示四条边框宽度均使用同一个设置值。

② 设置两个值：表示上边框与下边框宽度调用第一个值，右边框与左边框宽度调用第二个值。

③ 设置三个值：表示上边框宽度调用第一个值，右边框与左边框宽度调用第二个值，下边框宽度调用第三个值。

④ 设置四个值：表示四条边框宽度的调用顺序，顺序为上、右、下、左。

（3）border–color

在 CSS 中，border–color 属性用于设置边框的颜色，它的使用方法与 border–width 相同。

语法一（统一设置和紧凑格式）：

```
border-color: #rrggbb
border-color: #rrggbb  #rrggbb  #rrggbb  #rrggbb
```

注意：其中第 1 种颜色为顶部边框颜色，第 2 种颜色为右边边框颜色，第 3 种颜色为底部边框颜色，第 4 种颜色为左边边框颜色。

语法二（分别设置）：

```
border-top-color: #rrggbb
border-bottom-color: #rrggbb
border-left-color: #rrggbb
border-right-color: #rrggbb
```

（4）设置边框属性 border

在 CSS 中，通过 border 属性可以快速设置边框的宽度、边框颜色及边框样式。其语法如下（紧凑格式）：

```
border: <border-width>||<border-style>||<color>
```

实例：

```
border: 1pt  double  #ff0000
```

表示设置边框的宽度为 1 pt、样式为双直线、颜色为红色。

边框属性的内容较多、设置规则复杂，各属性的具体描述如表 3-14 所示。

表 3-14　CSS 边框属性及其描述

属　性	描　述
border	简写属性，用于把针对四个边的属性设置在一个声明
border-style	用于设置元素所有边框的样式，或者单独为各边设置边框样式
border-width	简写属性，用于为元素的所有边框设置宽度，或者单独为各边边框设置宽度
border-color	简写属性，设置元素的所有边框中可见部分的颜色，或为 4 个边分别设置颜色
border-bottom	简写属性，用于把下边框的所有属性设置到一个声明中
border-bottom-color	设置元素的下边框的颜色
border-bottom-style	设置元素的下边框的样式
border-bottom-width	设置元素的下边框的宽度
border-left	简写属性，用于把左边框的所有属性设置到一个声明中
border-left-color	设置元素的左边框的颜色
border-left-style	设置元素的左边框的样式
border-left-width	设置元素的左边框的宽度
border-right	简写属性，用于把右边框的所有属性设置到一个声明中
border-right-color	设置元素的右边框的颜色
border-right-style	设置元素的右边框的样式
border-right-width	设置元素的右边框的宽度
border-top	简写属性，用于把上边框的所有属性设置到一个声明中
border-top-color	设置元素的上边框的颜色
border-top-style	设置元素的上边框的样式
border-top-width	设置元素的上边框的宽度

2. 内边距属性

在 CSS 中，padding 属性主要是控制元素的内容与元素外框内缘的距离。其语法如下：

```
padding-(top、right、bottom、left): 长度|百分比
```

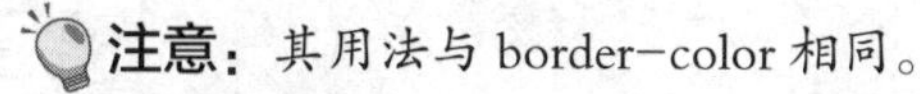

注意：其用法与 border-color 相同。

3. 外边距属性

在 CSS 中，通过 margin 属性可以设定元素与其他元素（包括四周文字）之间的距离。其语法如下：

```
margin-(top、right、bootom、left): 长度|百分比|auto
```

注意：margin 属性有 margin-top（顶部空白区域）、margin-bottom（底部空白区域）、margin-left（左边空白区域）和 margin-right（右边空白区域）四个边界属性。通过设置这 4 项属性，可以控制一个对象四周空白区域的大小。如将边距设为负值，就可以将两个对象重叠在一起。

利用 margin 属性设置边界值的方法还有：

① 设置一个边界值：若 margin 属性只设置一个边界值时，则上、右、下和左四个边界都将调用此值。例如：

```
margin : 2cm
```

② 设置对应边值：在 margin 属性中设置对应边值，是指上边界与下边界、左边界与右边界为相对应的边界，所以若设置对应边其中一边的值时，另一边将调用此值。例如：

```
margin : 2cm  4cm
```

表示上边界与下边界的值为 2 cm，左边界与右边界的值为 4 cm。

③ 设置四个边界值：利用 margin 属性，顺序输入上、右、下、左边界的值，就可以完成四个边界的设置了。例如：

```
margin: 20pt  30%  30px  2cm
```

表示上边界为 20 pt，右边界为 30%，下边界为 30 px，左边界为 2 cm。

3.5.3 元素框应用

1. 元素框尺寸计算

元素框有两种模型，分别是标准的 W3C 框模型和怪异框模型。怪异框模型又称 IE 框模型，一般会在 IE 5 ~ IE 8 浏览器中触发，相同的代码在这些不同的浏览器中产生的效果不一样。目前，大多数浏览器都采用了 W3C 规范，因此，这里只讨论 W3C 框模型尺寸的计算问题。

在 CSS 中，对元素框进行宽度和高度设置，其 width 和 height 指的是内容区域的宽度和高度。增加内边距、边框和外边距不会影响内容区域的尺寸，但是会增加元素框的总尺寸。

假设元素框的每个边上有 10 px 的外边距和 5 px 的内边距。如果希望这个元素框达到 100 px，就需要将内容的宽度设置为 70 px，如图 3–18 所示。

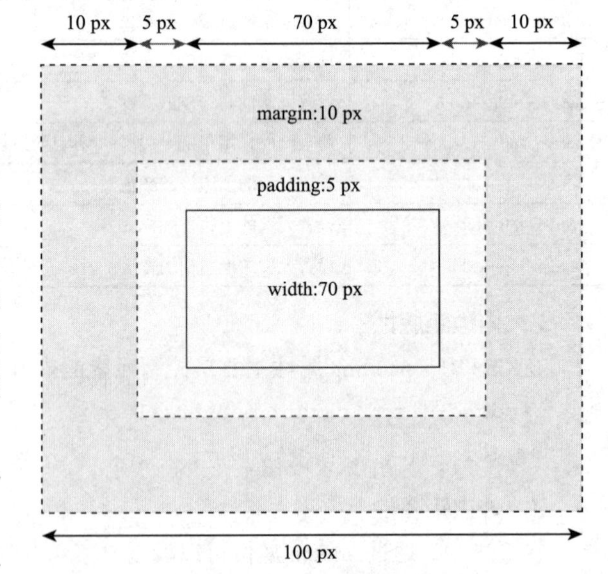

图 3–18　元素框的尺寸

因此，在网页设计中，根据文本元素或图像元素的尺寸大小，就可以直接定义出它的容器元素的尺寸大小（两者相等），为该容器元素设置元素框参数后，该元素框的尺寸计算如下：

元素框的总宽度 = width+ 左右内边距之和 + 左右边框宽度之和 + 左右外边距之和

元素框的总高度 = height + 上下内边距之和 + 上下边框宽度之和 + 上下外边距之和

在网页设计中，有很多元素集中在一起，需要进行布局设计，这时是需要计算该元素框的总宽度和总高度的。

2. 标签类型转换

HTML 提供了丰富的标签，为了使页面结构的组织更加轻松、合理，这些标签被划分为块级标签和行内标签，又称块级元素和行内元素。

块级标签在页面中以区域块的形式出现。其主要特点是，每个块级标签通常都会独自占据一整行或多整行，可以对其设置宽度、高度、对齐等属性，可以容纳行内标签和其他块级标签，常用于网页布局和网页结构的搭建。

常见的块级标签有 <div>、<p>、<h1> ~ <h6>、<ul>、<ol>、<li>、<dl>、<dd> 等。

行内标签的特点是，一个行内标签通常会和它前后的其他行内标签显示在同一行中，它们不占有独立的区域，也不强迫其他标签在新的一行显示；仅仅靠字体自身的大小和图像尺寸来支撑结构，宽度和高度就是文字和图片的宽度和高度，即一般不可以设置宽度、高度、对齐等属性；设置 margin 和 padding 只有左右有效、上下无效，常用于控制页面中文本的样式。

常见的行内标签有 <span>、<b>、<strong>、<em>、<i>、<u>、<a>、<s> 等。

小提示：<span> 是常见的行内标签，主要用来容纳文本和其他行内标签，在默认情况下，没有任何渲染效果，只有对其设置了 CSS 属性，才会有视觉上的表现。<span> 是本文和其他行内标签的容器。<div> 是块级标签，是通用的容器标签，是文本和其他标签的容器。因此，<span> 标签可以嵌套在 <div> 标签中使用，但不能反过来使用。

在 CSS 中，标签的类型是可以转换的。

网页是由多个块级标签和行内标签构成的盒子排列而成的，如果希望行内标签具有块级标签的某些特性，例如可以设置宽和高，或者需要块级标签具有行内标签的某些特性，例如不独占一行排列，就可以使用 display 属性对标签的类型进行转换。

行内标签转换为块级标签：

```
display: block
```

块级标签转换为行内标签：

```
display: inline
```

块级标签和行内标签转换为行内块标签：

```
display: inline-block
```

行内块标签可以对其设置宽度、高度和对齐等属性，但是该标签不会独占一行。

3. 外边距合并问题

对标签应用框模型，不设置浮动和定位属性，在普通文档流中，当两个相邻或嵌套的块级标签元素框相遇时，其垂直方向的外边距会自动合并，发生重叠，这就是外边距合并问题。

（1）相邻标签元素框垂直外边距的合并（见图 3-19 和图 3-20）

当上下相邻的两个块级标签元素框相遇时，如果上面的标签元素框有下外边距 margin-bottom，下面的标签元素框有上外边距 margin-top，则它们之间的垂直间距不是 margin-bottom 与 margin-top 之和，而是两者中的较大者，这种现象称为相邻块元素垂直外边距的合并。

（2）嵌套标签元素框垂直外边距的合并（见图 3-21）

有两个嵌套关系的块级标签，如果父标签元素框没有上内边距及边框，则父标签元素框的上外边距会与子标签元素框的上外边距发生合并，合并后的外边距为两者中的较大者，即使父标签元素框的上外边距为 0，也会发生合并。

图 3-19　外边距合并之前

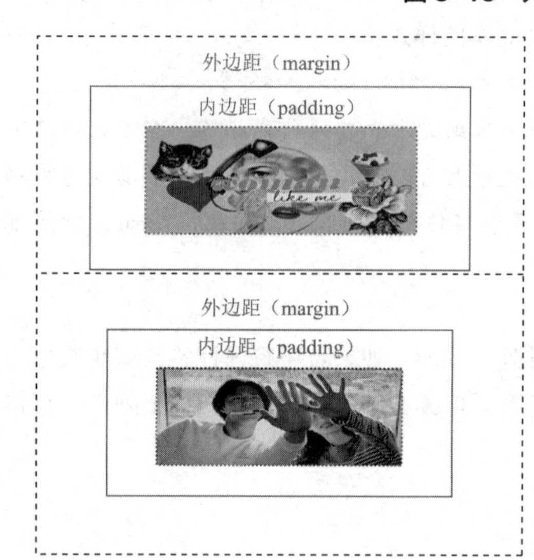

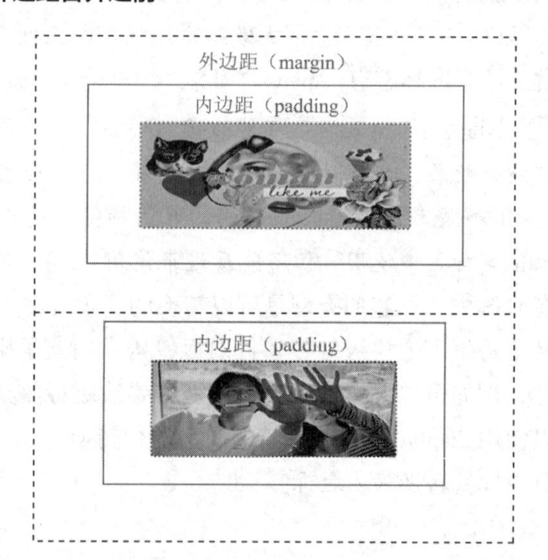

图 3-20　外边距合并之后

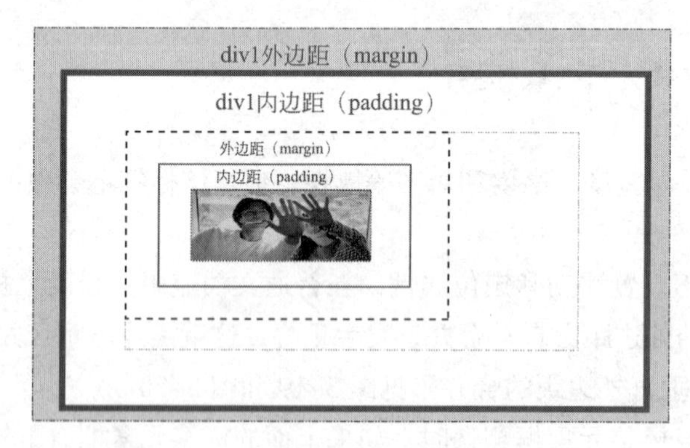

图 3-21　嵌套标签元素框外边距合并

（3）解决方法

外边距合并问题增加了网页布局的不可控性和复杂程度，可以通过以下两种方法解决这个问题。

① 给父元素框加边框（border）。示例 CSS 代码如下：

```
border: 1px solid #F00;          /*定义父div的上边框*/
```

② 给父元素框样式加 overflow: hidden。示例 CSS 代码如下：

```
overflow:hidden;                 /*定义父div的overflow属性*/
```

小　　结

本章主要介绍了CSS的语法格式、CSS样式表的类型和引用方法、各种CSS选择器、常见CSS样式属性的用法、CSS的优先级和CSS框模型等主要内容。本章的难点是应用CSS的优先级正确判断HTML元素的显示效果。需要重点掌握的内容是能够构造恰当的CSS选择器、优化CSS代码，正确应用和设置CSS框模型。

习　　题

一、选择题

1. 定义CSS内部样式表的HTML标签是（　　）。

A. <style>　　B. <script>

C. <link>　　D. <css>

2. 改变div标签左边距的属性是（　　）。

A. text-indent　　B. padding-left

C. margin　　D. margin-left

3. 引用外部样式表的正确代码是（　　）。

A. <style src="MyCSS.css">

B. <link href=" MyCSS.css">

C. <style> MyCSS.css</style>

D. <import> MyCSS.css</import>

4. CSS的含义是（　　）。

A. 层　　B. 样式表

C. 时间轴　　D. 行为

5. 在下列代码中，CSS语法正确的是（　　）

A. body:color=blue;　　B. { body;color=blue;}

C. {body:color=blue;}　　D. body{color:blue;}

6. 在代码h1{color:red; font-size:16px;}中，（　　）表示选择器。

A. color　　B. red

C. font-size　　D. h1

7. 在下列CSS代码中，（　　）表示边框颜色。

A. border-color: red;　　B. text-align: center;

C. letter-spacing: 1px;　　D. vertical-align: top;

8. 要显示一个具有宽度的边框：顶边框10 px、右边框1 px、底边框5 px、左边框20 px，应选择（　　）。

A. border-width: 10px 1px 5px 20px;

B. border-width: 10px 20px 5px 1px;

C. border-width: 5px 20px 10px 1px;

D. border-width: 10px 5px 20px 1px;

9. 在代码 border-left-color: #FF0000 中，下列（　　）是正确的。

A. 左边框颜色为红色　　B. 右边框颜色为红色

C. 上边框颜色为红色　　D. 下边框颜色为红色

10. 以下（　　）不是盒子模型的 CSS 属性。

A. border　　B. padding

C. margin　　D. content

11. 在 HTML 文档中，引用外部样式表的正确位置是（　　）。

A. 文档的尾部　　B. 文档的顶部

C. <body>…</body> 之间　　D. <head>…</head> 之间

12. HTML 标签的（　　）属性用来定义内联样式。

A. font　　B. class

C. style　　D. styles

13. TRBL 规则指的是（　　）。

A. 上－下－右－左　　B. 上－右－下－左

C. 左－右－上－下　　D. 右－上－左－下

二、判断题

1. CSS 内部样式表是指在 HTML 标签中定义 style 属性值。（　　）
2. CSS 的语法是 select{ property1: value1，property2: value2，property3: value3，…}。（　　）
3. 在定义 CSS 类选择符时，在自定义类的名称前面加一个 # 号。（　　）
4. 在定义 CSS 的 id 选择符时，在 id 名称前面加一个 . 号。（　　）
5. 在 CSS 中，color 属性用于设置 HTML 元素的背景色。（　　）
6. 在 CSS 定义中，a:hover 必须被置于 a:link 和 a:visited 之后才是有效的。（　　）

三、问答题

1. 简述一个 HTML 文档的基本结构。
2. 在 HTML 文档中，引入 CSS 的方式有哪些？
3. CSS 选择符有哪些？
4. 盒模型（框模型）的内容主要有哪些？

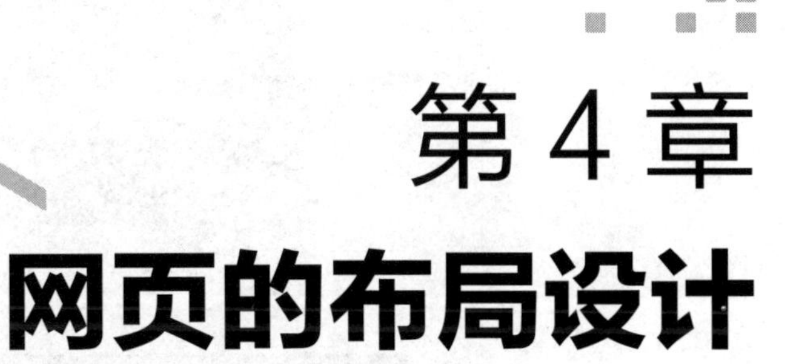

第 4 章 网页的布局设计

在第 2 章中介绍了单列图文网页的设计，这些网页布局简单，制作时间短，应用场景比较多，效果突出。平面布局的多列图文网页能够充分利用计算机屏幕的空间，给用户带来更多的体验和更强的冲击效果，应用场景更多，但其布局的复杂性对 Web 前端设计提出了更高和更多的要求。

4.1 网页总体布局设计

4.1.1 案例 10 校园网站主页布局设计

视频

案例10 校园网站主页布局设计–上

任务描述

校园网站主页导航栏目数量较多，页面布局紧凑、工整美观、版块清晰、内容丰富，试选择一个典型的校园网站主页，进行页面整体的布局设计。

软件环境

Windows 7、DW CS6、Fireworks CS6、IE、Chrome。

设计要点

视频

案例10 校园网站主页布局设计–下

（1）素材准备和加工。选择学校的主页作为设计的素材。首先将主页完整截图；然后对页面进行版块分析，勾勒出网页的 div 框设计结构；最后应用 Adobe Fireworks CS6，按照勾勒出的页面 div 框，对截图进行切图，分成若干个小图片。

① 启动 Adobe Fireworks CS6，打开主页截图，选择左边工具箱中的“切片”工具，在截图图片上划出一个个矩形，将整个图片分割，如图 4–1 所示。

② 将切图图片导出到文件夹。选择“文件”→“导出”命令，勾选“将图像放入子文件夹”复选框，导出类型选择“HTML 和图像”或“Images only”均可以，保存文件即可，如图 4–2 所示。

图 4-1　对主页截图进行切图

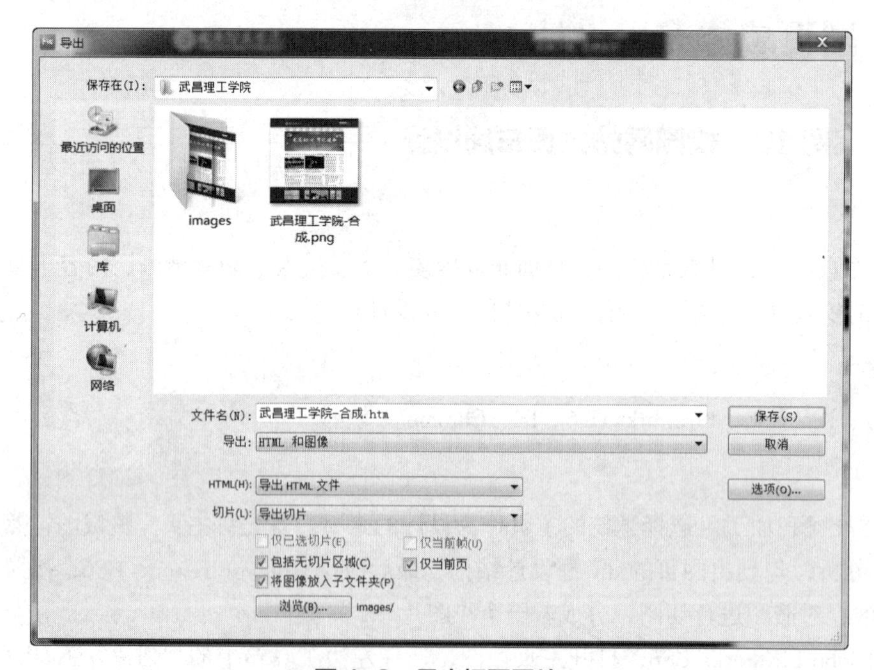

图 4-2　导出切图图片

（2）新建站点和文件。新建站点后创建一个新网页文件，文档类型为 HTML 5，文件保存为“An10_校园网站主页布局设计 .html”。

（3）在页面属性中设置“跟踪图像”。透明度设置为 30% 左右，如图 4-3 所示。

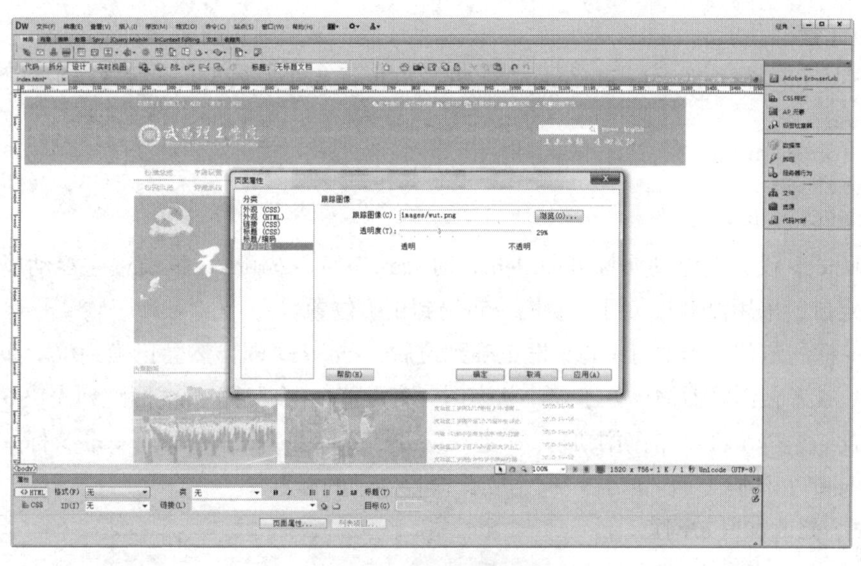

图 4-3　设置跟踪图像

（4）页面布局设计。根据图 4-1 中切片的编号，页面共由 7 个模块组成（切片的分块并不是唯一的，也可以进一步细分）。为每个模块分配 div 框如下：模块 1 用 <header> 框进行设计；模块 2 和 3 可以看成是空白区，不分配 div 框；模块 4 用 <nav> 框进行设计；模块 5 用 <article> 框进行设计；模块 6 用 <aside> 框进行设计；模块 7 用 <footer> 框进行设计。为了布局方便，模块 4、5 和 6 的外面套上一个 div 框，id="main"；5 个模块（模块 2 和 3 除外）的外面也可以套一个 div 框，id="box"。

① 设计 <div id="box"> 框。首先在 <body>…</body> 中插入一对 <div id="box"></div> 标签，设置宽度为 1 353 px（最大图片的宽度），设置居中属性（margin-right: auto; margin- bottom: auto;）；然后在 <div id="box"></div> 中插入 <header>…</header> 标签、<div id="main"></div> 标签和 <footer>…</footer> 标签。

② 设计 <div id="main"></div> 框。在其中依次插入 <nav>…</nav> 标签、<article>…</article> 标签和 <aside>…</aside> 标签。

（5）在各对标签中输入内容。这里插入相应的切图图片代替模块的真实内容即可。保存文件，浏览网页效果如图 4-4 和图 4-5 所示。可以看出，浏览器是按照 div 框在代码中的顺序依次进行单列显示的。

图 4-4　网页浏览效果（上）

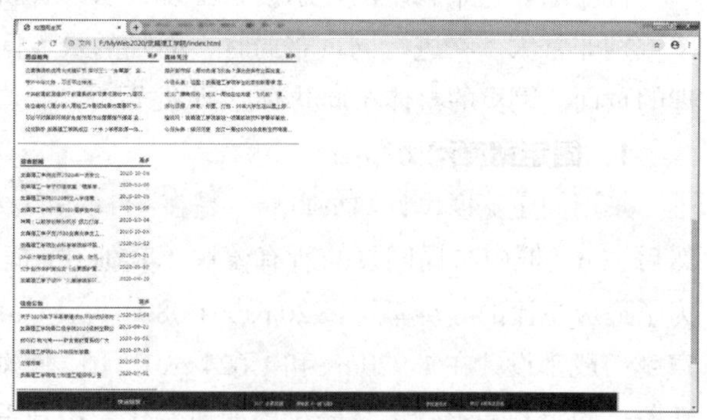

图 4-5　网页浏览效果（下）

（6）定位元素框。

① 定位每个 <div> 框。对 <div id="main"></div> 框设置宽度为 935 px，设置居中属性：

```
margin-top: 0;
margin-right: auto;
margin-bottom: 0;
margin-left: auto;
```

对 <aside>…</aside> 设置左浮动属性 float: left;，对 <article>…</article> 也设置左浮动属性 float: left;。对模块 5 和 6 定位，采用浮动法，可以使模块布局到正确位置。

② <footer> 框的定位。当所有 <div> 框正确到位后，<footer> 框自然会正确到位。如果在分辨率更大的屏幕浏览，或者在浏览器缩放处于缩小状态时，有可能会出现 <footer> 框跑到模块 6 的右边显示，这时需要在 <footer>…</footer> 前面添加上一对 <div id="clears" clear = "both"></div> 标签，并在其中设置属性 clear="both"，清除上面 <aside>…</aside> 设置浮动的影响。

（7）测试、修改和发布网页。

设计总结

① 在本案例网页的设计过程中，虽然 5 个模块可以用 5 个 <div> 框完成设计，但为了更好地布局，通常是需要增加一些 <div> 框作为布局容器进行嵌套、容纳某些模块的。

② <div> 标签是 HTML 中用于布局设计的通用容器，除此之外，很多其他标签元素（如 <p>、<header>、<section>、<article>、<aside> 和 <footer> 等）都可以当作布局的容器使用。

③ 页面模块的划分并不是唯一的，网页设计者可以自己确定。

④ 从代码设计的角度来看，网页是由大大小小的代码块构成的。对网页进行布局设计，就是使用大大小小的 <div> 框将这些代码块分割开来，形成并列的、嵌套的层次结构，并为这些 <div> 框编写 CSS 样式，控制 <div> 框在页面中的布局（显示）位置、设置嵌套在 <div> 框中子元素的统一样式。

⑤ 在为客户设计网页时，客户会提供页面的效果图，此时可以采用本案例的方法进行总体布局设计，在不同的分辨率下测试正确后即可进行详细的代码设计。

4.1.2 网页总体布局方法

目前随着越来越多的显示设备出现，从计算机显示器到平板电脑再到智能手机，显示屏幕的分辨率差别非常大。在进行网页布局时，面临的最大问题就是要针对不同的显示器尺寸和分辨率设计出合理的页面。网页的整体布局共有三种方式。

1. 固定宽度网页布局

采用固定宽度设计网页布局，是在 <body>…</body> 中首先设置一个固定宽度的 div 框（外框），然后在 div 框中布局网页的所有模块（其他 div 框或 header 框、article 框、footer 框等元素框）。一般为了适应主流的分辨率（1 920 px × 1 080 px、1 024 px × 768 px，早期为 800 px × 600 px），网页的固定宽度一般都设计在 1 920 px 和 1 024 px 以下，使浏览器在最大窗口状态下浏览网页时不出现水平的滚动条。固定布局不管屏幕分辨率如何变化，用户看到的都是固定宽度的内容。但如果浏览器窗口的水平宽度小于网页的固定宽度，则会出现滚动条。它的好处是能如同平面媒体一样，版面上所有区域的大小都能维持不变，让用户的操作习惯不会受到屏幕分辨率大小不同的影响。

采用固定宽度网页布局的优点是：

① 设计师所设计的网页界面就是用户最终所能看到的效果。

② 设计更加简单，并且更加容易定制。

③ 在所有浏览器中宽度一样，所以不会受到图片、表单、视频和其他固定宽度内容的影响。

④ 不需要 min-width、max-width 等属性，因为有些浏览器并不支持这些属性。

⑤ 即使需要兼容 800 px × 600 px 或更小的分辨率，网页的主体内容仍然有足够的宽度易于阅读。

采用固定宽度网页布局的缺点是：

① 对于使用高分辨率的用户，固定宽度布局会在左右留下很大的空白。

② 屏幕分辨率过小时会出现横向滚动条。

③ 当使用固定宽度布局时，应该确保外层的 div 框在屏幕中居中（margin:0 auto）以保持一种显示平衡，否则对于使用大分辨率的用户，整个页面会被偏置到左边或右边去。

2. 流式网页布局

流式布局又称液态布局。通常采用相对于显示屏幕分辨率大小百分比的方式自适应不同的分辨率。它不会像固定宽度布局一样出现左右两侧空白或出现水平滚动条，它可以根据浏览器的宽度和屏幕的大小自动调整效果，灵活多变。

在流式布局的网页中，设置宽度尺寸使用百分数（搭配 min-*、max-* 属性使用）。例如，设置网页主体的宽度为 80%，min-width 为 960 px，图片也作类似处理（width:100%， max-width 一般设定为图片本身的尺寸，防止被拉伸而失真）。这种布局方式适用于屏幕尺度跨度不是太大的情况下，主要用来应对不同尺寸的 PC 屏幕。

流式网页布局的优点是：

① 对用户更加友好，因为它能够部分自适应用户的显示屏幕。

② 页面周围的空白区域在所有分辨率和浏览器下都是相同的，在视觉上更美观。

③ 流动布局可以避免在小分辨率下出现水平滚动条。

流式网页布局的缺点是：

① 设计者需要在不同的分辨率下进行测试，才能够看到最终的设计效果。

② 不同分辨率下图像或者视频可能需要准备不同的对应的素材。

③ 在屏幕分辨率跨度特别大时，内容会过大或者过小，变得难以阅读。

3. 响应式网页布局

由于固定宽度网页布局和流式网页布局都具有一定的缺点，因此随着 CSS3 出现媒体查询技术，又发展出了响应式网页布局设计的概念。响应式设计的目标是确保一个页面在所有终端上（各种尺寸的 PC、手机、平板电脑等的 Web 浏览器）都能显示出令人满意的效果。对 CSS 编写者而言，虽然在实现上不拘泥于具体手法，但是通常是糅合了流式布局，再搭配媒体查询技术使用。它能够帮助网页根据不同的设备平台（跨度大的屏幕分辨率大小）对内容、媒体文件和布局结构进行相应的调整与优化，从而使网站在各种环境下都能为用户提供一种最优且相对统一的体验模式。

响应式布局的关键技术是 CSS3 中的媒体查询，可以在不同分辨率下对元素重新设置样式（不只是尺寸），在不同屏幕下可以显示不同版式，一般来说响应式布局配合流式布局效果更好。

4.1.3 网页总体布局设计

网页页面一般由页面顶部、页面正文、页面底部三部分组成。在网站中，页面顶部和页面底部一般是相同的，形成统一的头部和底部风格。所以网页页面的设计一般是对页面正文进行布局，而页面正文的布局设计千差万别，但基本结构还是相同的。图 4–6 示意了一个网页页面的布局情况。

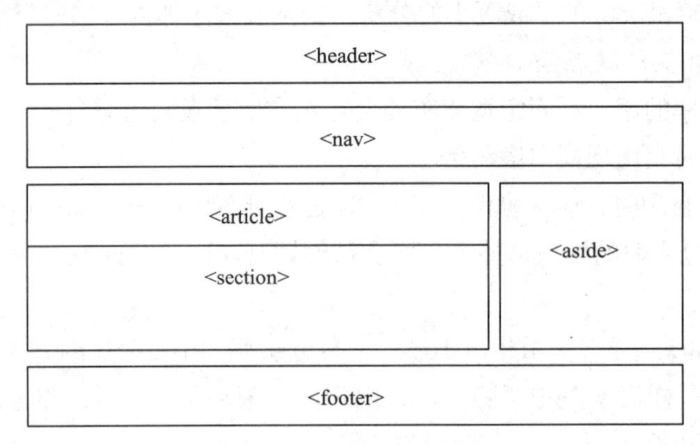

图 4–6　页面布局示意图

在图 4–6 中，<header> 表示网页的顶部（页眉、页头），<footer> 表示网页的底部（页脚），中间的正文部分则由左右两个垂直划分的部分组成，而左边部分又细分为 <article> 和 <section> 两个水平部分，<aside> 则为中间正文右边侧栏。总之，中间的正文部分会进行水平分割或垂直分割，划分为许多小模块。

表 4–1 给出了 HTML 5 语义元素的含义。

表 4–1　HTML 5 语义元素的含义

标　签	含　义
header	定义文档或节的页眉
nav	定义导航链接的容器
section	定义文档中的节（可以有页眉和页脚）
article	定义独立的自包含文章
aside	定义内容之外的内容（如侧栏）
footer	定义文档或节的页脚
details	定义额外的细节
summary	定义 details 元素的标题

【例 4–1】 应用 <header>、<nav>、<section> 以及 <footer> 标签创建一个多列布局的网页。

操作过程

① 打开 DW CS6，创建站点，新建一个 HTML 5 文档，保存为“4–1_ 一个简单的多列布局的网页 .html”。

② 在 <body>…</body> 中设计页面的布局元素。首先插入一对 <header>…</header> 标签，作为页面的头部，水平宽度默认；其次插入一对 <nav>…</nav> 标签，作为页面的导航栏目，设置宽度 100 px，靠左浮动对齐；然后插入一对 <section>…</section> 标签，作为页面正文的核心模块，设置宽度 350 px，靠左浮动对齐；最后插入一对 <footer>…</footer> 标签，作为页面的底部。

③ 输入网页文本内容。在各对标签中，输入相应的文本内容，完成网页的设计。

④ 测试、修改和发布网页。

网页的具体代码如下：

```
行号     代码：4-1_一个简单的多列布局的网页.html
 1       <!DOCTYPE html>
 2       <html>
 3       <head>
 4       <style>
 5       header {
 6           background-color:#A00;
 7           color:white;
 8           text-align:center;
 9           padding:5px;
10       }
11       nav {
12           line-height:30px;
13           background-color:#E00;
14           height:300px;
15           width:100px;
16           float:left;
17           padding:5px;
18       }
19       section {
20           width:350px;
21           float:left;
22           padding:10px;
23       }
24       footer {
25           background-color:#B00;
26           color:white;
27           clear:both;
28           text-align:center;
29           padding:5px;
30       }
31       </style>
32       </head>
33       <body>
34       <header>
35       <h1>City Gallery</h1>
36       </header>
37       <nav>
38          London<br>
39          Paris<br>
```

```
40          Tokyo<br>
41       </nav>
42       <section>
43          <h1>London</h1>
44          <p>
45             London is the capital city of England. It is the most populous city in
               the United Kingdom, with a
46             metropolitan area of over 13 million inhabitants.
47          </p>
48          <p>
49             Standing on the River Thames, London has been a major settlement for
               two millennia, its history
50             going back to its founding by the Romans, who named it Londinium.
51          </p>
52       </section>
53       <footer>
54       Copyright W3Schools.com
55       </footer>
56       </body>
57       </html>
```

网页的运行结果如图 4-7 所示，<nav>…</nav> 和 <section>…</section> 构成网页页面的正文模块。

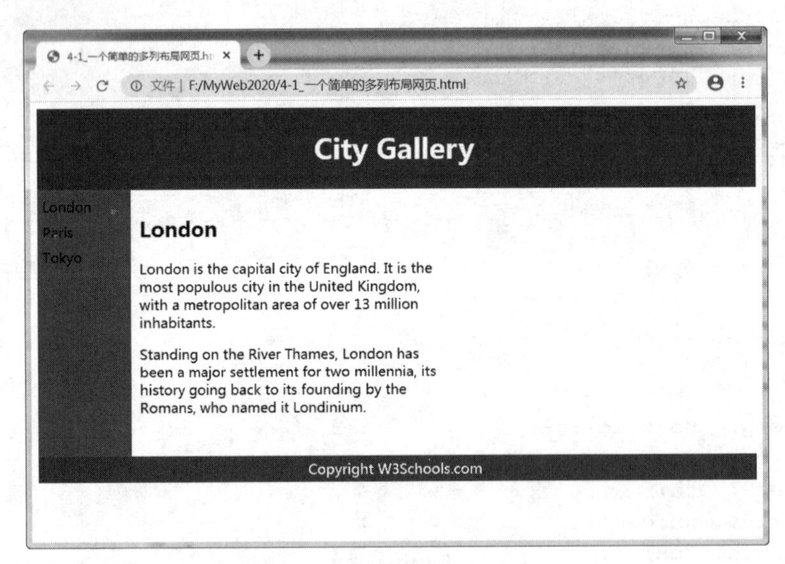

图 4-7　页面布局示意图

4.2　元素框的定位

DIV+CSS 网页布局技术是实现页面表现和内容相分离的核心技术。DIV+CSS 布局方法的核心技术就是将页面看成是由很多矩形 div 框（盒子）所组成，通过 CSS 定义 div 框的样式，将这些 div 框合理布置在网页中，并显示出其中的内容。div 框之间可以是并列关系，也可以是嵌套关系。

4.2.1 绝对定位

绝对定位是定义 HTML 元素在页面中的位置（坐标），可以是在网页（<body> 框）中的绝对位置，也可以是相对其父元素的绝对位置。

HTML 元素绝对定位的属性设置是：

```
position: absolute;
```

绝对定位可以使该元素脱离普通流的布局（其位置由后面的元素补上），独立地在页面的指定位置上显示。

延伸阅读

① CSS 提供了三种定位机制：普通流、定位（position）和浮动（float）。

② 页面是由页面流构成的。一般情况下，HTML 元素在页面流中的位置是由该元素在 HTML/XHTML 文档中的位置或者在代码中的位置决定的；块级元素从上向下排列（每个块元素单独成行），而内联元素将从左向右排列；元素在页面中的位置会随外层容器的改变而改变。

【例 4-2】 在网页中设计一个布局的 div 框，然后插入 5 个有图片的 div 框，对它们进行绝对定位，观察网页的渲染效果。

操作过程

① 打开 DW CS6，创建站点，新建一个 HTML 5 文档，保存为“4-2_5 个 div 框的绝对定位 .html”。

② 在代码窗口中，在 <body>…</body> 中插入 <div id="B00"></div> 框，作为页面的整体布局，设置绝对定位 position: absolute; width: 50%; left: 25%;，该页面在浏览器窗口中居中显示，宽度为窗口的一半。

③ 依次在 <div id="B00"></div> 中插入 5 个 <div>…</div> 框，id 分别命名为 B01 ~ B05，都设置为绝对定位 position: absolute;，插入图片，保存文件，浏览效果，发现 5 个图片都重叠在一起了。根据图片的宽度，给 5 个 <div> 框设置不同的、合适的 left 值，top 值统一设置为 0，图片就在一行分开显示了。

④ 测试、修改和发布网页。

网页的具体代码如下：

```
行号     代码：4-2_5个div框的绝对定位.html
 1      <!doctype html>
 2      <html>
 3      <head>
 4      <meta charset="utf-8">
 5      <title>五个内嵌div的定位全部绝对</title>
 6      <style type="text/css">
 7      #B00 {
 8         width: 50%;
 9         border: 1px solid #FF0000;
10         position: absolute;
11         height: 50%;
12         left: 25%;
13      }
```

```
14      #B01 {
15          border: 1px solid #FF0000;
16          position: absolute;
17          left: 0px;
18          top: 0px;
19      }
20      #B02 {
21          border: 1px solid #FF0000;
22          position: absolute;
23          left: 150px;
24          top: 0px;
25      }
26      #B03 {
27          border: 1px solid #0000FF;
28          position: absolute;
29          left: 300px;
30          top: 0px;
31      }
32      #B04 {
33          border: 1px solid #FFFF00;
34          position: absolute;
35          left: 450px;
36          top: 0px;
37      }
38      #B05 {
39          border: 1px solid #FF00FF;
40          position: absolute;
41          left: 600px;
42          top: 0px;
43      }
44      </style>
45      </head>
46      <body>
47      <div id="B00">
48          <div id="B01"><img src="imgs/078230-01.jpg" width="127" height="180"
        alt=""/></div>
49          <div id="B02"><img src="imgs/074888-01.jpg" width="128" height="180"
        alt=""/></div>
50          <div id="B03"><img src="imgs/077151-01.jpg" width="127" height="180"
        alt=""/></div>
51          <div id="B04"><img src="imgs/059354-01.jpg" width="127" height="180"
        alt=""/></div>
52          <div id="B05"><img src="imgs/072282-01.jpg" width="127" height="180"
        alt=""/></div>
53      </div>
54      </body>
55      </html>
```

网页的运行结果如图 4-8 和图 4-9 所示。从图中可以看出，在布局 <div id="B00"> 框设置相对宽度时，分辨率改变时，页面的布局宽度也会改变，虽然 5 个 div 框相对 <div id="B00"> 框的结构尺寸保持不变，但后面的 div 框跑到布局框的外面去了，它可能与布局框中其他元素框的布局效果不一致，达不到整齐美观的目的。即使布局框采用绝对宽度值，它里面的 div 框也有可能跑到框外。采用绝对定位，必须要设置不同的、合适的 left 值，以保证 div 框不重叠。

图 4-8　浏览器窗口较大时的效果

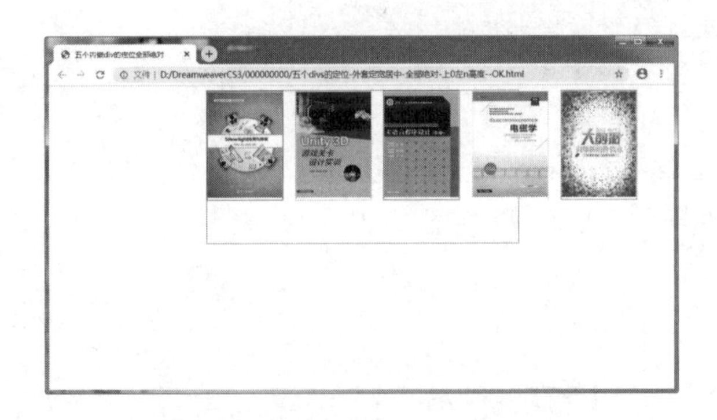

图 4-9　浏览器窗口较小时的效果

小提示：①当 position 的属性值为 relative、absolute 或 fixed 时，可以使用元素的偏移属性 left、top、right 和 bottom 进行具体（准确）定位；②当 position 属性为 static 时，会忽略 left、top、right、bottom 和 z-index 等相关属性的设置。

4.2.2　相对定位

相对定位是定义 HTML 元素在页面中的位置（坐标），可以是在网页（<body> 框）中的相对位置，也可以是相对其父元素的相对位置。

HTML 元素相对定位的属性设置是：

```
position: relative;
```

相对定位可以使该元素离开其在普通流中的原始位置，在页面的指定位置（相对原始位置）上显示。

【例 4-3】 在网页中设计一个布局的 div 框，然后插入 5 个有图片的 div 框，对它们进行相对定位，观察网页的渲染效果。

操作过程

① 打开 DW CS6，创建站点，新建一个 HTML 5 文档，保存为“4-3_5 个 div 框的相对定位 .html”。

② 在代码窗口中，在 <body>…</body> 中插入 <div id="B00"></div> 框，作为页面的整体布局，设置绝对定位 position: absolute; width: 50%; left: 25%;，该页面在浏览器窗口中居中显示，宽度为窗口的一半。

③ 依次在 <div id="B00"></div> 中插入 5 个 <div>…</div> 框，id 分别命名为 B01 ~ B05，都设置为相对定位 position: relative;，插入图片，保存文件，浏览效果，发现 5 个图片都按照正常文档流的次序、分 5 行显示。根据图片的宽度，给 5 个 <div> 框设置不同的、合适的 left 值，top 值统一设置为 0，图片就在 5 行错开显示了。

④ 测试、修改和发布网页。

网页的具体代码如下：

```
行号    代码：4-3_5个div框的相对定位.html
 1      <!doctype html>
 2      <html>
 3      <head>
 4      <meta charset="utf-8">
 5      <title>五个内嵌div的定位全部相对上0左n</title>
 6      <style type="text/css">
 7      #B00 {
 8         width: 50%;
 9         border: 1px solid #FF0000;
10         position: absolute;
11         height: auto;
12         left: 25%;
13      }
14      #B01 {
15         border: 1px solid #FF0000;
16         position: relative;
17         left: 0px;
18         top: 0px;
19      }
20      #B02 {
21         border: 1px solid #00FF00;
22         position: relative;
23         left: 150px;
24         top: 0px;
25      }
26      #B03 {
27         0border: 1px solid #0000FF;
28         position: relative;
29         left: 300px;
30         top: 0px;
31      }
32      #B04 {
33         border: 1px solid #FFFF00;
34         position: relative;
35         left: 450px;
36         top: 0px;
```

```
37      }
38      #B05 {
39         border: 1px solid #FF00FF;
40         position: relative;
41         left: 600px;
42         top: 0px;
43      }
44      </style>
45      </head>
46      <body>
47      <div id="B00">
48         <div id="B01"><img src="imgs/078230-01.jpg" width="127" height="180"
        alt=""/></div>
49         <div id="B02"><img src="imgs/074888-01.jpg" width="128" height="180"
        alt=""/></div>
50         <div id="B03"><img src="imgs/077151-01.jpg" width="127" height="180"
        alt=""/></div>
51         <div id="B04"><img src="imgs/059354-01.jpg" width="127" height="180"
        alt=""/></div>
52         <div id="B05"><img src="imgs/072282-01.jpg" width="127" height="180"
        alt=""/></div>
53      </div>
54      </body>
55      </html>
```

网页的运行结果如图 4-10 和图 4-11 所示。从图中可以看出，在布局 <div id="B00"> 框设置相对宽度时，分辨率改变时，页面的布局宽度也会改变，虽然 5 个 div 框相对 <div id="B00"> 框的结构尺寸保持不变，但后面的 div 框跑到布局框的外面去了，它可能与布局框中其他元素框的布局效果不一致，达不到整齐美观的目的。即使布局框采用绝对宽度值，它里面的 div 框也有可能跑到框外。此外，采用相对定位，必须要设置不同的 top 值（含负值），才能保证 5 个 div 框排成一行。

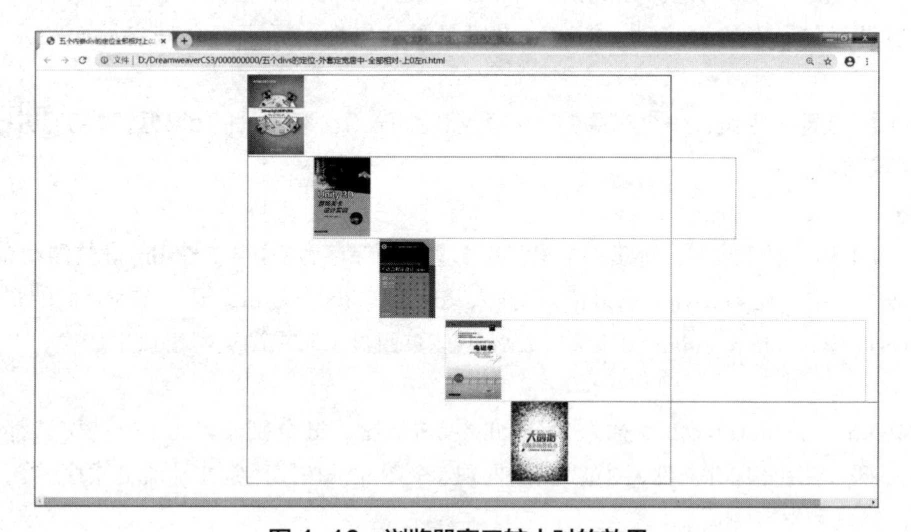

图 4-10　浏览器窗口较大时的效果

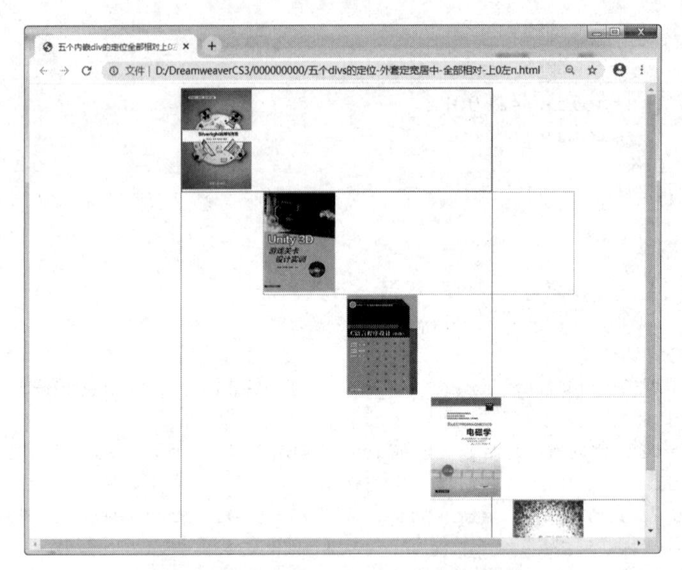

图 4-11　浏览器窗口较小时的效果

4.2.3　浮动布局

前面的绝对定位和相对定位，都必须根据元素框的实际尺寸，通过计算给每个元素设置合适的 left 值和 top 值，才能使它们排成一行，或者布局到指定的位置。此外还必须考虑元素排列到布局框的最右边时与右边界重合的情况，既不能超出右边界，也不能与右边界有太大的间隙或不同的间隙，十分不方便。采用浮动布局可以较好地解决该问题。

HTML 元素浮动布局的属性设置如下：

```
float: left | right |none;
```

浮动布局可以使该元素的边界碰到前一个元素的边界，排在一行内。如果一行排不下就换行排列，并且其边界与父元素边界接触。同时，设置了浮动属性的元素，允许它后面的元素接触到其边界。

【例 4-4】 在网页中设计一个布局的 div 框，然后插入 5 个有图片的 div 框，对它们进行浮动布局，观察网页的渲染效果。

操作过程

① 打开 DW CS6，创建站点，新建一个 HTML 5 文档，保存为“4-4_5 个 div 框的浮动布局 .html”。

② 在代码窗口中，在 <body>…</body> 中插入 <div id="B00"></div> 框，作为页面的整体布局，设置绝对定位 position: absolute; width: 50%; left: 25%;，该页面显示时在浏览器窗口中居中，宽度为窗口的一半。

③ 依次在 <div id="B00"></div> 插入 5 个 <div></div> 框，id 分别命名为 B01~B05，都设置为浮动布局 float: left;，插入图片，保存文件，浏览效果，发现 5 个图片都按照正常文档流的次序、在一行内显示。

④ 测试、修改和发布网页。

网页的具体代码如下：

```
行号    代码：4-4_5个div框的浮动布局.html
 1      <!doctype html>
 2      <html>
 3      <head>
 4      <meta charset="utf-8">
 5      <title>五个内嵌div的定位全部相对左浮动全部</title>
 6      <style type="text/css">
 7      #B00 {
 8         width: 50%;
 9         border: 1px solid #FF0000;
10         position: absolute;
11         height: auto;
12         left: 25%;
13      }
14      #B01 {
15         border: 1px solid #FF0000;
16         float: left;
17      }
18      #B02 {
19         border: 1px solid #00FF00;
20         float: left;
21      }
22      #B03 {
23         border: 1px solid #0000FF;
24         float: left;
25      }
26      #B04 {
27         border: 1px solid #FFFF00;
28         float: left;
29      }
30      #B05 {
31         border: 1px solid #FF00FF;
32         float: left;
33      }
34      </style>
35      </head>
36      <body>
37      <div id="B00">
38         <div id="B01"><img src="imgs/078230-01.jpg" width="127" height="180"
        alt=""/></div>
39         <div id="B02"><img src="imgs/074888-01.jpg" width="128" height="180"
        alt=""/></div>
40         <div id="B03"><img src="imgs/077151-01.jpg" width="127" height="180"
        alt=""/></div>
41         <div id="B04"><img src="imgs/059354-01.jpg" width="127" height="180"
        alt=""/></div>
42         <div id="B05"><img src="imgs/072282-01.jpg" width="127" height="180"
        alt=""/></div>
43      </div>
44      </body>
45      </html>
```

网页的运行效果如图 4-12 和图 4-13 所示。从图中可以看出，在布局 <div id="B00"> 框设置相对宽度，当分辨率改变时，页面的布局宽度也会改变。5 个 div 框在 <div id="B00"> 框中一个接一个紧挨着，不留间隙，最后一个 div 框不会跑到布局框的外面去，剩余的空间不够，就换行排列。在布局框采用绝对宽度值，也是这样的布局规律。采用浮动布局，不需要计算 div 框的位置，也不用担心 div 框跑到边界的外面去。因此浮动布局是 CSS 布局排版中非常重要的技术手段之一。

图 4-12　浏览器窗口较大时的效果

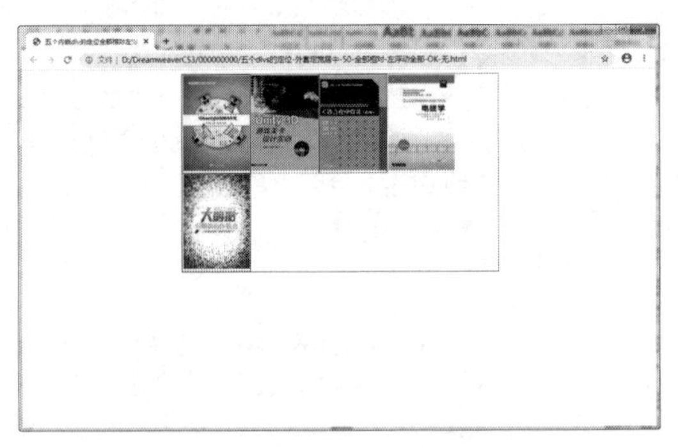

图 4-13　浏览器窗口较小时的效果

4.2.4　div+CSS 布局定位

网页的布局设计，一般是靠 div+CSS 方式实现的。

① 在设计中将一个页面划分为几个独立的部分（网页分块），包括头部、菜单、内容、底部等，每个部分用一个 div 框来表示。随着 HTML 5 中出现语义标签，可以尽量减少 div 的使用次数，应用这些语义标签可以使页面代码可读性增强。但是 W3C 定义的这些语义标签，不可能完全符合用户的设计目标，这些语义标签不可能对所有设计目标都适用。例如，在 div 框的嵌套中，可能有的 div 框没有合适的语义标签相对应。因此页面布局中有些地方还是要用 div 标签的，因为 div 是没有任何意义的元素，只是一个标签，仅仅是用来构建外观和结构，最适合做容器的标签。不能因为有了 HTML 5 的语义标签就弃用 div 标签。

② CSS 有三种基本的定位机制：普通流、浮动和绝对定位。除非专门指定，默认情况下所有框都在普通流中定位，即普通流中的元素的位置由元素在 HTML 中的位置决定。块级框从上到下一个接一个地排列，框之间的垂直距离通过框的垂直外边距计算。

③ CSS 为定位和浮动提供了一些属性，利用这些属性，可以实现网页的多列布局，甚至可以将布局的一部分与另一部分重叠。

④ 如果想要改变普通流中元素的位置，则需要借助于 CSS 的浮动定位属性或绝对定位属性。

当使用相对定位或绝对定位时，经常会出现元素相互重叠，此时可以使用 z-index 属性设置元素之间的叠放顺序。当元素取值为 auto 或数值（包括正负数）时，数值越大越往上层。

float 属性表示浮动定位属性，用来改变页面内块状元素的显示方式。浮动定位是 CSS 布局排版中非常重要的技术手段之一。浮动的盒子可以左右移动，直到它的边缘碰到包含框或另一个浮动盒子框的边缘。float 浮动定位只能作用于水平方向上的定位，不能在垂直方向上定位。

在页面中，浮动的元素可能会对后面的元素产生一定的影响，当希望消除因为浮动所产生的影响时，可以使用 clear 属性进行清除。语法格式如下：

```
clear: left | right | both | none;
```

在网页中，可以增加一对 <div clear="both"></div> 标签来实现。

4.3　弹性布局设计

2009 年，W3C 提出了一种新的方案——Flex 布局，可以简便、完整、响应式地实现各种页面布局。目前它已经得到了所有浏览器的支持。

Flex 是 Flexible Box（弹性布局）的缩写，用来为 CSS 框模型布局提供最大的灵活性。当页面需要适应不同的屏幕大小以及设备类型时，确保元素拥有自适应行为的一种布局方式。引入弹性盒布局模型的目的是提供一种更加有效的方式来对一个容器中的子元素进行排列、对齐和分配空白空间。

弹性盒布局方式与使用 float 等样式属性进行的布局方式的一个主要区别是，当使用 float 等样式属性时，需要对容器中每一个元素指定样式属性，而当使用弹性盒布局时，只需对容器元素指定样式属性。

4.3.1　Flex 容器

采用 Flex 布局的元素称为 Flex 容器（flex container），简称“容器”。它的所有子元素自动成为容器成员，称为 flex 项目（flex item），简称“项目”。

容器默认存在两根轴：水平的主轴（main axis）和垂直的交叉轴（cross axis）。主轴的开始位置（与边框的交叉点）称为 main start，结束位置称为 main end；交叉轴的开始位置称为 cross start，结束位置称为 cross end，如图 4-14 所示。

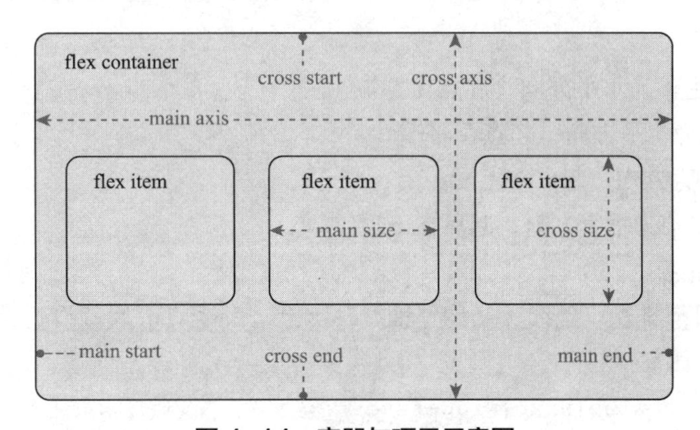

图 4-14　容器与项目示意图

项目默认沿主轴排列。单个项目占据的主轴空间称为 main size，占据的交叉轴空间称为 cross size。

任何一个容器都可以指定为 Flex 布局，语法格式如下：

```
.box{ display: flex; }
```

行内元素也可以使用 Flex 布局，语法格式如下：

```
.box{ display: inline-flex; }
```

Webkit 内核的浏览器，必须加上 -webkit 前缀，语法格式如下：

```
.box{ display: -webkit-flex; /* Safari */ display: flex; }
```

元素设为 Flex 布局以后，其子元素的 float、clear 和 vertical-align 属性将失效。

4.3.2 容器的属性

容器有 6 个属性，即 flex-direction、flex-wrap、flex-flow、justify-content、align-items、align-content，它们设置在容器上，具体描述如表 4-2 所示。

表 4-2 容器的属性及其描述

属性	描述
flex-direction	在弹性容器中设置，指定了弹性容器中子元素的排列方式
flex-wrap	在弹性容器中设置，设置弹性容器的子元素超出父容器时是否换行
flex-flow	在弹性容器中设置，flex-direction 和 flex-wrap 的简写
justify-content	在弹性容器中设置，定义弹性容器的子元素在主轴（横轴）方向上的对齐方式
align-items	在弹性容器中设置，定义弹性容器的子元素在侧轴（纵轴）方向上的对齐方式
align-content	在弹性容器中设置，用于进一步修改 flex-wrap 属性的行为。类似于 align-items，但它不是设置弹性子元素的对齐，而是设置各个行的对齐。

1. flex-direction 属性

flex-direction 属性决定主轴的方向（即项目的排列方向），语法格式如下：

```
.box{ flex-direction: row|row-reverse|column|column-reverse; }
```

该属性有 4 个取值。

row（默认值）：主轴为水平方向，起点在左端。

row-reverse：主轴为水平方向，起点在右端。

column：主轴为垂直方向，起点在上沿。

column-reverse：主轴为垂直方向，起点在下沿。

2. flex-wrap 属性

默认情况下，项目都排在一条线（又称“轴线”）上。flex-wrap 属性设置，如果一条轴线排不下时如何换行。语法格式如下：

```
.box{ flex-wrap: nowrap|wrap|wrap-reverse; }
```

该属性有 3 个取值。

- nowrap（默认）：不换行。
- wrap：换行，第一行在上方。
- wrap-reverse：换行，第一行在下方。

图 4-15 所示为设置 flex-wrap: wrap 后，项目主轴总尺寸超出容器时换行，第一行在上方。

图 4-16 所示为设置 flex-wrap: wrap-reverse 后，项目主轴总尺寸超出容器时换行，第一行在下方。

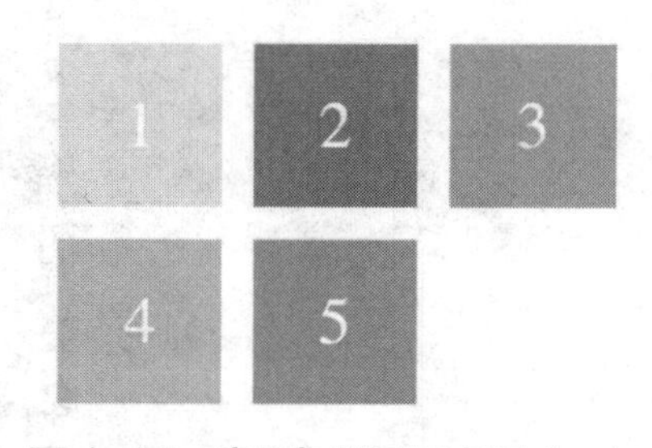

图 4-15　容器与项目示意图（一）

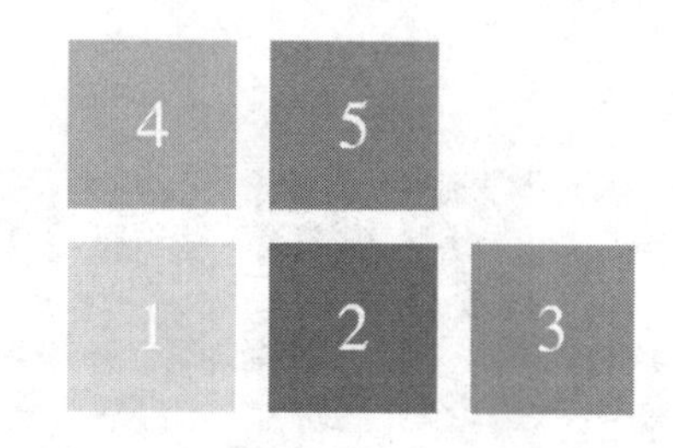

图 4-16　容器与项目示意图（二）

3. flex-flow 属性

flex-flow 属性是 flex-direction 属性和 flex-wrap 属性的简写形式。语法格式如下：

```
.box{ flex-flow: <flex-direction> || <flex-wrap>; }
```

默认值为 : row nowrap，表示将 flex-direction 属性和 flex-wrap 属性写在一起。

4. justify-content 属性

justify-content 属性定义了项目在主轴上的对齐方式。语法格式如下：

```
.box{ justify-content: flex-start|flex-end|center|space-between|space-around; }
```

该属性有 5 个取值，具体对齐方式与轴的方向有关，下面假设主轴为从左到右。

- flex-start（默认值）：左对齐。
- flex-end：右对齐。
- center：居中。
- space-between：两端对齐，项目之间的间隔都相等。
- space-around：每个项目两侧的间隔相等。故项目之间的间隔比项目与边框的间隔大一倍。

5. align-items 属性

align-items 属性定义项目在交叉轴上如何对齐。语法格式如下：

```
.box{ align-items: flex-start|flex-end|center|baseline|stretch; }
```

该属性有 5 个取值。具体的对齐方式与交叉轴的方向有关，下面假设交叉轴从上到下。

- stretch（默认值）：如果项目未设置高度或设置为 auto，将占满整个容器的高度。
- flex-start：交叉轴的起点对齐。
- flex-end：交叉轴的终点对齐。
- center：交叉轴的中点对齐。
- baseline: 项目第一行文字的基线对齐。

默认值为 stretch，即如果项目未设置高度或者设置为 auto，将占满整个容器的高度。

假设容器高度设置为 100 px，而项目都没有设置高度的情况下，则项目的高度也为 100 px。图 4-17 所示为设置 align-items: flex-start 时交叉轴的起点对齐方式。

假设容器高度设置为 100 px，而项目分别为 20 px、40 px、60 px、80 px、100 px，图 4-18 所示为设置 align-items: flex-start 时交叉轴的起点对齐方式。

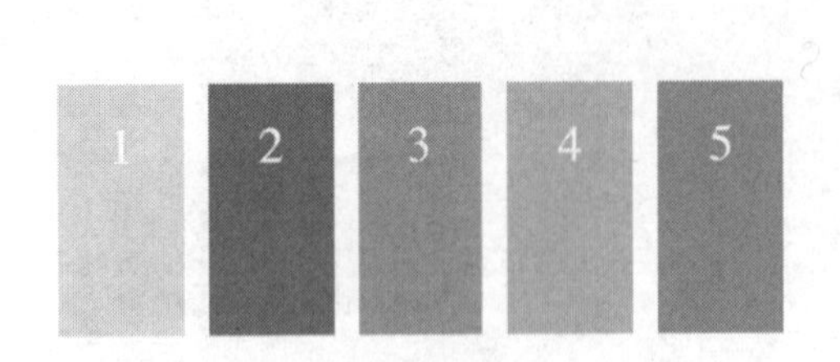

图 4-17　容器与项目示意图（三）

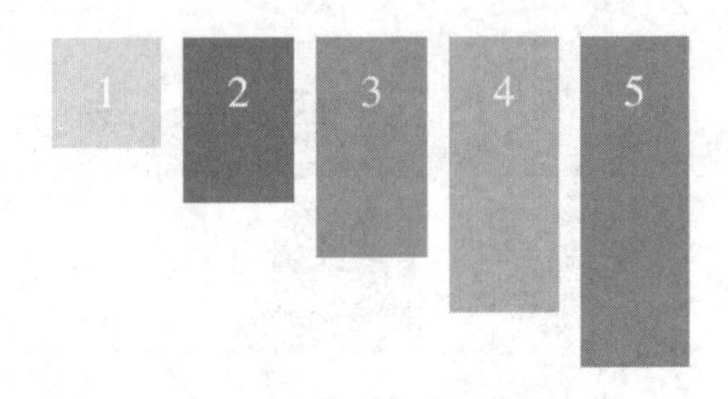

图 4-18　容器与项目示意图（四）

图 4-19 所示为设置 align-items: flex-end 时交叉轴的起点对齐方式。

图 4-20 所示为设置 align-items: center 时交叉轴的起点对齐方式。

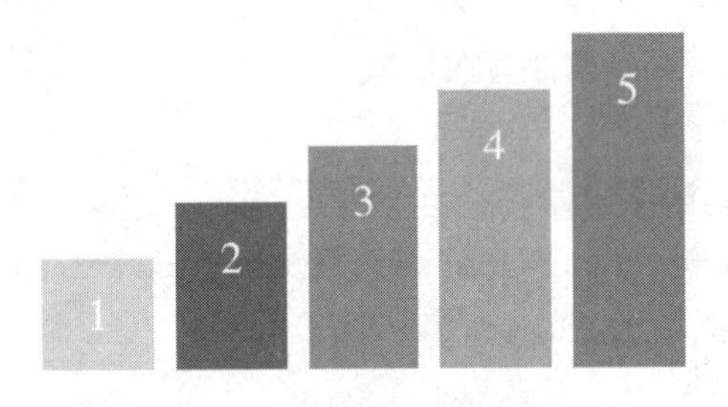

图 4-19　容器与项目示意图（五）

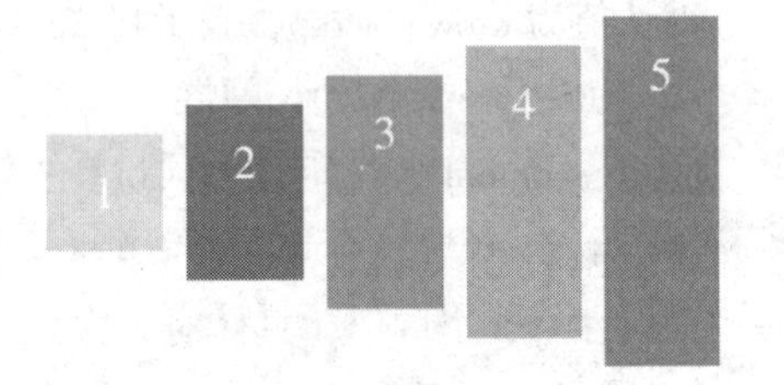

图 4-20　容器与项目示意图（六）

图 4-21 所示为设置 align-items: baseline 时交叉轴的起点对齐方式。项目的第一行文字的基线对齐。

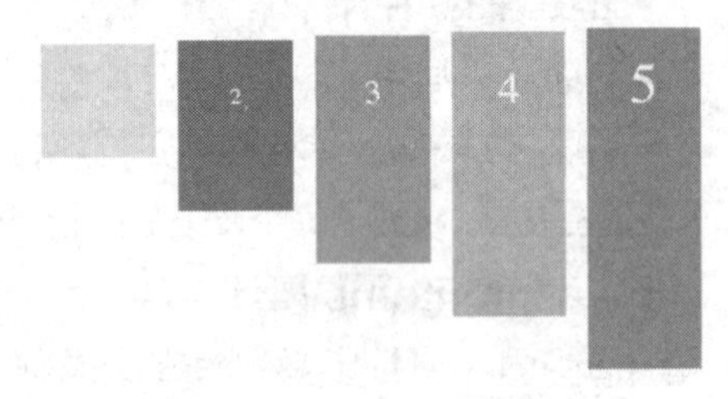

图 4-21　容器与项目示意图（七）

6. align-content 属性

align-content 属性定义了多根轴线在交叉轴方向上的对齐方式。如果项目只有一根轴线，该属性不起作用。语法格式如下：

```
.box{ align-content: flex-start|flex-end|center|space-between|space-around|stretch; }
```

该属性有 6 个取值。

- stretch（默认值）：轴线占满整个交叉轴。
- flex-start：与交叉轴的起点对齐。
- flex-end：与交叉轴的终点对齐。
- center：与交叉轴的中点对齐。
- space-between：与交叉轴两端对齐，轴线之间的间隔平均分布。
- space-around：每根轴线两侧的间隔都相等。故轴线之间的间隔比轴线与边框的间隔大一倍。
- align-content 属性不太好理解，具体举例说明如下。

假设主轴为水平方向，即 flex-direction: row，flex-wrap: wrap，当 flex-wrap 设置为 nowrap 时，容器仅存在一根水平轴线，因为项目不会换行，就不会产生多条轴线。当 flex-wrap 设置为 wrap 时，容器可能会出现多条水平轴线，这时需要设置多条轴线之间的对齐方式。

默认值为 stretch 时的效果如图 4-22 所示。从图中可以看出，在垂直方向上有三条轴线，当值为

stretch 时三条水平轴线会平分容器垂直方向上的空间。

默认值为 flex-start、flex-end 和 center 时的效果如图 4-23 所示。

默认值为 space-between 和 space-around 时的效果如图 4-24 所示。从图中可以看出，space-between 表示三个水平轴线在垂直方向上两端对齐，它们之间的间隔相等，即剩余空间等分成间隙；space-around 表示每个水平轴线两侧的间隔相等，所以三个水平轴线之间的间隔比上下两个轴水平线到边缘的间隔大一倍。

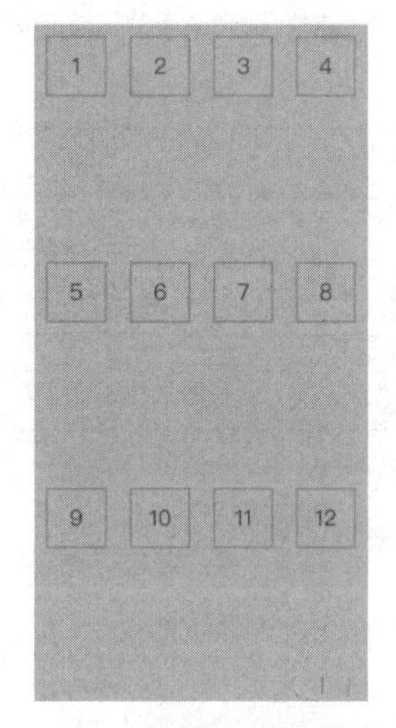

图 4-22　容器与项目示意图（八）

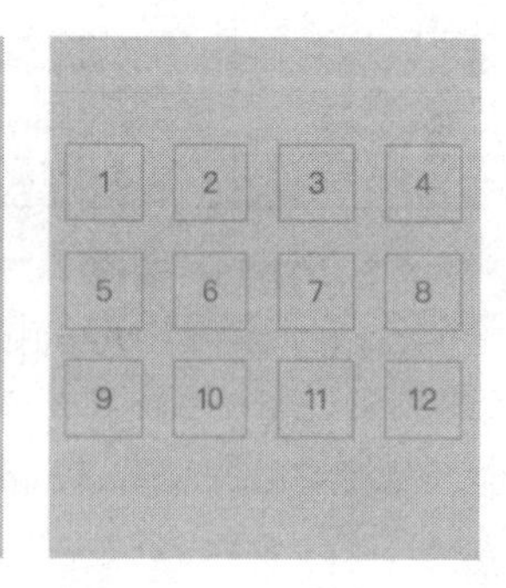

图 4-23　容器与项目示意图（九）

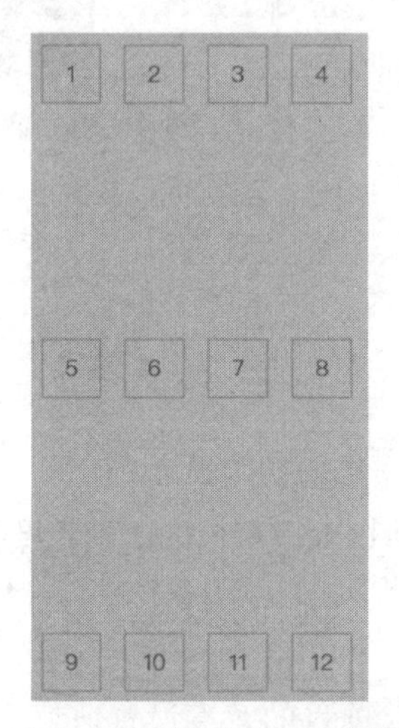

图 4-24　容器与项目示意图（十）

4.3.3　项目的属性

项目有 6 个属性，即 order、flex-basis、flex-grow、flex-shrink、flex、align-self，它们设置在项目上，具体描述如表 4-3 所示。

表 4-3　Flex 项目属性及其描述

属　性	描　述
order	在弹性子元素上使用，定义子元素的排列顺序。默认值是 0
align-self	在弹性子元素上使用，覆盖容器（弹性盒子）设置的 align-items 属性，显示该子元素的 align-self 属性。默认值是 auto
flex	在弹性子元素上使用，用于设置或检索弹性盒子子元素如何分配空间。 flex 属性是 flex-grow、flex-shrink 和 flex-basis 属性的简写属性。默认值是 0 1 auto。 注意：如果元素不是弹性盒子的子元素，则 flex 属性不起作用
flex-grow	在弹性子元素上使用，规定该子元素将相对于其他子元素进行扩展的量，用于设置或检索弹性盒子的扩展比率。默认值是 0。 注意：如果元素不是弹性盒子的子元素，则 flex-grow 属性不起作用
flex-shrink	在弹性子元素上使用，规定该子元素将相对于其他子元素进行收缩的量。默认值是 1。 flex-shrink 属性指定了 flex 元素的收缩规则，弹性子元素仅在默认宽度之和大于容器的时候才会发生收缩，其收缩的大小是依据 flex-shrink 的值。 注意：如果元素不是弹性盒子的子元素，则 flex-shrink 属性不起作用
flex-basis	在弹性子元素上使用，规定子元素的初始长度，用长度单位或者百分比表示，用于设置或检索弹性盒伸缩基准值。默认值是 auto。 注意：如果元素不是弹性盒子的子元素，则 flex-basis 属性不起作用

1. order 属性

order 属性定义项目在容器中的排列顺序，数值越小，排列越靠前。语法格式如下：

```
.item {
    order: <integer>;
}
```

默认值为 0。

在图 4-25 中，在 HTML 结构中，虽然 -2，-1 的 item 排在后面，但是由于分别设置了 order，使之能够排到最前面。

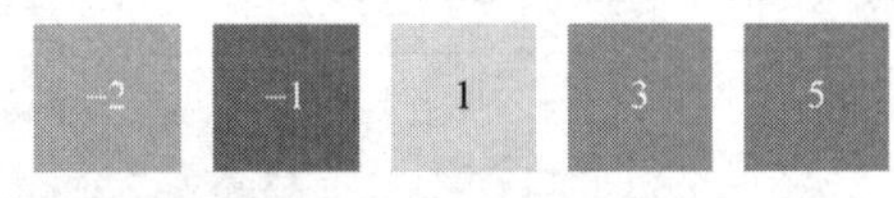

图 4-25　容器与项目示意图（十一）

2. flex-basis 属性

flex-basis 属性定义了在分配多余空间之前，项目占据的主轴空间（main size）。浏览器根据这个属性，计算主轴是否有多余空间。它的语法格式如下：

```
.item {
    flex-basis: number | auto | initial | inherit;
}
```

- number：一个长度单位或者一个百分比，规定项目的初始长度。
- auto：默认值。长度等于项目的长度。如果该项目未指定长度，则长度将根据内容决定。
- initial：设置该属性为它的默认值。
- inherit：从父元素继承该属性。

当主轴为水平方向时，如果设置了 flex-basis 值，项目的宽度设置值就会失效；如果当 flex-basis 值为 0 %，则该项目视为零尺寸。

flex-basis 需要与 flex-grow 和 flex-shrink 配合使用才能发挥效果。

3. flex-grow 属性

flex-grow 属性定义项目的放大比例，语法格式如下：

```
.item {
```

```
    flex-grow: <number>;
}
```

默认值为 0，表示即使容器存在剩余空间，也不将项目放大排列、充满容器。

当所有项目都以 flex-basis 的值进行排列后，如果容器还有剩余空间，那么此时 flex-grow 就会发挥作用了。

如果所有项目的 flex-grow 属性都为 1，则它们将等分剩余空间；如果一个项目的 flex-grow 属性为 2，其他项目都为 1，则前者占据的剩余空间将比其他项目多一倍。

当所有项目都以 flex-basis 值进行排列，如果发现容器空间不够用，并且 flex-wrap 设置为 nowrap 时，此时 flex-grow 不起作用，不能再使用 flex-grow 属性，而需要使用 flex-shrink 属性进行调整布局。

4. flex-shrink 属性

flex-shrink 属性定义了项目的缩小比例，语法格式如下：

```
.item {
    flex-shrink: <number>;
}
```

默认值为 1，表示将项目缩小。负值对该属性无效。

图 4-26 表示容器的宽度为 200 px，其中有 6 个项目，每个项目的宽度为 50 px，当 flex-shrink 设置为 1 时，每个项目都缩小一半，容器就能够容纳下这 6 个项目。

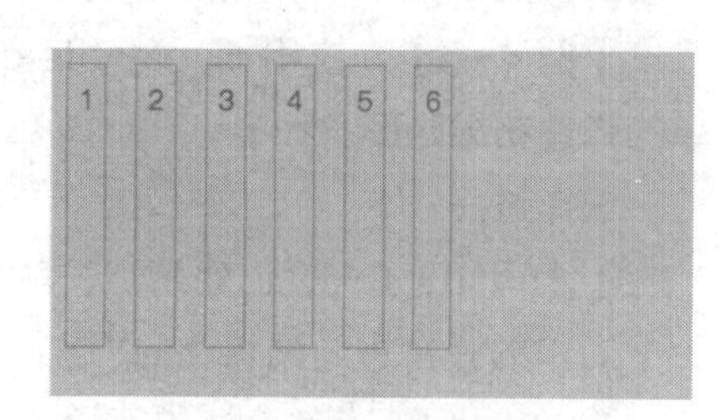

图 4-26　容器与项目示意图（十二）

使用 flex-shrink 属性的规则是：如果所有项目的 flex-shrink 属性都为 1，当容器空间不足时，都将等比例缩小；如果一个项目的 flex-shrink 属性为 0，其他项目都为 1，则容器空间不足时，前者不缩小，后者都缩小。

5. flex 属性

flex 属性是 flex-grow、flex-shrink 和 flex-basis 的简写，语法格式如下：

```
.item{
    flex: none | [ <'flex-grow'> <'flex-shrink'>? || <'flex-basis'> ]
}
```

flex 的默认值是以上三个属性值的组合。假设以上三个属性同样取默认值，则 flex 的默认值是 0 1 auto。其他快捷值为：auto（1 1 auto）和 none（0 0 auto）。

项目的 flex 属性设置比较复杂，其规律总结如下：

（1）容器属性设置为 flex-wrap: wrap | wrap-reverse 的情形

当 flex-wrap 为 wrap | wrap-reverse，且项目宽度之和不及容器宽度时，flex-grow 会起作用，项目会根据 flex-grow 设定的值放大（flex-grow 为 0 的项目不放大）。

当 flex-wrap 为 wrap | wrap-reverse，且项目宽度之和超过容器宽度时，首先一定会换行，换行后每一行的右端都可能会有剩余空间，这时 flex-grow 会起作用，若当前行所有项目的 flex-grow 都为 0，则剩余空间保留，若当前行存在一个项目的 flex-grow 不为 0，则剩余空间会被 flex-grow 不为 0 的项目占据。

（2）容器属性设置为 flex-wrap: nowrap 的情形

当 flex-wrap 为 nowrap，且项目宽度之和不及容器宽度时，flex-grow 会起作用，项目会根据 flex-grow 设定的值放大（flex-grow 为 0 的项目不放大）；

当 flex-wrap 为 nowrap，且项目宽度之和超过容器宽度时，flex-shrink 会起作用，项目会根据 flex-shrink 设定的值进行缩小（flex-shrink 为 0 的项目不缩小）。但这里有一个较为特殊的情况，就是当这一行所有项目的 flex-shrink 都为 0 时，也就是说所有项目都不能缩小，就会出现横向滚动条。

6. align-self 属性

align-self 属性为项目单独设置对齐属性，允许单个项目有与其他项目不一样的对齐方式，即单个项目可以覆盖 align-items 定义的属性，语法格式如下：

```
.item {
   align-self: auto | flex-start | flex-end | center | baseline | stretch;
}
```

默认值为 auto，表示继承父元素的 align-items 属性，如果没有父元素，则等同于 stretch。

align-self 属性和 align-items 属性的区别是，align-self 是对单个项目生效的，而 align-items 则是对容器下的所有项目生效的，如图 4-27 所示。

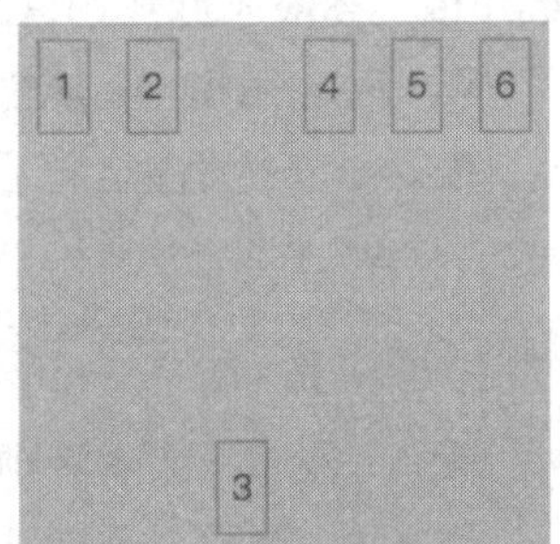

图 4-27　容器与项目示意图（十四）

【例 4-5】　应用 display:flex; 和 flex-shink:1; 等属性设计一个简单的弹性布局网页。

操作过程

① 打开 DW CS6，创建站点，新建一个 HTML 5 文档，保存为“4-5_一个简单的弹性布局网页 .html”。

② 在 <body>…</body> 中插入一对 <div id="container"> </div> 标签作为布局容器，设置其宽度为 width:55%，然后在其中插入 5 对 <div class="item"></div>，最后对中间的 <div> 设置 flex-shink:1; 属性。完成设计后的代码如下：

```
属性    代码：4-5_一个简单的弹性布局网页.html
 1      <!doctype html>
 2      <html>
 3      <head>
 4         <meta charset="UTF-8"/>
 5         <title> </title>
 6         <style>
 7            #container{
 8               width: 55%;
 9               margin: 0px auto;
10               border: solid 1px #000;
11               display: flex;
12               align-items: flex-start;
13            }
14            .item{
15               width: 200px;
16               height: 200px;
17               background-color: antiquewhite;
18               border: solid 1px #F00;
19               margin: 10px;
20               font-size: 50px;
21               text-align: center;
```

```
22              line-height: 200px;
23          }
24          .item1{
25              width: 200px;
26              height: 200px;
27              background-color: antiquewhite;
28              border: solid 1px #F00;
29              margin: 10px;
30              font-size: 50px;
31              text-align: center;
32              line-height: 200px;
33              flex-basis: 1;
34              flex-grow: 2;
35          }
36          .item2{
37              width: 200px;
38              height: 200px;
39              background-color: antiquewhite;
40              border: solid 1px #F00;
41              margin: 10px;
42              font-size: 50px;
43              text-align: center;
44              line-height: 200px;
45              flex-basis: 1;
46              flex-shrink: 0;
47          }
48      </style>
49  </head>
50  <body>
51      <div id="container">
52          <div class="item"> 1 </div>
53          <div class="item1"> 2 </div>
54          <div class="item2"> 3 </div>
55          <div class="item"> 4 </div>
56          <div class="item"> 5 </div>
57      </div>
58  </body>
59  </html>
```

网页在浏览器不同窗口宽度情况下的效果分别如图 4–28 和图 4–29 所示。

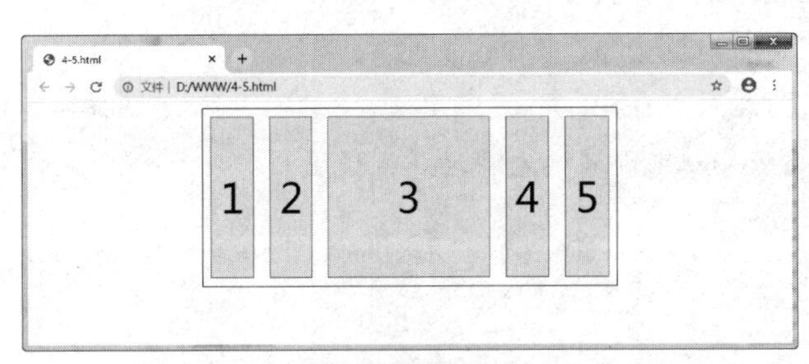

图 4–28　浏览器窗口宽度（高度相同）**较大时的效果**

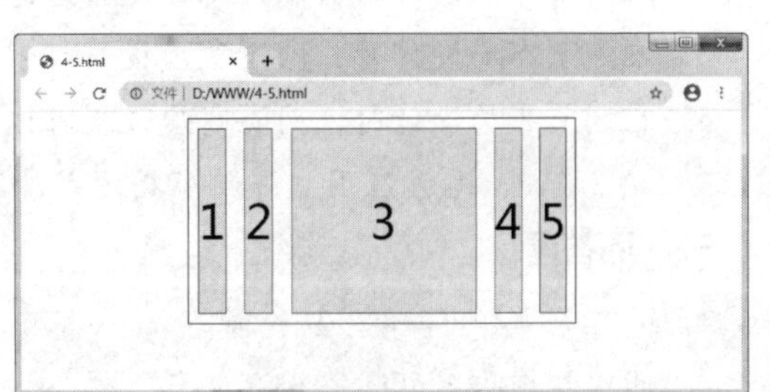

图 4–29　浏览器窗口宽度（高度相同）**较小时的效果**

小　　结

本章主要介绍了固定宽度网页布局、流式网页布局和响应式网页布局几种网页总体布局方法，元素框的绝对定位、相对定位，浮动布局和Flex弹性布局等内容。本章的难点是Flex弹性布局的各种参数设置。需要重点掌握的内容是能够恰当地应用绝对定位、相对定位、浮动布局和Flex弹性布局进行网页的总体布局设计。

习　　题

一、选择题

1. div层溢出属性overflow的属性值要设置为超出范围的内容将被剪裁切掉，应该使用（　　）属性值。

A. visible　　B. hidden　　C. scroll　　D. auto

2. 下列不属于list-style-type属性取值的是（　　）。

A. disc　　B. circle　　C. square　　D. inside

3. 在CSS中，position属性用来控制网页中显示的元素的位置，定位方式有3种，其中(　　)项不是。

A. 绝对定位　　B. 相对定位

C. 动态定位　　D. 静态定位

4. 在CSS中，float属性用来设置元素是否浮动以及浮动位置，（　　）项不是它的可能取值。

A. left　　B. right　　C. none　　D. center

5. 下列（　　）属性表示隐藏元素。

A. display:false;　　B. display:hidden;

C. display:block;　　D. display:none;

6. 以下（　　）元素定位方式将会脱离标准文档流。

A. 绝对定位　　B. 相对定位

C. 浮动定位　　D. 静态定位

二、判断题

1. 如果想控制div的内容溢出并滚动显示，应设置text-overflow: auto。（　　）
2. 在网页布局设计时，应用绝对定位方式比相对定位方式要好。（　　）
3. 在网页布局设计时，网页宽度设置可以采用绝对像素值。（　　）
4. 在网页布局设计时，网页宽度设置可以采用相对百分比。（　　）
5. 对3个div元素应用左浮动布局方式，第1个div可以省略左浮动属性设置。（　　）

三、问答题

1. margin：0 auto表示什么含义？
2. 简述行内元素和块级元素。
3. 如何设置图片的位置？

第5章 JavaScript语言基础

JavaScript是一种基于对象和事件驱动、并具有相对安全性的、广泛用于客户端的脚本语言，是互联网上最流行的脚本语言，是一种轻量级的编程语言。JavaScript 是可嵌入 HTML 页面的编程代码，JavaScript 插入 HTML 页面后，可由所有的现代浏览器执行。JavaScript 广泛用于 Web 开发，常用来给 HTML 网页添加动态功能，响应用户的各种操作。它的解释器被称为JavaScript引擎，是浏览器的一部分。

从事 Web 前端开发，必须学习和掌握JavaScript 语言，这样才能更好地理解JavaScript 是如何与 HTML 和 CSS 一起工作的。

5.1 JavaScript概述

5.1.1 JavaScript与Java

JavaScript 由 Brendan Eich 发明，1995 年 12 月，Sun 公司和网景（Netscape）通讯公司一起引入 JavaScript，1996 年 3 月，微软将 JavaScript 应用于 IE 3.0，1997 年 6 月被 ECMA（European Computer Manufactures Association，欧洲电脑制造商协会）采纳，命名为 ECMAScript，即 ECMAScript 是由 ECMA 以 JavaScript 为基础制定的标准脚本语言。使用广泛的 ECMAScript 262，是 JavaScript 5.0 版本，ECMAScript 6 称为 ECMAScript 2015，ECMAScript 7 称为 ECMAScript 2016。ECMAScript 各种版本的描述如表 5–1 所示。

表 5–1 ECMAScript 各版本的描述

年　份	名　称	描　述
1997	ECMAScript 1	第一个版本
1998	ECMAScript 2	版本变更
1999	ECMAScript 3	添加正则表达式，添加 try/catch
—	ECMAScript 4	没有发布
2009	ECMAScript 5	添加 strict mode，严格模式，添加 JSON 支持

续表

年　份	名　称	描　述
2011	ECMAScript 5.1	版本变更
2015	ECMAScript 6	添加类和模块
2016	ECMAScript 7	增加指数运算符（**），增加 Array.prototype.includes

Java 语言由 Sun 发明，是更复杂的、面向对象的编程语言。JavaScript 与 Java 是两种完全不同的语言。

5.1.2 JavaScript 的作用

JavaScript 具有处理 HTML 文档内容的强大功能，下面列出了常见的 8 项功能。请注意 document.getElementById("id") 方法是 HTML DOM 中定义的，DOM 是用于访问 HTML 元素的 W3C 标准。

1. JavaScript 能够改变 HTML 的内容

在下列代码

```
document.getElementById("demo").innerHTML = "Hello JavaScript";
```

或者

```
x=document.getElementById("demo");          //查找元素
x.innerHTML="Hello JavaScript";             //改变内容
```

中，JavaScript 采用 getElementById() 方法“查找” id="demo" 的 HTML 元素，并把该元素的内容(innerHTML)更改为 "Hello JavaScript"。

JavaScript 同时接受双引号和单引号，本实例也可以写成

```
document.getElementById("demo").innerHTML = 'Hello JavaScript';
```

2. JavaScript 能够改变 HTML 属性

在下列代码

```
<script>
   function changeImg(){
     element=document.getElementById('myImg')
     element.src=" bulbon.gif";
   }
</script>
<img id="myImg" onclick="changeImg()" src=" bulboff.gif" width="100"
height="180">
```

中，JavaScript通过改变 <img> 标签的 src 属性（source）来变换一张 HTML 图像。

JavaScript 能够改变任意 HTML 元素的大多数属性，而不仅仅是图片。

3. JavaScript 能够改变 HTML 样式 (CSS)

改变 HTML 元素的样式，是改变 HTML 属性的另一种方式。

在下列代码

```
document.getElementById("demo"). style.color="#ff0000";
```

或者

```
x=document.getElementById("demo")           //找到元素
```

```
x.style.color="#ff0000";                    //改变样式
```

中，JavaScript 采用 getElementById() 方法“查找” id="demo" 的 HTML 元素，并把该元素的字体颜色设置为红色。

4. JavaScript 能够隐藏 HTML 元素

JavaScript 可通过改变 display 样式隐藏 HTML 元素。

在下列代码

```
document.getElementById("demo").style.display="none";
```

中，JavaScript 采用 getElementById() 方法“查找” id="demo" 的 HTML 元素，并把该元素设置为隐藏状态。

5. JavaScript 能够显示 HTML 元素

JavaScript 可通过改变 display 样式显示隐藏的 HTML 元素。

在下列代码

```
document.getElementById("demo").style.display="block";
```

中，JavaScript 采用 getElementById() 方法“查找” id="demo" 的 HTML 元素，并把该元素恢复为显示状态。

6. JavaScript 可以直接写入 HTML 输出流

在下列代码

```
document.write("<h1>这是一个标题</h1>");
document.write("<p>这是一个段落。</p>");
```

中，JavaScript 可以直接向文档中写入 HTML 输出流："<h1>这是一个标题</h1>" 和 "<p>这是一个段落。</p>"，动态地改变 HTML 文档的显示内容。

7. JavaScript 响应发生的事件

在下列代码

```
<button type="button" onclick="alert('欢迎学习JavaScript语言!')">点我!</button>
```

中，如果单击 button 按钮，就会发生 onclick 事件，JavaScript 调用 alert() 函数，弹出窗口，显示“欢迎学习 JavaScript 语言！”。

8. JavaScript 可以验证输入数据

JavaScript 常用于验证用户在表单中输入的数据是否正确。

在下列代码

```
if isNaN(x) {
   alert("不是数字");
}
```

中，JavaScript 对变量 x 的值不是数值时，弹出对话框进行警告。

5.2 在网页中插入 JavaScript 的方式

JavaScript 是一种脚本语言，需要嵌入 HTML 文档中运行。当用户在浏览器中浏览该页面时，浏览器会解释并执行其中的 JavaScript 脚本。将 JavaScript 嵌入 HTML 文档中，有内部嵌入、外部链接和行内嵌入三种方式。

5.2.1 内部嵌入

内部嵌入方式是指在 HTML 文档中应用 <script>…</script> 标签嵌入 JavaScript 脚本程序。

在 HTML 文档中嵌入 JavaScript 代码，其语法格式如下：

```
<script>
   JavaScript语句;
   JavaScript函数;
   …
</script>
```

具体说明如下：

① HTML 中的 JavaScript 脚本必须嵌套在 <script> … </script> 标签中使用，<script> … </script> 会告诉 JavaScript 在何处开始和结束。

② <script> … </script> 之间的代码可包含 JavaScript 语句和 JavaScript 函数。

③ JavaScript 脚本可放置在 HTML 页面的 <body> …</body> 和 <head> …</head> 中间的适当位置。

④ <script>…</script> 在页面中的位置决定了在什么时间加载脚本，如果希望在其他所有内容之前加载脚本，就要确保脚本在页面的 <head> …</head> 之间。

小提示： 旧的 JavaScript 实例可能会在 <script> 标签中使用属性 type="text/javascript"。现在已经不必这样做，type 属性不是必需的。JavaScript 是所有现代浏览器以及 HTML 5 中的默认脚本语言。

【例 5-1】 编写一个将 JavaScript 代码嵌入 HTML 头部的简单网页。

操作过程

① 打开 DW CS6，新建一个 HTML 5 文档，保存为“5-1_ 在 head 中嵌入 JS 代码的简单网页 .html”。

② 在代码窗口中，输入如下代码即可。

```
行号    代码：5-1_在head中嵌入JS代码的简单网页.html
 1      <!DOCTYPE html>
 2      <html>
 3      <head>
 4         <script>
 5            alert("我的第一个 JavaScript代码");
 6         </script>
 7      </head>
 8      <body>
 9      </body>
10      </html>
```

③ 运行该网页，JavaScript 会在页面加载时弹出警告框，显示“我的第一个 JavaScript 代码”。

【例 5-2】 编写一个将 JavaScript 代码嵌入 HTML 的 body 中的简单网页。

操作过程

① 打开 DW CS6，新建一个 HTML 5 文档，保存为“5-2_ 在 body 中嵌入 JS 代码的简单网页 .html”。

② 在代码窗口中，输入如下代码即可。

```
行号      代码：5-2_在body中嵌入JS代码的简单网页.html
 1        <!DOCTYPE html>
 2        <html>
 3        <head>
 4        </head>
 5        <body>
 6           <script>
 7             document.write("<h1>这是一个标题</h1>");
 8           </script>
 9        </body>
10        </html>
```

③ 运行该网页，在页面加载时 JavaScript 会在 HTML 的页面中写文本“这是一个标题”。

可以在 HTML 文档的 <body> …</body> 和 <head> …</head> 部分放入不限数量的 JavaScript 脚本，脚本可以同时存在于两个部分中。通常的做法是把函数放入 <head> …</head> 中，或者放在页面底部，即把它们安置到同一位置，这样就不会干扰页面的内容。

把脚本置于 <body> 元素的底部，可改善显示速度，因为脚本编译会拖慢显示。

上面例子中的 JavaScript 语句会在页面加载时执行。如果需要在某个事件发生时执行代码（如单击按钮时），就应该把 JavaScript 代码放入函数中，这样在事件发生时才会调用该函数。

【例 5-3】　编写一个将 JavaScript 函数嵌入 HTML 中的简单网页。

操作过程

① 打开 DW CS6，新建一个 HTML 5 文档，保存为“5-3_ 嵌入函数代码的简单网页 .html”。

② 在代码窗口中，输入如下代码即可。

```
行号      代码：5-3_嵌入函数代码的简单网页.html
 1       <!DOCTYPE html>
 2       <html>
 3       <head>
 4       <script>
 5          function myFunction(){
 6            document.getElementById("demo").innerHTML="我的第一个 JavaScript 函数";
 7          }
 8       </script>
 9       </head>
10       <body>
11          <div id="demo"></div>
12          <button type="button" value="单击一下" onclick="myFunction()"></button>
13       </body>
14       </html>
```

③ 运行该网页，在页面中会出现一个“单击一下”按钮。如果浏览者单击这个按钮，<head> …</head> 中的 JavaScript 函数就会运行，在按钮的上方显示“ 我的第一个 JavaScript 函数”。注意，JavaScript 函数需要调用才能执行。

5.2.2　外部链接

外部链接方式是指把 JavaScript 脚本保存到外部文件中，然后通过 <script> 标签将其链接到 HTML

文档中。外部 JavaScript 文件的扩展名是 .js。

在 HTML 文档中应用外部链接，其语法格式如下：

```
<script src="JavaScript脚本文件名.js" ></script>
```

使用外部脚本，应在 <script> 标签的 src(source) 属性中设置脚本的文件名称和路径。

【例 5-4】 编写一个链接外部 JavaScript 代码的简单网页。

操作过程

① 打开 DW CS6，新建一个 HTML 5 文档，保存为“5-4A_ 链接外部 JS 的简单网页 .html”。

② 在代码窗口中，输入如下代码。

```
行号      代码：5-4A_链接外部JS的简单网页.html
 1        <!DOCTYPE html>
 2        <html>
 3        <head>
 4           <script src="5-4B_myScript.js"></script>
 5        </head>
 6        <body>
 7           <div id="demo"></div>
 8           <script>
 9             myFunction();
10           </script>
11        </body>
12        </html>
```

③ 在 DW CS6 中，再新建一个 JavaScript 文档，保存为“5-4B_ myScript.js”。

④ 在代码窗口中，输入如下代码（5-4B_ myScript.js）。

```
行号     代码：5-4B_ myScript.js
1        function myFunction(){
2           document.getElementById("demo").innerHTML="我的第一个 JavaScript 函数";
3        }
```

⑤ 运行该网页，在页面中会出现“我的第一个 JavaScript 函数”。注意在外部脚本文件中不能包含 <script> 标签。

可以在 <head> 或 <body> 中放置外部脚本引用，这两种引用方式脚本的表现与 JavaScript 代码被置于 <script> 标签中是一样的。

例如，下列代码

```
<body>
   <script src="5-4B_myScript.js"></script>
</body>
```

表示在 <body> 中引用外部脚本。

如果相同的脚本被用于许多不同的网页，就可以编写外部 JS 文件。

在外部文件中放置脚本，具有很多优势：

① 分离了 HTML 和 JavaScript 代码，使 HTML 和 JavaScript 更易于阅读和维护。

② 已缓存的 JavaScript 文件可加速页面加载。

③ 外部文件被多个网页使用会减少代码的冗余。

如果向一个页面添加多个脚本文件，则需要使用多个 script 标签。

例如，下列代码

```
<script src="myScript1.js"></script>
<script src="myScript2.js"></script>
```

表示在一个 HTML 文档中，引用了 2 个外部 JS 文件。

外部引用可通过相对于当前网页的路径或完整的 URL 来引用，上面的例子使用的都是位于当前网站上指定文件夹中的脚本。

例如，下面代码

```
<script src="https://www.w3school.com.cn/js/myScript1.js"></script>
```

表示使用完整的 URL 链接至脚本。

5.2.3 行内嵌入

对于简短的 JavaScript 语句，可以在标签内嵌入该 JavaScript 脚本。

【例 5-5】 标签内嵌入 JavaScript 的简单网页。代码如下，试分析运行结果。

```
行号    代码：5-5_标签内嵌入js的简单网页.html
 1      <!DOCTYPE html>
 2      <html>
 3      <head>
 4      </head>
 5      <body>
 6         在标签内嵌入JavaScript代码
 7         <hr>
 8         <div><img src="pic_leaf.jpg" onclick="alert('你点击了图片')"/></div>
 9         <div><a href="javascript: alert('你点击了文本');">文本</a><div>
10         <button type="button" value="按钮" onclick="javascript: alert('你点击了按
        钮');"></button>
11      </body>
12      </html>
```

分析

① 运行该网页，在页面中第一行显示“在标签内嵌入 JavaScript 代码”，在第二行显示水平线，在第三行显示图片，在第四行显示“文本”，在第五行显示按钮。

② 点击图片，弹出警告框，显示“你点击了图片”；点击文本，弹出警告框，显示“你点击了文本”；点击按钮，弹出警告框，显示“你点击了按钮”。

③ 点击浏览器窗口上的“关闭”按钮，网页和 JavaScript 程序关闭。

5.3 基本语法

5.3.1 标识符

标识符（identifier）用来命名变量、函数或循环中的标签，JavaScript 语言的标识符命名规范如下：

① 标识符由字母、数字、下画线（_）、美元符号（$）组成，不能有空格、“+”、“-”、“，”或其他特殊符号。

② 标识符第一个字母必须是字母、下画线或美元符号。

③ 标识符区分字母的大小写，推荐使用小写形式或骆驼命名法。

④ 标识符不能与 JavaScript 中的关键字相同。

例如，varStudentName、_varStudentNumber、var_Student_age、_3Students 、$varStudent 是合法标识符；var Student name、5varStudent 、a*b、a–b、a+b、a#b 是非法标识符。

需要强调的是，JavaScript 对大小写是敏感的。

当编写 JavaScript 语句时，请留意是否关闭大小写切换键。

函数 getElementById 与 getElementbyID 是不同的；同样变量 myVariable 与 MyVariable 也是不同的。

5.3.2 关键字

关键字（Reserved Words）是指 JavaScript 中预先定义的、有特别意义的标识符，保留关键字是指一些关键字在当前的语言版本中并没有使用，但在以后 JavaScript 扩展中会用到。表 5–2 列出了 JavaScript 中的关键字和保留字（按字母顺序）。

表 5–2 关键字和保留字

abstract	else	instanceof	super	boolean	enum
int	switch	break	export	interface	synchronized
byte	extends	let	this	case	false
long	throw	catch	final	native	throws
char	finally	new	transient	class	float
null	true	const	for	package	try
continue	function	private	typeof	debugger	goto
protected	var	default	if	public	void
delete	implements	return	volatile	do	import
short	while	double	in	static	with

关键字或保留关键字都不能用作标识符（包括变量名、函数名等）。

5.3.3 数据类型

在 JavaScript 中，常用数据类型有 Number、String、Boolean、Array 和 Undefinded 等类型，具体描述如表 5–3 所示。

表 5–3 数据类型及其描述

数据类型	描　述
Number	数值类型可以是 32 位的整数，也可以是 64 位的浮点数；而整数可以是十进制、八进制或十六进制等形式
String	字符串是由双引号（"）或单引号（'）括起来的 0 ~ n 个字符
Boolean	布尔类型包括 true 和 false 两个值

续表

数据类型	描　述
Undefined	当声明的变量未初始化时，默认值是 undefined
Null	表明某个变量的值为 null
Array	一系列变量或函数的集合，可以存放类型相同的数据，也可以存放类型不同的数据
Object	通过属性和方法定义的对象；常见的对象有 String、Date、Math 和 Array 等

JavaScript 有如下 5 种基本数据类型。

（1）number（数值）类型

可为整数和浮点数。在 JavaScript 程序中并没有把整数和实数分开，这两种数据可在程序中自由转换。

整数可以为正数、零或者负数。

浮点数可以包含小数点、也可以包含一个“e”（大小写均可，表示 10 的幂），或者同时包含这两项。

（2）string（字符）类型

字符是用单引号“'”或双引号“"”来说明的。

（3）boolean（布尔）类型

布尔型的值为 true 或 false。

（4）object（对象）类型

对象也是 JavaScript 中的重要组成部分，用于说明对象。

（5）undefined（未定义）类型

在 JavaScript 中，还有一个特殊的数据类型 undefined（未定义），undefined 类型是指一个变量被创建后，没有赋于任何初值，这时该变量是没有类型的，被称为未定义的，在程序中直接使用会发生错误。

5.3.4　常量

常量通常又称字面常量，它是不能改变的数据。

1. 基本常量

（1）字符型常量

使用单引号“'”或双引号“"”括起来的一个或几个字符，如 "123"、'abcd'、"JavaScript language" 等。

（2）数值型常量

整型常量：整型常量可以使用十进制、十六进制、八进制表示其值。

实型常量：实型常量由整数部分加小数部分表示，如 12.32、193.98。

（3）布尔型常量

布尔型常量只有两个值：True 或 False。它主要用来说明或代表一种状态或标志，以说明操作流程。

2. 特殊常量

（1）空值

JavaScript 中有一个空值 null，表示变量的内容为空。可用于初始化变量，或者清空已赋值的变量。

（2）控制字符

与 C/C++ 语言一样，JavaScript 中同样有以反斜杠“\”开头的不可显示的特殊字符。具体如表 5-4 所示。

表 5-4 控制字符

符 号	含 义	符 号	含 义
\b	退格	\f	换页
\r	回车	\t	Tab 符号
\"	双引号	\\	反斜杠
\n	换行	\'	单引号

5.3.5 变量

变量用来存放程序运行过程中的临时值，是程序存储数据的基本单位，用来保存程序中的数据。在程序中需要用该值的地方就可以用变量来代表。

在 JavaScript 中，变量的类型可以改变，但在某一时刻的类型是确定的。

使用变量必须明确变量的命名、变量的类型、变量的声明及其变量的作用域。

1. 变量命名

变量名是标识符中的一种，应遵循标识符的命名规范。

JavaScript 变量在使用前应先作声明（并可赋值）。通过使用 var 关键字对变量作声明。对变量作声明的最大好处就是能及时发现代码中的错误，因为 JavaScript 是采用动态编译的，而动态编译不易发现代码中的错误，特别是变量命名方面。

变量的声明和赋值的语法为：

```
var  变量1名称 [= 初始值1] , 变量2名称 [= 初始值2] … ;
```

其中，一个 var 可以声明多个变量，其间用“,”分隔。例如：

```
var newStudent;
var newName;
var Student, name, age;
```

2. 变量类型

JavaScript 是一种对变量数据类型要求不太严格的语言，JavaScript 中的变量是弱数据类型，在声明变量时不需要指明变量的数据类型，所以不必声明每个变量的类型。但在使用变量之前先进行声明是一种好的习惯。在 JavaScript 中，可以使用关键词 new 声明其类型。例如：

```
var carname = new String;
var x = new Number;
var result = new Boolean;
var cars = new Array;
var person = new Object;
```

在 JavaScript 程序中，变量的类型有数值型、字符型、布尔型。在变量的使用过程中，变量的类型可以动态改变，类型由所赋值的类型确定。因此往往可以一次完成对变量的命名和赋值（初始化）。

例如：

```
var number = 2020;
var type = "student";
```

可以通过 typeof 运算符或 typeof() 函数获得变量的当前数据类型。例如：

```
<script >
   var x=30;
   alert(typeof  x);                    //弹出提示信息框
   x="JavaScript";                      //对变量重新赋值
   alert(typeof(x));
</script>
```

3. 变量的作用域

变量的作用域是指变量的有效范围，根据作用域变量可分为全局变量和局部变量。

（1）全局变量

全局变量是指定义在所有函数体之外的变量，其作用范围是全部函数。例如：

```
<script>
    var name = "湖北省"
    //函数的定义
    function test(){
        name = name+"武汉市";
        address = "黄鹤楼";
    }
    //函数的调用
    test();
    alert("名称："+name+"，地址："+address);
    alert(tel);                         //报错
</script>
```

（2）局部变量

局部变量是指在函数内部声明变量，定义在函数体之内，仅对当前函数体有效，而对其他函数不可见。例如：

```
<script type="text/javascript">
   var name="全局变量";                 //定义全局变量
   //函数的定义
   function test(){
     var name="局部变量";               //定义局部变量
     alert(name);                       //弹出信息为“局部变量”
   }
   //调用函数
   test();
   alert(name);                         //弹出信息为“全局变量”
</script>
```

在上例中，当 test() 函数内部的局部变量 name 与全局变量 name 重名时，该函数中的变量 name 将覆盖全局变量 name，弹出信息为“局部变量”；而外部的 alert(name); 语句则弹出信息“全局变量”。

5.3.6 注释

在 JavaScript 中，使用注释可以提高代码的可读性，其本身只是用于提示，而注释的内容是不会被执行的。在 JavaScript 中，注释分为两种形式：单行注释和多行注释。

1. 单行注释

在 JavaScript 中，单行注释使用双斜线“//”符号进行标识，斜线后面的文字内容不会被解释执行。单行注释可以在一行代码的后面，也可以独立成行。例如：

```
var age = 18;  //定义年龄
//定义专业
var major = "大数据专业";
```

2. 多行注释

在 JavaScript 中，多行注释使用“/* ... */”进行标识，其中的文字部分同样不会被解释执行。例如：

```
/* 工资统计函数
 * base：基本工资
 * bonus：奖金
*/
function countSalary(base, bonus){... }
```

5.3.7 分号

在 JavaScript 中，分号用于分隔 JavaScript 语句，通常在每条可执行语句结尾添加分号。使用分号的另一用处是在一行中编写多条语句。

很多编程语言（如 C、Java 和 Perl 等）都要求每句代码结尾使用分号（;）表示结束。JavaScript 的语法规则对此比较宽松，如果一行代码结尾没有分号也是可以被正确执行的。

5.3.8 运算符

运算符是完成数据操作的一系列符号。在 JavaScript 中有算术运算符、字符串运算符、比较运算符、布尔运算符等。此外还有双目运算符，由两个操作数和一个运算符组成。

1. 赋值运算符

赋值运算符用于对变量进行赋值，在 JavaScript 中使用等号（=）进行赋值。例如：

```
<script type="text/javascript">
   var studentName = "张三";                        //定义变量时进行赋值
   var prodcutAddress;                              //定义变量后进行赋值
   prodcutAddress = "武汉";
   var tPrice = kPrice = dPrice = 100;              //同时定义多变量并赋值
   var price = tPrice*0.8;                          //将表达式的值赋给变量
</script>
```

赋值运算符还可以与算术运算符、位运算符结合使用，构成复合赋值运算符。常见的复合赋值运算符如表 5-5 所示。

表 5-5 复合赋值运算符

<table>
<tr><th>运 算 符</th><th>描 述</th><th>运 算 符</th><th>描 述</th></tr>
<tr><td>+=</td><td>x+=y, 即对应于 x=x+y</td><td>&=</td><td>x&=y, 即对应于 x=x&y</td></tr>
<tr><td>-=</td><td>x-=y, 即对应于 x=x-y</td><td>|=</td><td>x|=y, 即对应于 x=x|y</td></tr>
<tr><td>*=</td><td>x*=y, 即对应于 x=x*y</td><td>^=</td><td>x^=y, 即对应于 x=x^y</td></tr>
<tr><td>/=</td><td>x/=y, 即对应于 x=x/y</td><td><<=</td><td>x<<=y, 即对应于 x=x<<y</td></tr>
<tr><td>%=</td><td>x%=y, 即对应于 x=x%y</td><td>>>=</td><td>x>>=y, 即对应于 x=x>>y</td></tr>
<tr><td></td><td></td><td>>>>=</td><td>x>>>=y, 即对应于 x=x>>>y</td></tr>
</table>

2. 算术运算符

JavaScript 中的算术运算符有单目运算符和双目运算符。

双目运算符：+（加）、-（减）、*（乘）、/（除）、%（取模）。

单目运算符：++（递加 1）、--（递减 1）。

3. 字符串运算符

字符串运算符“+”用于连接两个字符串。例如：

```
"abc"+"123"
```

4. 比较运算符

比较运算符首先对操作数进行比较，然后再返回一个 true 或 false 值。

有 8 个比较运算符：<（小于）、<=（小于或等于）、>（大于）、>=（大于或等于）、==（等于）、!=（不等于）、===（严格等于）、!= =（严格不等于）。

5. 逻辑运算符

逻辑运算符用于对布尔类型的变量（或常量）进行操作；有与、或、非三种。

与（&&）：两个操作数同时为 true 时，结果为 true；否则为 false。

或（||）： 两个操作数中同时为 false，结果为 false；否则为 true。

非（!）： 只有一个操作数，操作数为 true，结果为 false；否则结果为 true。

6. 位运算符

位运算符分为位逻辑运算符和位移动运算符。

（1）位逻辑运算符

位逻辑运算符有 &（位与）、|（位或）、^（位异或）、!（位取反）、~（位取补）。

（2）位移动运算符

位移动运算符有 <<（左移）、>>（右移）、>>>（右移，零填充）。

在 JavaScript 中增加了如下几个布尔逻辑运算符：

&=（与之后赋值）、|=（或之后赋值）、^=（异或之后赋值）。

7. 三元运算符

在 JavaScript 中，三元运算符的语法格式如下：

```
expression ? value1 : value2;
```

其中，expression 表达式可以是关系表达式或逻辑表达式，其值必须是 boolean（布尔）类型；当

expression 表达式的值为 true 时，返回第一项 value1；当 expression 表达式值为 false 时，返回第二项 value2。例如：

```
<script type="text/javascript">
    document.write( 99=='99'  ?  "相等"  :  "不相等" );
</script>
```

8. 运算符的优先顺序

表达式的运算是按运算符的优先级进行的。下列运算符按其优先顺序由高到低排列：

算术运算符：++、--、*、/、%、+、-。

字符串运算符：+。

位移动运算符：<<、>>、>>>。

位逻辑运算符：&、|、^、-、~。

比较运算符：<、<=、>、>=、==、!=。

布尔运算符：!、&=、&、|=、|、^=、^、?:、||、==、|=。

5.3.9 表达式

表达式是由常量、变量和运算符组成的式子，可以分为算术表达式、字符串表达式和逻辑表达式。

5.4 程序结构

5.4.1 顺序结构

在 JavaScript 中，由表达式、函数等组成语句，一个语句用分号结束。由一条一条语句组成程序代码，程序执行时按照这些语句的顺序执行，这样的程序代码结构就是顺序结构。

1. 赋值语句

在 JavaScript 中，赋值语句的功能是把右边表达式赋值给左边的变量。

赋值语句的语法格式为：

```
变量名 = 表达式 ;
```

2. 注释语句

单行注释语句的格式为：

```
// 注释内容
```

多行注释语句的格式为：

```
/* 注释内容
     注释内容
*/
```

3. 输出字符串语句

在 JavaScript 中常用的输出字符串的方法是利用 document 对象的 write() 方法和 window 对象的 alert() 方法。

（1）用 document 对象的 write() 方法输出字符串

document 对象的 write() 方法的功能是向页面内写文本。

应用 write() 方法的语法格式为：

```
document.write(字符串1, 字符串2, …) ;
```

（2）用 window 对象的 alert() 方法输出字符串

window 对象的 alert() 方法的功能是弹出提示对话框。

应用 alert() 方法的语法格式为：

```
alert(字符串) ;
```

4. 输入字符串语句

（1）用 window 对象的 prompt() 方法输入字符串

window 对象的 prompt() 方法的功能是弹出对话框，让用户输入文本。

应用 prompt() 方法的语法格式为：

```
prompt(提示字符串, 默认值字符串) ;
```

（2）用文本框输入字符串

使用 Blur 事件和 onBlur 事件处理程序，可以得到在文本框中输入的字符串。Blur 事件和 onBlur 事件的具体解释可参考后面章节的相关内容。

5.4.2 分支结构

在写代码时，通常会遇到为不同的决定执行不同动作的情况，这时可以在代码中使用分支结构完成该任务。分支结构是指根据条件表达式的成立与否，决定是否执行流程的相应分支结构。

在 JavaScript 中，分支结构有以下两种：if 条件语句和 switch 多分支语句。其中，if 条件语句又可以细分为 3 种。

- if 语句：只有当指定条件为 true 时，使用该语句来执行代码。
- if...else 语句：当条件为 true 时执行代码，当条件为 false 时执行其他代码。
- if...else if...else 语句：使用该语句选择多个代码块之一执行。
- switch 语句：使用该语句选择多个代码块之一执行。

1. if 语句

if 语句是最基本的条件语句，它的格式与 C++ 一样，其语法格式如下：

```
if(condition){
  当条件为 true 时执行的代码
}
```

其中，condition 是一个关系表达式，用来实现判断，condition 要用 ( ) 括起来。如果 condition 的值为 true，则执行 { } 里面的语句，否则跳过 if 语句执行后面的语句。

2. if...else 语句

当判断条件成立与否都需要有对应的处理时可以使用 if...else 语句。其语法格式如下：

```
if(condition){
  当条件为 true 时执行的代码
```

```
}else{
  当条件不为 true 时执行的代码
}
```

如果条件成立则执行紧跟 if 语句的代码部分，否则执行跟在 else 语句后面的代码部分。这些代码均可以是单行语句，也可以是一段代码块。

3. if...else if...else 语句

使用 if....else if...else 语句选择多个代码块之一执行。其语法格式如下：

```
if(condition1)
{
  当条件1为true时执行的代码
}
else if(condition2)
{
  当条件2为true时执行的代码
}
else
{
  当条件1和条件2都不为true时执行的代码
}
```

条件语句可以嵌套使用。例如：

```
if(5<time<8){
  document.write("<b>早上好</b>");
}
else if (time>=8 && time<18){
  if (time <12){
   document.write("<b>上午好</b>");
  }
  else{
   document.write("<b>下午好</b>");
  }
}
else{
  document.write("<b>晚上好!</b>");
}
```

4. switch 语句

switch 语句基于不同的条件执行不同的动作。switch 语句由控制表达式和 case 标签共同构成。其中，控制表达式的数据类型可以是字符串、整型、对象类型等任意类型。

switch 语句的语法格式如下：

```
switch(n){
    case 值1:
      执行代码块1
      break;
    case 值2:
      执行代码块2
      break;
```

```
    ...
    case 值n:
      执行代码块n
      break;
    [default:
      以上条件均不符合时的执行代码块]
}
```

使用 switch 语句选择要执行的多个代码块之一。首先设置表达式 *n*（通常是一个变量），随后表达式的值会与结构中的每个 case 值做比较。如果存在匹配，则与该 case 关联的代码块会被执行。使用 break 语句阻止代码自动地向下一个 case 运行。例如：

```
var d=new Date().getDay();
switch(d)
{
    case 0:x="今天是星期日";
    break;
    case 1:x="今天是星期一";
    break;
    case 2:x="今天是星期二";
    break;
    case 3:x="今天是星期三";
    break;
    case 4:x="今天是星期四";
    break;
    case 5:x="今天是星期五";
    break;
    case 6:x="今天是星期六";
    break;
}
```

5.4.3　循环结构

循环可以将代码块执行指定的次数。如果一遍又一遍地运行相同的代码，应该使用循环语句。JavaScript 支持不同类型的循环：

- for：按照指定的次数循环执行代码块。
- for...in：循环遍历对象的属性。
- while：当条件为 true 时循环执行代码块。
- do...while：与 while 循环类似，只不过是先执行代码块再检测条件是否为 true。

1. for 循环语句

for 循环语句的语法格式如下：

```
for(语句1; 语句2; 语句3)
{
   被执行的代码块;
}
```

for 循环语句的规则说明如下：

① 语句 1：（代码块）开始前执行。

通常使用语句 1 初始化循环中所用的变量（如 var i=0），可以在语句 1 中初始化任意（或者多个）值。语句 1 是可选的，即不使用语句 1 也可以。

② 语句 2：定义运行循环（代码块）的条件。

通常语句 2 用于评估初始变量的条件。如果语句 2 返回 true，则循环再次开始，如果返回 false，则循环将结束。

语句 2 同样是可选的。如果省略了语句 2，那么必须在循环内提供 break。否则循环就无法停下来，这样有可能令浏览器崩溃。

③ 语句 3：在循环（代码块）已被执行之后执行。

通常语句 3 会增加初始变量的值。语句 3 有多种用法。增量可以是负数（如 i--），或者更大（如 i=i+15）。

语句 3 也可以省略（比如当循环内部有相应的代码、且能够改变初始变量的值时）。

【例 5-6】 试分析下列代码的运行过程。

```
var msg = "";
for( var i = 0; i < 10; i++ ){
    msg += "第" + i + "行\n";
}
alert(msg);
```

分析

上述代码表示从变量 i=0 开始执行 for 循环，每次执行前判断变量 i 是否小于 10，如果满足条件则执行 for 循环内部的代码块，然后令变量 i 自增 1。直到变量 i 不再小于 10 则终止该循环语句。

将上述代码改写为

```
var i = 0;
for( ; i<10; i++ ){
    msg += "第" + i + "行\n";
}
alert(msg);
```

运行效果完全相同。这说明语句 1 是用于声明循环所需使用的变量初始值，可以在 for 循环之前声明完成。

2. for...in 循环语句

在 JavaScript 中，for...in 循环可以用于遍历对象的所有属性和方法。

其语法格式如下：

```
for( x in object )
{
  代码块;
}
```

其中，x 是变量，每次循环将按照顺序获取对象中的一个属性或方法名；object 指的是被遍历的对象。例如：

```
var people = new Object();
```

```
people.name = "Mary";
people.age = 20;
people.major = "Computer Science";
for( x in people ){
  msg += people[x];
}
alert(msg);
```

其中，变量 x 指的是 people 对象中的属性名称，而 people[x] 指的是对应的属性值。

3. while 循环语句

while 循环又称前测试循环，必须先检测表达式的条件是否满足，如果符合条件才开始执行循环内部的代码块。

其语法结构如下：

```
while(条件表达式)
{
  代码块;
}
```

4. do...while 循环语句

do...while 循环又称后测试循环，不论是否符合条件都先执行一次循环内的代码块，然后再判断是否满足表达式的条件，如果符合条件则进入下一次循环，否则将终止循环。

其语法格式如下：

```
do
{
    代码块;
} while(条件表达式)
```

5. break 语句

break 语句的功能是无条件跳出循环结构或 switch 语句。

在 switch 结构中，遇到 break 语句时，就会跳出 switch 分支结构。

在循环结构中，遇到 break 语句时，立即退出循环，不再执行循环体中的任何代码。如果该循环体之后还有代码，则会继续执行该循环体之后的代码。

一般 break 语句是单独使用的，有时也可在其后面加一个语句标号，以表明跳出该标号所指定的循环体，然后执行循环体后面的代码。

例如，下列代码

```
for( i=0; i<10; i++ )
{
    if( i == 3 )
    {
        break;
    }
    x = x + "The number is " + i + "<br>";
}
```

当 i = 3 时，循环就不再执行了，跳到循环体的外面（后面）。

6. continue 语句

当程序执行过程中遇到 continue 语句时，仅仅退出当前本次循环、结束本轮循环，跳转到循环的开始处，然后判断是否满足继续下一次循环的条件。如果满足就开始下一轮的循环。

continue 可以单独使用，也可以与语句标号一起使用。

例如，下列代码

```
for( i=0; i<10; i++ )
{
    if( i == 3 )
    {
        continue;
    }
    x = x + "The number is " + i + "<br>";
}
```

当 i = 3 时，不执行后面的代码，而是跳转到循环的开始处，执行 i++，然后开始新的循环（此时 i=4）。

从上面两段代码可以看出，continue 语句用于中断本次循环，然后会继续运行下一次循环语句，而 break 则是结束整个循环。

5.5 函数

函数是由事件驱动的或者当它被调用时执行的可重复使用的代码块。在编写 JavaScript 代码时，如果有一段能够实现特定功能的代码需要经常使用时，就可以编写一个函数来实现这个功能。

5.5.1 函数定义

函数由函数定义和函数调用两部分组成。在使用函数时，应先定义函数，然后再进行调用。

在 JavaScript 中，目前支持的函数定义方式有命名函数、匿名函数、对象函数和自调用函数几种。

1. 命名函数

命名函数定义的语法格式为：

```
function 函数名([参数1, 参数2, …, 参数n ])
{
   JavaScript语句;
   …
   [return 表达式;]              // return语句指明被返回的值
}
```

函数是由关键词 function、函数名、小括号内的一组可选参数以及大括号内的待执行代码块组成的。

函数名是调用函数时引用的名称，一般用能够描述函数实现功能的单词来命名，也可以用多个单词组合命名。

参数是调用函数时接收传入数据的变量名，可以是常量、变量或表达式，是可选的。

返回值是将函数执行的结果返回给调用的变量。返回值是可选的。

例如，下列代码

```
function welcome(){
   alert("Welcome to JavaScript World");
}
```

定义了一个名称为 welcome 的函数，该函数的参数个数为 0。在待执行的代码部分只有一句 alert() 方法，用于在浏览器上弹出对话框并显示双引号内的文本内容。

小提示：①完成函数的定义后，函数并不会自动执行，只有通过事件或脚本调用时才会执行；②在同一个 <script>…</script> 标签中，函数的调用可以在函数定义之前，也可以在函数定义之后；③在不同的 <script>…</script> 标签中时，函数的定义必须在函数的调用之前，否则调用无效。

2. 匿名函数

匿名函数是网页前端设计者经常使用的一种函数形式，通过表达式的形式来定义一个函数。匿名函数定义的语法格式为：

```
function([参数1, 参数2, …, 参数n ])
{
   JavaScript语句;
   …
   [return 表达式;]
};
```

匿名函数的定义格式与命名函数基本相同，只是没有提供函数的名称，且在函数结束位置以分号(；)结束。

由于没有函数名称，所以需要使用变量对匿名函数进行接收，方便后面函数的调用。

例如，下列代码

```
<script type="text/javascript">
   var study = function(user){
     alert("欢迎" + user + "学习JavaScript！");
   }
   study ("admin");
</script>
```

定义了一个匿名函数，并把它赋值给了变量 study，由 study 进行调用。

3. 对象函数

在 JavaScript 中，提供了 Function 类，用于定义对象函数。对象函数定义的语法格式为：

```
var funcName = new Function(
   [parameters],
   statements;
);
```

其中：

① Function 是用来定义函数的关键字，首字母必须大写。

② parameters 参数可选，当参数是一系列字符串时，参数之间用逗号隔开。

③ statements 参数是字符串格式，也是函数的执行体，其中的语句以分号隔开。

例如，下列代码

```
<script type="text/javascript">
    var showName = new Function(
        "name", "age",
        "alert('数据处理中……'); " +
        "return( '姓名：' + name + '，年龄：' + age ); " );
        alert( showName( "张三", 30) );
</script>
```

定义了一个对象函数，并把它赋值给了变量 showName，由 showName 进行调用。

4. 自调用函数

在 JavaScript 中，提供了一种自调用函数，将函数的定义与调用一并实现。函数本身不会自动执行，只有调用时才会被执行。自调用函数定义的语法格式如下：

```
( function( [parameters] ){
    statementes;
    [return 表达式];
} ) ( [params] );
```

其中：

① 自调用函数是指将函数的定义使用小括号括起来，通过小括号说明此部分是一个函数表达式。

② 函数表达式后紧跟一对小括号，表示该函数即将被自动调用。

③ parameters 参数为可选（形参），参数之间使用逗号隔开。

④ params 为实参，在函数调用时传入具体数据。

例如，下列代码

```
<script type="text/javascript">
    var user = “admin";
    (function( userData ){
        alert( "欢迎" + userData + "! " );
    })( user );
</script>
```

定义了一个自调用函数，实参为 user，形参为 userData。

5.5.2 函数返回值

相比 Java 语言而言，JavaScript 函数更加简便，无须特别声明返回值类型。

如果 JavaScript 函数存在返回值，直接在大括号内的代码块中使用 return 关键字后面紧跟需要返回的值即可。

例如，下列代码

```
function sum( num1,  num2 ){
   return  num1+num2;
}
var result = sum(8,10);
alert(result);
```

定义了函数 sum，对两个数字进行求和运算，使用变量 result 获取函数 sum 的返回值。

函数也可以带有多个 return 语句。

例如，下列代码

```
function maxNum( num1,  num2){
  if( num1 > num2 )  return  num1;
  else  return  num2;
}
var result = maxNum(99,100);
alert(result);
```

对两个数字进行大小比较运算，然后返回其中较大的数值。使用变量 result 获取 maxNum 函数的返回值。

单独使用 return 语句可随时终止函数代码的运行。函数在执行到 return 语句时直接退出函数代码块，即使后续还有代码也不会被执行。

例如，测试数值是否为偶数，如果是奇数则不提示，是偶数则弹出对话框，代码如下

```
function testEven( num ){
  if( num % 2 != 0 )  return;
  alert( num + "是偶数！" );
}
testEven(99);
testEven(100);
```

本例中如果参数为奇数才能符合 if 条件，然后触发 return 语句，因此函数代码块中后续的 alert() 方法不会被执行到，从而做到只有在参数为偶数时才显示对话框。

5.5.3 函数调用

1. 无返回值的调用

如果函数没有返回值或调用程序不关心函数的返回值，可以通过使用函数名称的方法直接进行调用。

可以用下面的格式调用定义的函数：

```
函数名(传递给函数的参数1, 传递给函数的参数2, … );
```

2. 有返回值的调用

如果调用程序需要函数的返回结果，则要用下面的格式调用定义的函数：

```
变量名 = 函数名(传递给函数的参数1, 传递给函数的参数2, … );
```

3. 在超链接标记中调用函数

当单击超链接时，可以触发调用函数。有两种方法。

① 使用 <a> 标记的 onClick 属性调用函数，其语法格式为：

```
<a  href = "#" onClick = "函数名(参数表)" > 热点文本 </a>
```

② 使用 <a> 标记的 href 属性调用函数，其语法格式为：

```
<a  href = "javascript:函数名(参数表)" > 热点文本 </a>
```

4. 在装载网页时调用函数

有时希望在装载（执行）一个网页时仅执行一次 JavaScript 代码，这时可使用 <body> 标记的

onLoad 属性，其代码形式为：

```
<head>
  <script>
    function 函数名(参数表) {
      当网页装载完成后执行的代码;
    }
  </script>
</head>
<body onLoad = "函数名(参数表);" >
…
</body>
```

5. 在触发事件时调用函数

函数可以在 JavaScript 代码的任意位置进行调用，也可以在指定的事件发生时调用。例如，在按钮的单击事件中调用函数，代码如下：

```
<button onclick = "welcome()" > 单击按钮调用函数 </button>
```

上述代码中的 onclick 属性表示元素的单击事件发生后，会调用等号右边的 welcome() 函数。

5.6 对象

Java 是面向对象（object-oriented）的编程语言，JavaScript 则是基于对象（object-based）的脚本语言。

基于对象的编程语言没有提供如抽象、继承、重载等有关面向对象语言的许多功能，而是把所创建的复杂对象统一起来，形成一个非常强大的对象系统，以供使用。基于对象的编程语言还是具有一些面向对象的基本特征，它可以根据需要创建自己的对象，从而进一步扩大语言的应用范围，增强编写功能强大的 Web 文档。

5.6.1 JavaScript 对象类型

在 JavaScript 中，对象类型分为三种：本地对象、内置对象和宿主对象。

- 本地对象（native object）是 ECMAScript 定义的引用类型。
- 内置对象（built-in object）指的是无须实例化可直接使用的对象，其实也是特殊的本地对象。
- 宿主对象（host object）指的是用户的机器环境，包括 DOM 和 BOM。

5.6.2 自定义对象

在 JavaScript 中可以使用内置对象，也可以创建用户自定义对象，但必须为该对象创建一个实例。这个实例就是一个新对象，它具有对象定义中的基本特征。这里介绍两种自定义对象的方法。

1. 初始化对象

这是一种通过初始化对象的值来建立自定义对象的方法。初始化对象的一般格式为：

```
对象名 = { 属性1:属性值1; 属性2:属性值2; …; 属性n:属性值n};
```

2. 定义对象的构造函数

这种方法的一般格式为：

```
function 对象名(属性1, 属性2, …, 属性n){
    this.属性1 = 属性值1;
    this.属性2 = 属性值2;
    …
    this.属性n = 属性值n;
    this.方法1 = 函数名1;
    this.方法2 = 函数名2;
    …
    this.方法m = 函数名m;
}
```

【例 5-7】 试分析下列代码（5-7_ 自定义 JavaScript 对象 .html）的运行过程。

```
行号    代码：5-7_自定义JavaScript对象.html
 1      <!doctype html>
 2      <html>
 3      <head>
 4         <meta charset="utf-8">
 5         <title>学生对象</title>
 6         <script type = "text/javascript">
 7            function student(No, name, sex, grade){
 8               this.No = No;
 9               this.name = name;
10               this.sex = sex;
11               this.grade = grade;
12               this.study = function(){
13                  if( this.grade <100 )
14                     this.grade += 1;
15                 }
16              }
17          </script>
18      </head>
19      <body>
20         <script type = "text/javascript">
21              var stuA = new student(2019001, "A", true, 98);
22              document.write(stuA.grade);
23              document.write("<br>");
24              stuA.study();
25              document.write(stuA["grade"]);
26              document.write("<br>");
27              stuA.study();
28              for(var x in stuA){
29                 document.write(stuA[x]);
30                 document.write("<br>");
31              }
32         </script>
33      </body>
34      </html>
```

分析

代码第7行至第16行自定义了一个学生对象student，代码第21行对对象进行实例化，第22行用“对象名.属性名”的方式引用对象的属性，第 24 行和第 27 行引用对象的方法，第 25 行用“对象[字符串]”的方式引用对象的属性，第 28 行至第 31 行用 for…in 语句遍历对象的属性。

5.6.3 对象的使用

在 JavaScript 代码中，要使用一个对象，有下面 3 种方法：

- 引用 JavaScript 内置对象。
- 由浏览器环境中提供。
- 创建新对象。

一个对象在被引用之前必须已经存在。

在 JavaScript 中，提供了如下几个用于操作对象的语句、关键字和运算符。

1. for…in 语句

使用 for…in 语句的语法格式如下：

```
for( 变量 in 对象 ){
  代码块;
}
```

2. with 语句

使用 with 语句的语法格式如下：

```
with( 对象 ){
  代码块;
}
```

3. this 关键字

this 用于将对象指定为当前对象。

4. new 关键字

使用 new 可以创建指定对象的一个实例。其创建对象实例的格式为：

```
对象实例名 = new 对象名(参数表);
```

5. delete 操作符

delete 操作符可以删除一个对象的实例。

其语法格式如下：

```
delete 对象名;
```

5.6.4 对象的属性

在 JavaScript 中，每一种对象都有一组特定的属性。对象属性的引用有如下两种方式。

1. 点（.）运算符

把点放在对象实例名和它对应的属性之间，以此指向唯一的属性。

属性的使用格式为：

```
对象名.属性名 = 属性值;
```

2. 通过字符串的形式实现

通过“对象 [字符串]”的格式实现对象的访问：

```
person["sex"]="female";
person["name"]="Jane";
person["age"]=18;
```

5.6.5　对象的事件

事件是预先定义好的、能够被对象识别的动作，如单击（Click）事件、双击（DblClick）事件、装载（Load）事件、鼠标移动（MouseMove）事件等。不同的对象能够识别不同的事件。通过事件可以调用对象的方法，以产生不同的执行动作。有关 JavaScript 的事件，后面章节将详细介绍。

5.6.6　对象的方法

JavaScript 的方法是函数。如 window 对象的关闭（Close）方法、打开（Open）方法等。

在 JavaScript 中，对象方法的引用非常简单，只需在对象名和方法之间用点分隔就可指明该对象的某一种方法，并加以引用。

应用对象方法的语法格式为：

```
对象名.方法()
```

例如，引用 person 对象中已存在的一个方法 howold()，则可使用：

```
document.write( person.howold() );
```

如果引用 math 内部对象中的 sin() 方法，则：

```
with(math){
    document.write(sin(30));
    document.write(sin(75));
  }
```

若不使用 with，则引用时相对要复杂些：

```
document.write(math.sin(30));
document.write(math.sin(75));
```

5.7 内建对象

5.7.1　本地对象

1. 数组 Array

（1）一维数组

在 JavaScript 中可以使用数组 Array 存储一系列（类型相同）的值。

例如，下列代码

```
var stuName = new Array();
var stuName [0] = "张三";
```

```
var stuName [1] = "李四";
var stuName [2] = "王五";
```

存储的是学生的名字。

数组是从 0 开始计数的，因此第一个元素的下标是 [0]，后面每新增一个元素下标 +1。使用 Array 类型存储数组的特点是无须在一开始声明数组的具体元素数量（数组长度），可以在后续代码中陆续新增数组元素。

如果一开始就可以确定数组的长度，即其中的元素不需要后续动态加入，可直接写成：

```
var stuName = new Array("张三",  "李四",  "王五");
```

或

```
var stuName = ["张三",  "李四",  "王五"];
```

此时数组元素之间使用逗号隔开。

Array 对象还包含了 length 属性，可以用于获取当前数组的长度，即数组中的元素个数。如果当前数组中没有包含元素，则 length 值为 0。例如：

```
var stuName = ["张三",  "李四",  "王五"];
var x = stuName.length;          //这里x值为3
```

（2）二维数组

在 JavaScript 中，将数组的元素定义为一维数组，该数组即为二维数组。

【例 5-8】 试分析下列代码（5-8_数组应用 .html）的运行过程。

```
行号  代码：5-8_数组应用.html
 1    <!doctype html>
 2    <html>
 3       <head>
 4          <title>Array</title>
 5          <script type="text/javascript">
 6             var students = new Array(5);
 7             students[0] = new Array("name", "sex", "grade");
 8             students[1] = new Array("张三", true, 85);
 9             students[2] = new Array("李四", true, 70);
10             students[3] = new Array("王五", false, 95);
11             students[4] = new Array("周六", false, 95);
12             document.write(students[0][0]+" "+students[0][1]+" "+students[0][2]);
13             document.write("<br>");
14             for(var i = 1; i <= 3;  i++){
15                for(var j = 0;  j <= 2;  j++){
16                   document.write(students[i][j] + "  ");
17                }
18                document.write("<br>");
19             }
20             document.write(students[4]);
21          </script>
22       </head>
23       <body>
24       </body>
25    </html>
```

分析

第 6 行代码定义了一个有 5 个元素的数组 students，第 7 行代码将一个有 3 个元素的数组 Array("name", "sex", "grade") 赋值给数组 students 的第 1 个元素 students[0]，由此可以确定数组 students 为二维数组。第 8 行代码定义了数组 students 的第 2 个元素 students[1]，依此类推。第 12 行代码以数组元素 [i][j] 的方式输出 students[0]，第 29 行代码将数组 students 的第 5 个元素 students[4] 直接输出。在 JavaScript 中，数组元素的个数和类型可以不相同。

数组 Array 的属性及其描述如表 5–6 所示。

表 5–6 Array 的属性及其描述

属　性	描　述
constructor	返回创建数组对象的原型函数
length	设置或返回数组元素的个数
prototype	允许向数组对象添加属性或方法

数组 Array 的方法及其描述如表 5–7 所示。

表 5–7 Array 的方法及其描述

方　法	描　述
concat()	连接两个或更多的数组，并返回结果
copyWithin()	从数组的指定位置复制元素到数组的另一个指定位置中
entries()	返回数组的可迭代对象
every()	检测数值元素的每个元素是否都符合条件
fill()	使用一个固定值来填充数组
filter()	检测数值元素，并返回符合条件的所有元素的数组
find()	返回符合传入测试（函数）条件的数组元素
findIndex()	返回符合传入测试（函数）条件的数组元素索引
forEach()	数组每个元素都执行一次回调函数
from()	通过给定的对象创建一个数组
includes()	判断一个数组是否包含一个指定的值
indexOf()	搜索数组中的元素，并返回它所在的位置
isArray()	判断对象是否为数组
join()	把数组的所有元素放入一个字符串
keys()	返回数组的可迭代对象，包含原始数组的键（key）
lastIndexOf()	搜索数组中的元素，并返回它最后出现的位置
map()	通过指定函数处理数组的每个元素，并返回处理后的数组
pop()	删除数组的最后一个元素并返回删除的元素
push()	向数组的末尾添加一个或更多元素，并返回新的长度
reduce()	将数组元素计算为一个值（从左到右）
reduceRight()	将数组元素计算为一个值（从右到左）
reverse()	反转数组的元素顺序
shift()	删除并返回数组的第一个元素
slice()	选取数组的一部分，并返回一个新数组
some()	检测数组元素中是否有元素符合指定条件
sort()	对数组的元素进行排序

续表

方　法	描　述
splice()	从数组中添加或删除元素
toString()	把数组转换为字符串，并返回结果
unshift()	向数组的开头添加一个或更多元素，并返回新的长度
valueOf()	返回数组对象的原始值

2. 日期 Date

在 JavaScript 中，使用 Date 对象处理时间日期有关内容，有如下 4 种初始化方式。

（1）表示获取当前的日期与时间

```
new Date();
```

（2）使用表示日期时间的字符串定义时间

```
new Date(dateString);
```

例如输入 May 10, 2020 12:12:00。

（3）使用从 1970 年 1 月 1 日到指定日期的毫秒数定义时间

```
new Date(milliseconds);
```

例如输入 1232345。

（4）自定义年、月、日、时、分、秒和毫秒

```
new Date(year, month, day, hours, minutes, seconds, milliseconds);
```

时分秒和毫秒参数省略时默认值为 0。

可以用 Date 对象一系列方法分别获取指定的内容，Date 对象的常用方法及其描述如表 5-8 所示。

表 5-8　Date 的常用方法及其描述

方　法	描　述
getDate()	从 Date 对象返回一个月中的某一天（1 ~ 31）
getDay()	从 Date 对象返回一周中的某一天（0 ~ 6）
getFullYear()	从 Date 对象以四位数字返回年份
getHours()	返回 Date 对象的小时（0 ~ 23）
getMilliseconds()	返回 Date 对象的毫秒（0 ~ 999）
getMinutes()	返回 Date 对象的分钟（0 ~ 59）
getMonth()	从 Date 对象返回月份（0 ~ 11）
getSeconds()	返回 Date 对象的秒数（0 ~ 59）
getTime()	返回 1970 年 1 月 1 日至今的毫秒数
getTimezoneOffset()	返回本地时间与格林威治标准时间（GMT）的分钟差
getUTCDate()	根据世界时从 Date 对象返回月中的一天（1 ~ 31）
getUTCDay()	根据世界时从 Date 对象返回周中的一天（0 ~ 6）
getUTCFullYear()	根据世界时从 Date 对象返回四位数的年份
getUTCHours()	根据世界时返回 Date 对象的小时（0 ~ 23）

续表

方　法	描　述
getUTCMilliseconds()	根据世界时返回 Date 对象的毫秒（0 ~ 999）
getUTCMinutes()	根据世界时返回 Date 对象的分钟（0 ~ 59）
getUTCMonth()	根据世界时从 Date 对象返回月份（0 ~ 11）
getUTCSeconds()	根据世界时返回 Date 对象的秒数（0 ~ 59）
getYear()	已废弃。请使用 getFullYear() 方法代替
parse()	返回 1970 年 1 月 1 日午夜到指定日期（字符串）的毫秒数
setDate()	设置 Date 对象中月的某一天（1 ~ 31）
setFullYear()	设置 Date 对象中的年份（四位数字）
setHours()	设置 Date 对象中的小时（0 ~ 23）
setMilliseconds()	设置 Date 对象中的毫秒（0 ~ 999）
setMinutes()	设置 Date 对象中的分钟（0 ~ 59）
setMonth()	设置 Date 对象中的月份（0 ~ 11）
setSeconds()	设置 Date 对象中的秒数（0 ~ 59）
setTime()	以毫秒设置 Date 对象
setUTCDate()	根据世界时设置 Date 对象中月份的一天（1 ~ 31）
setUTCFullYear()	根据世界时设置 Date 对象中的年份（四位数字）
setUTCHours()	根据世界时设置 Date 对象中的小时（0 ~ 23）
setUTCMilliseconds()	根据世界时设置 Date 对象中的毫秒（0 ~ 999）
setUTCMinutes()	根据世界时设置 Date 对象中的分钟（0 ~ 59）
setUTCMonth()	根据世界时设置 Date 对象中的月份（0 ~ 11）
setUTCSeconds()	根据世界时（UTC）设置指定时间的秒字段
setYear()	已废弃。请使用 setFullYear() 方法代替
toDateString()	把 Date 对象的日期部分转换为字符串
toGMTString()	已废弃。请使用 toUTCString() 方法代替
toISOString()	使用 ISO 标准返回字符串的日期格式
toJSON()	以 JSON 数据格式返回日期字符串
toLocaleDateString()	根据本地时间格式，把 Date 对象的日期部分转换为字符串
toLocaleTimeString()	根据本地时间格式，把 Date 对象的时间部分转换为字符串
toLocaleString()	根据本地时间格式，把 Date 对象转换为字符串
toString()	把 Date 对象转换为字符串
toTimeString()	把 Date 对象的时间部分转换为字符串
toUTCString()	根据世界时，把 Date 对象转换为字符串
UTC()	根据世界时返回 1970 年 1 月 1 日 到指定日期的毫秒数
valueOf()	返回 Date 对象的原始值

3. 字符串 String

String 对象用于处理文本（字符串）。

创建 String 对象的语法格式如下：

```
new String(s);
```

或

```
String(s);
```

其中：

① 参数 s 是要存储在 String 对象中或转换成原始字符串的值。

② 返回值：当 String() 和运算符 new 一起作为构造函数使用时，它返回一个新创建的 String 对象，存放的是字符串 s 或 s 的字符串表示。当不用 new 运算符调用 String() 时，它只把 s 转换成原始的字符串，并返回转换后的值。

字符串变量可以看成是对象。通常 JavaScript 字符串是原始值，可以使用字符创建：

```
var firstName = "John"
```

但可以使用 new 关键字将字符串定义为一个对象：

```
var firstName = new String("John")
```

例如，下面的代码

```
var x = "John";
var y = new String("John");
typeof x ;                    // 返回 String
typeof y;                     // 返回 Object
(x === y) ? true : false;     // 结果为 false，因为 x 是字符串，y 是对象
```

表示字符串变量和字符串对象之间的区别。

String 对象的属性及其描述如表 5-9 所示，String 对象的方法及其描述如表 5-10 所示。

表 5-9　String 对象属性及其描述

属　性	描　述
constructor	对创建该对象的函数的引用
length	字符串的长度
prototype	允许用户向对象添加属性和方法

表 5-10　String 对象方法及其描述

方　法	描　述
anchor()	创建 HTML 锚
big()	用大号字体显示字符串
blink()	显示闪动字符串
bold()	使用粗体显示字符串
charAt()	返回指定位置的字符
charCodeAt()	返回指定位置字符的 Unicode 编码

续表

方　法	描　述
concat()	连接字符串
fixed()	以打字机文本显示字符串
fontcolor()	使用指定的颜色显示字符串
fontsize()	使用指定的尺寸显示字符串
fromCharCode()	从字符编码创建一个字符串
indexOf()	检索字符串
italics()	使用斜体显示字符串
lastIndexOf()	从后向前搜索字符串
link()	将字符串显示为链接
localeCompare()	用本地特定的顺序比较两个字符串
match()	找到一个或多个正则表达式的匹配
replace()	替换与正则表达式匹配的子串
search()	检索与正则表达式相匹配的值
slice()	提取字符串的片断，并在新的字符串中返回被提取的部分
small()	使用小字号显示字符串
split()	把字符串分割为字符串数组
strike()	使用删除线显示字符串
sub()	把字符串显示为下标
substr()	从起始索引号提取字符串中指定数目的字符
substring()	提取字符串中两个指定的索引号之间的字符
sup()	把字符串显示为上标
toLocaleLowerCase()	把字符串转换为小写
toLocaleUpperCase()	把字符串转换为大写
toLowerCase()	把字符串转换为小写
toUpperCase()	把字符串转换为大写
toSource()	代表对象的源代码
toString()	返回字符串
valueOf()	返回某个字符串对象的原始值

【例 5-9】 编写 JavaScript 代码，实现在字符串中查找指定的字符串。

操作过程

使用 indexOf() 函数定位字符串中某个指定字符首次出现的位置，核心代码如下：

```
var str="Hello world, welcome to the universe.";
var n=str.indexOf("welcome");
```

如果没找到对应的字符，函数返回 -1。

【例 5-10】 编写 JavaScript 代码，实现字符串中内容匹配。

操作过程

match() 函数用来查找字符串中特定的字符，并且如果找到的话，则返回该字符。

```
var str="Hello world!";
document.write(str.match("world") + "<br>");
document.write(str.match("World") + "<br>");
document.write(str.match("world!"));
```

4. 正则表达式 RegExp

正则表达式（Regular Expression）是应用单个字符串来描述、匹配一系列符合某个句法规则的字符串搜索模式。这种搜索模式可用于所有文本搜索和文本替换的操作。例如，当在文本中搜索数据时，可以用搜索模式描述要查询的内容。

正则表达式可以是一个简单字符，或者一个更复杂的模式。复杂的模式则包括了更多字符。正则表达式语法格式如下：

```
var patt = new RegExp(pattern, modifiers);
```

或者

```
var patt = /pattern/modifiers;
```

其中，模式（pattern）描述了一个表达式模型，用于规定正则表达式的匹配规则。修饰符（modifiers）是可选参数，可包含属性值 g、i 或者 m，分别表示全局匹配、区分大小写、匹配与多行匹配等。

例如，在下列代码中

```
var patt = /runoob/i
```

/runoob/i 是一个正则表达式；runoob 是一个正则表达式主体（用于检索）；i 是一个修饰符（表示搜索不区分大小写）。

在 JavaScript 中，字符串有 search() 和 replace() 两个方法。

search() 方法：用于检索字符串中指定的子字符串，或检索与正则表达式匹配的子字符串，并返回子串的起始位置。

replace() 方法：用于在字符串中用一些字符替换另一些字符，或替换一个与正则表达式匹配的子串。

表 5-11 给出了这两种方法使用正则表达式与字符串参数的代码对比情况。它们的运行结果是一样的。

表 5-11 使用正则表达式与字符串参数的代码对比

search() 方法使用正则表达式	search() 方法使用字符串
var str = "Visit Runoob!"; var n = str.search(/Runoob/i);	var str = "Visit Runoob!"; var n = str.search("Runoob");
replace() 方法使用正则表达式	**replace() 方法使用字符串**
var str = document.getElementById("demo").innerHTML; var txt = str.replace(/microsoft/i,"Runoob");	var str = document.getElementById("demo").innerHTML; var txt = str.replace("Microsoft","Runoob");

正则表达式参数可用在以上方法中（替代字符串参数），但正则表达式使得搜索功能更加强大（如实例中不区分大小写）。

正则表达式的修饰符及其描述如表 5-12 所示。

表 5-12 正则表达式的修饰符及其描述

修 饰 符	描 述
i	执行对大小写不敏感的匹配
g	执行全局匹配（查找所有匹配而非在找到第一个匹配后停止）
m	执行多行匹配

正则表达式的模式包括方括号、元字符和量词三部分。方括号用于查找某个范围内的字符；元字符是拥有特殊含义的字符；量词表示重复的数量。具体描述如表 5-13、表 5-14 和表 5-15 所示。

表 5-13 方括号及其描述

<table>
<tr><th>表 达 式</th><th>描 述</th></tr>
<tr><td>[abc]</td><td>查找方括号之间的任何字符</td></tr>
<tr><td>[0-9]</td><td>查找任何从 0 ~ 9 的数字</td></tr>
<tr><td>(x|y)</td><td>查找任何以 | 分隔的选项</td></tr>
</table>

表 5-14 元字符及其描述

元 字 符	描 述
.	查找单个字符，除了换行和行结束符
\w	查找单词字符
\W	查找非单词字符
\d	查找数字
\D	查找非数字字符
\s	查找空白字符
\S	查找非空白字符
\b	匹配单词边界
\B	匹配非单词边界
\0	查找 NUL 字符
\n	查找换行符
\f	查找换页符
\r	查找回车符
\t	查找制表符
\v	查找垂直制表符
\xxx	查找以八进制数 xxx 规定的字符
\xdd	查找以十六进制数 dd 规定的字符
\uxxxx	查找以十六进制数 xxxx 规定的 Unicode 字符

表 5-15 量词及其描述

量 词	描 述
^	匹配开头，在多行检测中，会匹配一行的开头

续表

量　词	描　述
$	匹配结尾，在多行检测中，会匹配一行的结尾
n+	匹配任何包含至少一个 n 的字符串
n*	匹配任何包含零个或多个 n 的字符串
n?	匹配任何包含零个或一个 n 的字符串
n{X}	匹配包含 X 个 n 的序列的字符串
n{X,Y}	匹配包含 X 至 Y 个 n 的序列的字符串
n{X}	匹配包含至少 X 个 n 的序列的字符串
n$	匹配任何结尾为 n 的字符串
^n	匹配任何开头为 n 的字符串
?=n	匹配任何其后紧接指定字符串 n 的字符串
?!n	匹配任何其后没有紧接指定字符串 n 的字符串

例如，下列代码

```
var pattern = new RegExp( [0-9],  g );
```

声明了一个用于全局检索文本中是否包含数字 0 ~ 9 之间任意字符的正则表达式。

该正则表达式的语法格式简写形式如下：

```
var pattern = /[0-9]/g;
```

例如，下列代码

```
var str = "Is this all there is?";
var patt1 = /is/gi;
```

表示正则表达式是全文查找和不区分大小写搜索 "is"。

在 JavaScript 中，RegExp 对象是一个预定义了属性和方法的正则表达式对象。因此可以使用这些方法和属性。

test() 方法是一个正则表达式方法。test() 方法用于检测一个字符串是否匹配某个模式，如果字符串中含有匹配的文本，则返回 true，否则返回 false。

例如，下列代码

```
var patt1 = new RegExp("e");
document.write( patt1.test( "The best things in life are free") );
```

表示在 "The best things in life are free" 中搜索字符 "e"，由于该字符串中存在字符 "e"，以上代码的输出将是 true。

exec() 方法是另一个正则表达式方法。exec() 方法用于检索字符串中的正则表达式的匹配。该函数返回一个数组，其中存放匹配的结果。如果未找到匹配，则返回值为 null。

例如，下列代码

```
var patt2 = new RegExp("e");
document.write( patt2.exec( "The best things in life are free" ) );
```

表示在字符串 "The best things in life are free" 中搜索字符 "e"，由于该字符串中存在字符 "e"，以上代码的输出将是 e。

【例 5-11】　试给出一些常用正则表达式的代码。

解答

匹配网址 URL 的正则表达式：[a-zA-Z]+://[^s]*。

匹配国内电话号码：d{3}-d{8}|d{4}-d{7}。

匹配中国邮政编码：[1-9]d{5}(?!d)。

匹配 ip 地址：d+.d+.d+.d。

匹配正整数：^[1-9]d*$。

匹配负整数：^-[1-9]d*$。

匹配整数：^-?[1-9]d*$。

匹配由 26 个英文字母组成的字符串：^[A-Za-z]+$。

匹配由 26 个英文字母的大写组成的字符串：^[A-Z]+$。

匹配由 26 个英文字母的小写组成的字符串：^[a-z]+$。

匹配由数字和 26 个英文字母组成的字符串：^[A-Za-z0-9]+$。

[abc]：查找方括号内任意一个字符。

[^abc]：查找不在方括号内的字符。

[0-9]：查找从 0 至 9 范围内的数字，即查找数字。

[a-z]：查找从小写 a 到小写 z 范围内的字符，即查找小写字母。

[A-Z]：查找从大写 A 到大写 Z 范围内的字符，即查找大写字母。

[A-z]：查找从大写 A 到小写 z 范围内的字符，即所有大小写字母。

^ 匹配一个输入或一行的开头，/^a/ 匹配 "an A"，而不匹配 "An a"。

$ 匹配一个输入或一行的结尾，/a$/ 匹配 "An a"，而不匹配 "an A"。

* 匹配前面元字符 0 次或多次，/ba*/ 将匹配 b,ba,baa,baaa。

+ 匹配前面元字符 1 次或多次，/ba*/ 将匹配 ba,baa,baaa。

? 匹配前面元字符 0 次或 1 次，/ba*/ 将匹配 b,ba。

(x) 匹配 x，保存 x 在名为 $1...$9 的变量中。

x|y 匹配 x 或 y。

{n} 精确匹配 n 次。

{n,} 匹配 n 次以上。

{n,m} 匹配 n-m 次。

5.7.2 内置对象

1. Gobal 对象

在 JavaScript 中，Gobal 对象又称全局对象，其中包含的属性和函数可以用于所有本地 JavaScript 对象。

2. Math 对象

在 JavaScript 中，Math 对象用于数学计算，无须初始化创建，可以直接使用关键词 Math 调用其所有的属性和方法。

小提示：Math 对象并不像 Date 和 String 那样是对象的类，因此没有构造函数 Math()。像 Math.sin() 这样的函数只是函数，不是某个对象的方法。无须创建它，通过把 Math 作为对象使用就可以调用其所有属性和方法。

Math 对象的常用属性和常用方法描述分别如表 5-16 和表 5-17 所示。

表 5-16　Math 对象属性及其描述

属　　性	描　　述
E	返回算术常量 e，即自然对数的底数（约等于 2.718）
LN2	返回 2 的自然对数（约等于 0.693）
LN10	返回 10 的自然对数（约等于 2.302）
LOG2E	返回以 2 为底的 e 的对数（约等于 1.414）
LOG10E	返回以 10 为底的 e 的对数（约等于 0.434）
PI	返回圆周率（约等于 3.14159）
SQRT1_2	返回 2 的平方根的倒数（约等于 0.707）
SQRT2	返回 2 的平方根（约等于 1.414）

表 5-17　Math 对象方法及其描述

方　　法	描　　述
abs(x)	返回数的绝对值
acos(x)	返回数的反余弦值
asin(x)	返回数的反正弦值
atan(x)	以介于 -PI/2 与 PI/2 弧度之间的数值来返回 x 的反正切值
atan2(y,x)	返回从 x 轴到点 (x,y) 的角度（介于 -PI/2 与 PI/2 弧度之间）
ceil(x)	对数进行上舍入
cos(x)	返回数的余弦
exp(x)	返回 e 的指数
floor(x)	对数进行下舍入
log(x)	返回数的自然对数（底为 e）
max(x,y)	返回 x 和 y 中的最高值
min(x,y)	返回 x 和 y 中的最低值
pow(x,y)	返回 x 的 y 次幂
random()	返回 0 ~ 1 之间的随机数
round(x)	把数四舍五入为最接近的整数
sin(x)	返回数的正弦

续表

方　法	描　述
sqrt(x)	返回数的平方根
tan(x)	返回角的正切
toSource()	返回该对象的源代码
valueOf()	返回 Math 对象的原始值

5.7.3　宿主对象

宿主对象包括 HTML DOM（文档对象模型）和 BOM（浏览器对象模型）。具体内容和用法请参考第 5 章内容。

5.8　全局函数和属性

全局对象是预定义的对象，作为 JavaScript 的全局函数和全局属性的占位符。通过使用全局对象，可以访问其他所有预定义的对象、函数和属性。全局对象不是任何对象的属性，所以它没有名称。全局对象只是一个对象，而不是类。既没有构造函数，也无法实例化一个新的全局对象。

表 5-18 和表 5-19 给出了全局函数和全局属性的具体描述。

表 5-18　全局函数及其描述

函　数	描　述
decodeURI()	解码某个编码的 URI
decodeURIComponent()	解码一个编码的 URI 组件
encodeURI()	把字符串编码为 URI
encodeURIComponent()	把字符串编码为 URI 组件
escape()	对字符串进行编码
eval()	计算 JavaScript 字符串，并把它作为脚本代码来执行
getClass()	返回一个 JavaObject 的 JavaClass
isFinite()	检查某个值是否为有穷大的数
isNaN()	检查某个值是否是数字
Number()	把对象的值转换为数字
parseFloat()	解析一个字符串并返回一个浮点数
parseInt()	解析一个字符串并返回一个整数
String()	把对象的值转换为字符串
unescape()	对由 escape() 编码的字符串进行解码

表 5-19 全局属性及其描述

属　性	描　述
Infinity	代表正的无穷大的数值
java	代表 java.* 包层级的一个 JavaPackage
NaN	指示某个值是不是数字值
Packages	根 JavaPackage 对象
undefined	指示未定义的值

5.8.1 escape() 和 unescape()

escape() 和 unescape() 函数的功能是对字符串进行编码和解码。

5.8.2 eval()

eval(字符串) 函数将 JavaScript 中的字符串所代表的运算或语句作为表达式来执行。

语法格式如下：

```
eval(string)
```

5.8.3 parseInt() 和 parseFloat()

在使用表单时，常将文本框中的字符串按照需要转换为整数和浮点数，这样的操作就要用到 parseInt() 函数和 parseFloat() 函数，它们可以分别将字符串转换为整数和浮点数。

1. parseInt()

parseInt() 函数用于解析字符串并从中返回一个整数。

当字符串中存在除了数字、符号、小数点和指数符号以外的其他字符时，parseInt() 函数就停止转换，返回已有的结果。

当第一个字符就不能转换时，函数将返回“NaN”（即 Not a Number，不是一个数字）。

语法格式如下：

```
parseInt(string,[radix])
```

2. parsefloat()

parseFloat() 函数用于解析字符串并从中返回一个浮点数。

语法格式如下：

```
parseFloat(string)
```

5.8.4 isNaN()

NaN 意为 not a number，即不是一个数值。isNaN() 函数用于判断表达式是否是一个非数字值。若 isNaN() 返回的值为 true，则表达式不是数值；反之，则是一个数值。

语法格式如下：

```
isNaN(value)
```

小 结

本章主要介绍了 JavaScript 在网页中的作用，在网页中的插入方式，JavaScript 的基本语法、程序结构、函数、对象、内建对象、全局函数和属性等内容。本章的难点是正则表达式。需要重点掌握的内容是能够运算 JavaScript 基本表达式、函数、对象和程序结构编写网页脚本程序。

习 题

一、选择题

1. 在网页中输出“Hello JavaScript”的 JavaScript 语句是（　　）。

   A. .write("Hello JavaScript");　　B. response.write("Hello JavaScript");

   C. ("Hello JavaScript");　　D. document.write("Hello JavaScript");

2. JavaScript 代码开始和结束的标签是（　　）。

   A. 以 <java> 开始，以 </java> 结束　　B. 以 <script> 开始，以 </script> 结束

   C. 以 <style> 开始，以 </style> 结束　　D. 以 <js> 开始，以 </js> 结束

3. 在 HTML 文档中，引用名为 MyJavaScript.js 的外部脚本时，正确的代码是（　　）。

   A. <script src="MyJavaScript.js">　　B. <script href="MyJavaScript.js">

   C. <script name="MyJavaScript.js">　　D. <script target="MyJavaScript.js">

4. 以下（　　）单词不属于 JavaScript 的保留字。

   A. with　　B. parent

   C. class　　D. void

5. 要创建名为 myFun 的函数，应该选择（　　）。

   A. function:myFun(){}　　B. function myFun(){}

   C. function=myFun(){}　　D. function myFun{}

6. 要在 JavaScript 中添加注释，正确的语句是（　　）。

   A. 'This is a comment　　B. // This is a comment

   C. <comment>　　D. <!-- This is a comment-->

7. 要把 3.14 四舍五入为最接近的整数，应该选择（　　）。

   A. round(3.14)　　B. rnd(3.14)

   C. Math.round(3.14)　　D. Math.rnd(3.14)

8. 要求 3 和 5 中最大的数，应该选择（　　）。

   A. Math.ceil(3,5)　　B. Math.max(3,5)

   C. ceil(3,5)　　D. floor(3,5)

9. 定义 JavaScript 数组正确的语句是（　　）。

   A. var name= Array("Tom","Mary","Jack")

   B. var name=new Array("Tom","Mary","Jack")

C. var name= "Tom","Mary","Jack"

D. var name= Array(1:"Tom",2:"Mary",3:"Jack")

10. 下列表达式结果为真的是（ ）。

A. null instanceof Object　　B. null===undefined

C. null==undefined　　D. NaN==NaN

11. 要编写当 i 不等于 5 时执行某些语句的条件语句是（ ）。

A. if =! 5 then　　B. if <> 5

C. if(i <> 5)　　D. if(i != 5)

12. 在 HTML 中，JavaScript 代码要写在（ ）标签中。

A. <script>…</script>　　B. <style>…</style>

C. <link>…</link>　　D. <head>…</head>

二、判断题

1. 在 JavaScript 中，逻辑运算返回结果的值为 0 或 1。（ ）
2. JavaScript 是一种解释性的脚本语言。（ ）
3. JavaScript 是一种基于对象的脚本编程语言。（ ）
4. 在网页中，JavaScript 用于搭建页面结构。（ ）
5. JavaScript 的变量名严格区分大小写，如 MyName 和 myName 代表两个不同的变量。（ ）

三、问答题

1. 简述一个 HTML 文档的基本结构。
2. JavaScript 变量命名的规则有哪些？
3. 外部脚本文件中包含 <script>…</script> 吗？
4. setTimeOut("MyFun()", 500) 表示什么意思？

第6章 BOM与DOM

6.1 浏览器对象BOM

6.1.1 BOM模型

浏览器对象模型（Browser Object Model，BOM）定义了JavaScript操作浏览器的接口，允许JavaScript与浏览器交互和对话。例如，获取浏览器窗口的大小、屏幕的宽度和高度、浏览器的相关信息、当前页面URL的信息、访问历史记录等。在HTML 5中，W3C正式将BOM纳入到其规范之中。

BOM描述了浏览器中对象与对象之间的层次关系，提供了独立于页面内容并能够与浏览器窗口进行交互的对象结构，如图6-1所示。

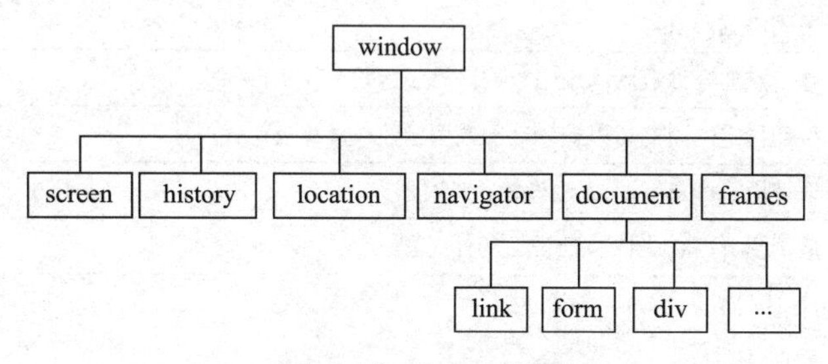

图6-1　BOM模型

window对象是BOM模型中的顶层对象，其他对象都是该对象的子对象。浏览器会为每一个页面自动创建window、document、location、navigator和history对象。

6.1.2 window对象

在JavaScript中，window对象表示浏览器窗口，即window对象与文档窗口相对应。当页面中包含frame或iframe元素时，浏览器为整个HTML文档创建一个window对象，然后再为每个框架对应的页面创建一个单独的window对象。

所有浏览器都支持 window 对象。所有 JavaScript 全局对象、函数以及变量均自动成为 window 对象的成员。

在 BOM 中，全局变量是 window 对象的属性，全局函数是 window 对象的方法。在使用窗口的属性和或方法时，允许以全局变量或系统函数的方式进行使用。

例如，window.document 可以简写成 document 形式。

window 对象提供了处理窗口的方法和属性，具体见表 6-1 和表 6-2。

表 6-1　window 对象的属性及其描述

属　性	描　述
closed	只读，返回窗口是否已被关闭
defaultStatus	可返回或设置窗口状态栏中的默认内容
innerWidth	只读，窗口文档显示区的宽度（单位像素）
innerHeight	只读，窗口文档显示区的高度（单位像素）
name	当前窗口的名称
opener	可返回对创建该窗口的 window 对象的引用
parent	如果当前窗口有父窗口，表示当前窗口的父窗口对象
self	只读，对窗口自身的引用
top	当前窗口的最顶层窗口对象
status	可返回或设置窗口状态栏中显示的内容

表 6-2　window 对象的方法及其描述

方　法	描　述
open()	打开一个新的浏览器窗口或查找一个已命名的窗口
close()	关闭浏览器窗口
setTimeout(code,millisec)	在指定的毫秒数后调用函数或计算表达式，仅执行一次
setInterval(code,millisec)	按照指定的周期（以毫秒计）调用函数或计算表达式
clearTimeout()	取消由 setTimeout() 方法设置的计时器
clearInterval()	取消由 setInterval() 方法设置的计时器

1. open() 方法

window 对象的 open() 方法用于打开一个新窗口。其语法格式如下：

```
var targetWindow = window.open(url, name, features, replace)
```

其中，参数 features 用于设置窗口在创建时所具有的特征，如标题栏、菜单栏、状态栏、是否全屏显示等特征，具体描述如表 6-3 所示。

表 6-3　窗口特征及其描述

窗口特征	描　述
channelmode	是否使用 channel 模式显示窗口，取值范围 yes|no|1|0，默认值为 no

续表

窗口特征	描　述
directories	是否添加目录按钮，取值范围 yes|no|1|0，默认值为 yes
fullscreen	是否使用全屏模式显示浏览器，取值范围 yes|no|1|0，默认值为 no
location	是否显示地址栏，取值范围 yes|no|1|0，默认值为 yes
menubar	是否显示菜单栏，取值范围 yes|no|1|0，默认值为 yes
resizable	窗口是否可调节尺寸，取值范围 yes|no|1|0，默认值为 yes
scrollbars	是否显示滚动条，取值范围 yes|no|1|0，默认值为 yes
status	是否添加状态栏，取值范围 yes|no|1|0，默认值为 yes
titlebar	是否显示标题栏，取值范围 yes|no|1|0，默认值为 yes
toolbar	是否显示浏览器的工具栏，取值范围 yes|no|1|0，默认值为 yes
width	窗口显示区的宽度，单位是像素
height	窗口显示区的高度，单位是像素
left	窗口的 y 坐标，单位是像素
top	窗口的 x 坐标，单位是像素

【例 6-1】 分析下列代码（6-1_在网页中打开新窗口.html）的运行结果。

```
行号  代码：6-1_在网页中打开新窗口.html
 1    <!doctype html>
 2    <html>
 3    <head>
 4       <meta charset="utf-8">
 5       <title> </title>
 6       <script>
 7          var w;
 8          function Login(){
 9                w=window.open("https://www.baidu.com", "_blank", "width=400,
      height=300, left=300, top=150");
10          }
11       </script>
12    </head>
13    <body>
14       <script></script>
15          <form>
16             <input type="button" value="单击关闭窗口" onClick="w.close()" />
17             <input type="button" value="单击打开窗口" onClick="Login()" />
18          </form>
19    </body>
20    </html>
```

分析

① 打开网页后，显示“单击打开窗口”和“单击关闭窗口”两个按钮。

② 单击“单击打开窗口”按钮，弹出一个新窗口，该窗口对象保存到全局变量 w 中，窗口 URL

定位到 http://www.baidu.com，窗口大小为 width=400 px、height=300 px，窗口位置为 left=300 px、top=150 px。

③ 单击“单击关闭窗口”按钮，弹出的新窗口 w 会关闭。注意在第 16 行代码中，w.close() 表示关闭窗口 w。

打开新窗口的网页效果如图 6-2 所示。

图 6-2　打开窗口的效果

2. close() 方法

window 对象的 close() 方法用于关闭指定的浏览器窗口。其语法格式如下：

```
targetWindow.close()
```

其中，当关闭当前页面中所打开的新窗口时，参数 targetWindow 为目标窗口对象；参数 targetWindow 也可以是 window 对象，此时可省略对象名称 window。

3. alert() 方法

在 JavaScript 中可以创建三种消息框（JavaScript 弹窗）：警告框、确认框和提示框。

window 对象的 alert() 方法会弹出警告框，经常用于确保用户可以得到或看到某些信息。当警告框出现后，用户需要单击“确定”按钮才能继续进行操作。

alert() 方法的语法格式如下：

```
window.alert("sometext");
```

window.alert() 方法可以不带 window 对象名，直接使用 alert() 方法。

例如，下面的代码

```
<!DOCTYPE html>
<html>
<head>
<script>
    function myFunction(){
        alert("你好，我是一个警告框！");
    }
</script>
```

```
</head>
<body>
    <input type="button" onclick="myFunction()" value="显示警告框">
</body>
</html>
```

表示使用 window 对象的 alert () 方法，弹出警告框。

4. confirm() 方法

window 对象的 confirm() 方法会弹出确认框，通常用于验证是否接受用户操作。当确认框弹出时，用户可单击“确认”或者“取消”按钮确定用户操作。

如果单击“确认”按钮，确认框返回 true；如果单击 “取消”按钮，确认框返回 false。

confirm () 方法的语法格式如下：

```
window.confirm("sometext");
```

window.confirm() 方法可以不带 window 对象名，直接使用 confirm() 方法。

例如，下面的代码

```
var r = confirm("按下按钮");
    if (r == true){
        x = "你按下了\“确定\”按钮!";
    }else{
        x="你按下了\“取消\”按钮!";
}
```

表示使用 window 对象的 confirm() 方法，弹出确认框。

5. prompt() 方法

window 对象的 Prompt() 方法会弹出提示框，经常用于提示用户在进入页面前输入某个值。当提示框出现后，用户需要输入某个值，然后单击“确认”或“取消”按钮才能继续操作。

如果用户单击“确认”按钮，那么返回值为输入的值；如果用户单击“取消”按钮，那么返回值为 null。

Prompt() 方法的语法格式如下：

```
window.prompt("sometext","defaultvalue");
```

window.prompt() 方法可以不带 window 对象名，直接使用 prompt() 方法。

例如，下面的代码

```
<div id = "demo"></div>
<script>
    var person = prompt("请输入你的名字","Tom");
    if(person != null && person != ""){
        x = "你好，" + person + "!";
        document.getElementById("demo").innerHTML = x;
    }
<script>
```

表示使用 window 对象的 prompt() 方法，弹出提示框。

6. setTimeout() 方法

setTimeout() 方法用于设置一个计时器，在指定的时间间隔后调用函数或计算表达式，且仅执行一次。

setTimeout() 方法的语法格式如下：

```
var id_Of_timeout = setTimeout(code, millisec)
```

其中：

① 参数 code 必需，表示被调用的函数或需要执行的 JavaScript 代码串。

② 参数 millisec 必需，表示在执行代码前需等待的时间（以毫秒计）。

③ code 代码仅被执行一次。

④ setTimeout() 方法返回一个计时器的 ID。

7. clearTimeout() 方法

clearTimeout() 方法用于取消由 setTimeout() 方法所设置的计时器。

clearTimeout() 方法的语法格式如下：

```
clearTimeout(id_Of_timeout)
```

其中，参数 id_Of_timeout 表示由 setInterval() 方法返回的定时器 ID。

例如，在下面的代码中

```
function openWin(){
    myWindow = window.open(' ', ' ', 'width = 200, height = 100');
    myWindow.document.write("This is 'myWindow'");
}
function moveWin(){
    x+=10;
    y+=10;
    myWindow.moveBy(x, y);
    timer = setTimeout("moveWin()", 1000);
}
function stopMove(){
    clearTimeout(timer);
}
function closeWin(){
    myWindow.close();
}
```

设置了 1 000 ms 的延时，即 moveWin() 函数运行后，要等 1 000 ms 时间才能看到窗口的移动。在此之前，通过 stopMove() 函数可以随时终止窗口发生移动。

8. setInterval() 方法

setInterval() 方法用于设置一个定时器，按照指定的周期（以毫秒计）调用函数或计算表达式。

setInterval () 方法的语法格式如下：

```
var id_Of_Interval=setInterval(code,millisec)
```

其中：

① 参数 code 必需，表示被调用的函数名或需要执行的 JavaScript 代码串。

② 参数 millisec 必需，表示调用 code 代码的时间间隔（以毫秒计）。

③ setInterval() 方法返回一个定时器的 ID。

④ setInterval() 方法会不停地调用 code 代码，直到定时器被 clearInterval() 方法取消或窗口被关闭。

9. clearInterval() 方法

clearInterval() 方法用于取消由 setInterval() 方法所设置的定时器。

clearInterval () 方法的语法格式如下：

```
clearInterval(id_Of_Interval)
```

其中，参数 id_Of_Interval 表示由 setInterval() 方法返回的定时器 ID。

小提示：①在文档流的加载过程中，文档流是可写的，此时用 document.write() 方法向文档流中可以写入内容，不用调用 open() 和 close() 方法打开和关闭输出流。②当文档加载完毕后，文档流不再可写了。如果此时向文档流中写入内容，则需要用 open() 方法打开输出流（通常 open() 方法会在 document.write() 方法调用时自动调用），但在打开输出流时会清除当前文档中的所有内容（包括 HTML、CSS 和 JavaScript 代码）。

6.1.3　screen 对象

在 JavaScript 中，screen 对象包含有关用户屏幕的信息。window.screen 对象在编写时可以不使用 window 这个前缀。

screen 对象有 screen.availWidth 和 screen.availHeight 两个属性，具体含义如下：

- screen.availWidth：可用的屏幕宽度。
- screen.availHeight：可用的屏幕高度。

1. window Screen 可用宽度

screen.availWidth 属性返回访问者屏幕的宽度，减去界面特性，比如窗口任务栏。以像素为单位。

2. window Screen 可用高度

screen.availHeight 属性返回访问者屏幕的高度，减去界面特性，比如窗口任务栏。以像素为单位。

【例 6-2】　分析下列代码（6-2_窗口的宽度与高度.html）的运行结果。

```
行号  代码：6-2_窗口的宽度与高度.html
 1    <!DOCTYPE html>
 2    <html>
 3    <head>
 4       <meta charset="utf-8">
 5       <title>Screen</title>
 6       <script>
 7          document.write("<br>");
 8          document.write("屏幕可用宽度：" + screen.availWidth);
 9          document.write("<br>");
10          document.write("屏幕可用高度：" + screen.availHeight);
11          document.write("<br><br>");
12          document.write("window可用宽度：" + window.innerWidth);
13          document.write("<br>");
14          document.write("window可用高度：" + window.innerHeight);
15       </script>
16    </head>
```

```
17    <body>
18    </body>
19    </html>
```

分析

① 作为对比，在网页中同时显示屏幕尺寸和窗口尺寸。

② 在屏幕分辨率设置为 800 px × 600 px 的条件下，应用 Chrome 浏览器进行浏览，窗口大小设为适中，浏览结果为：屏幕可用宽度 640，屏幕可用高度 480；window 可用宽度 500，window 可用高度 243，如图 6–3 所示。

③ 继续操作，保持浏览器窗口的尺寸不变，将屏幕分辨率设置为 1 920 px × 1 080 px，其浏览结果为：屏幕可用宽度 1536，屏幕可用高度 864；window 可用宽度 500，window 可用高度 243，如图 6–4 所示。

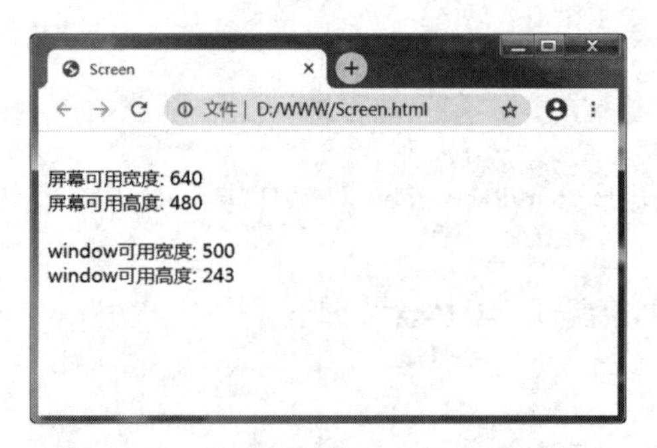

图 6–3　分辨率 800 px × 600 px，Chrome 浏览器，窗口大小适中

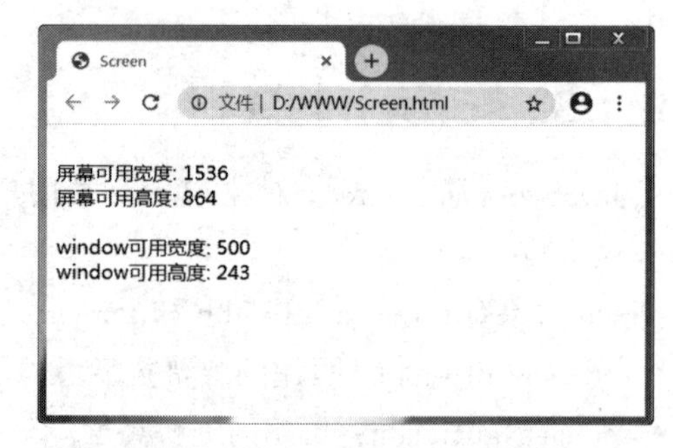

图 6–4　分辨率 1 920 px × 1 080 px，Chrome 浏览器，窗口大小适中

④ 继续操作，将浏览器的窗口调整到最大化状态，其浏览结果为：屏幕可用宽度 1536，屏幕可用高度 864；window 可用宽度 1536，window 可用高度 791。如图 6–5 所示。

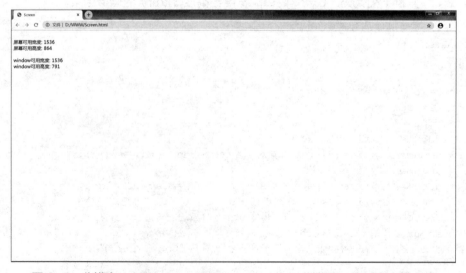

图 6–5　分辨率 1 920 px × 1 080 px，Chrome 浏览器，窗口大小最大化

⑤ 继续操作，将Chrome浏览器更换为QQ浏览器，并将浏览器的窗口调整到最大化状态，其浏览结果为：屏幕可用宽度1536，屏幕可用高度864；window可用宽度1496，window可用高度798，如图6-6所示。

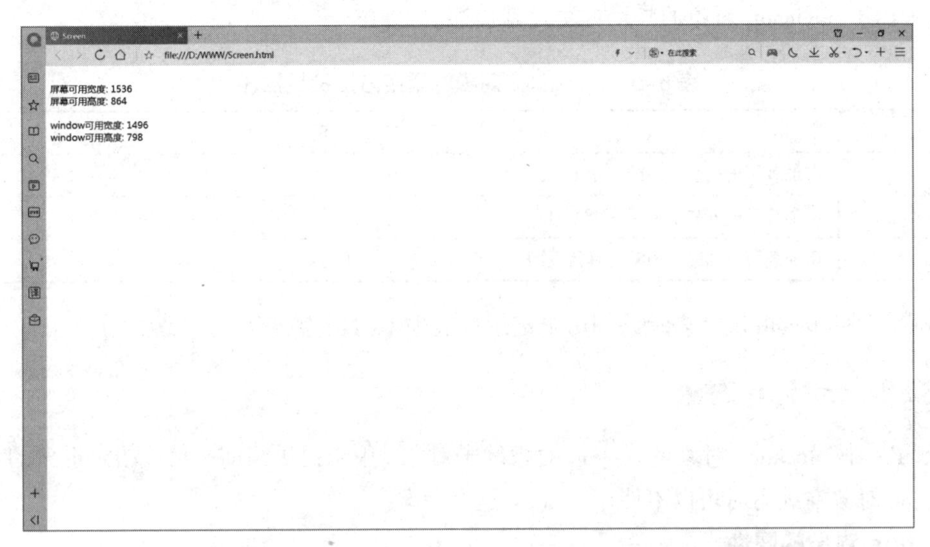

图6-6　分辨率1 920 px×1 080 px，QQ浏览器，窗口大小最大化

⑥ 结论：屏幕可用的宽度和高度只与屏幕的分辨率有关；window的可用宽度和高度只与窗口的大小状态、浏览器的类型有关。

6.1.4　navigator对象

在JavaScript中，navigator对象中包含浏览器的相关信息，如浏览器名称、版本号和脱机状态等信息。window. navigator对象在编写时可以不使用window这个前缀。

表6-4列出了navigator对象的常用方法及其描述。

表6-4　navigator对象的常用方法及其描述

方　法	描　述
appName	可返回浏览器的名称，如Netscape、Microsoft Internet Explorer等
appVersion	可返回浏览器的平台和版本信息
platform	声明了运行浏览器的操作系统和（或）硬件平台，如Win32、MacPPC等
userAgent	声明了浏览器用于HTTP请求的用户代理头的值，由navigator.appCodeName的值之后加上斜线和navigator.appVersion的值构成
onLine	声明了系统是否处于脱机模式
cookieEnabled	浏览器启用了cookie时返回true，否则返回false

6.1.5　history对象

在JavaScript中，history对象用于保存用户在浏览网页时所访问过的URL地址。window. history对象在编写时可以不使用 window 这个前缀。

由于隐私方面的原因，JavaScript 不允许通过 history 对象获取已经访问过的 URL 地址。history 对象提供了 back()、forward() 和 go() 方法实现针对历史访问的前进与后退功能。

表 6-4 列出了 navigator 对象的常用方法及其描述。

表 6-5　navigator 对象的常用方法及其描述

方　法	描　述
back()	可加载历史列表中的前一个 URL
forward()	可加载历史列表中的后一个 URL
go(n | url)	可加载历史列表中的某个具体页面

navigator 对象的 length 属性表示访问历史记录列表中 URL 的数量。

6.1.6　location 对象

在 JavaScript 中，location 对象是 window 对象的子对象，用于提供当前窗口或指定框架的 URL 地址。window. location 对象在编写时可以不使用 window 这个前缀。

1. location 对象的属性

location 对象中包含当前页面的 URL 地址的各种信息，如协议、主机服务器和端口号等，具体属性及其描述如表 6-6 所示。

表 6-6　location 对象的属性及其描述

属　性	描　述
protocol	设置或返回当前 URL 的协议
host	设置或返回当前 URL 的主机名称和端口号
hostname	设置或返回当前 URL 的主机名
port	设置或返回当前 URL 的端口部分
pathname	设置或返回当前 URL 的路径部分
href	设置或返回当前显示的文档的完整 URL
hash	URL 的锚部分（从 # 号开始的部分）
search	设置或返回当前 URL 的查询部分（从问号 ? 开始的参数部分）

2. location 对象的方法

location 对象提供了 assign(url)、reload(force) 和 replace(url) 三个方法，用于加载或重新加载页面中的内容。

（1）assign(url)

可加载一个新的文档，与 location.href 实现的页面导航效果相同。

（2）reload(force)

用于重新加载当前文档。参数 force 省略时默认值为 false。

- 当参数 force 为 false 且文档内容发生改变时，从服务器端重新加载该文档。

- 当参数 force 为 false 但文档内容没有改变时，从缓存区中装载文档。
- 当参数 force 为 true 时，每次都从服务器端重新加载该文档。

（3）replace(url)

使用一个新文档取代当前文档，且不会在 history 对象中生成新的记录。

6.2　文档对象模型（DOM）

6.2.1　DOM 模型

文档对象模型（Document Object Model，DOM）定义了访问文档的标准。W3C DOM 是一种与平台、语言无关的接口，允许程序和脚本动态地访问或更新 HTML 或 XML 文档的内容、结构和样式，且提供了一系列的函数和对象来实现访问、添加、修改及删除操作。

W3C DOM 标准分为 3 个不同的部分：

① Core DOM：所有文档类型的标准模型。

② XML DOM：XML 文档的标准模型。

③ HTML DOM：HTML 文档的标准模型。

其中，HTML DOM 是 HTML 的标准对象模型和编程接口。它定义了：

① 作为对象的 HTML 元素。

② 所有 HTML 元素的属性。

③ 访问所有 HTML 元素的方法。

④ 所有 HTML 元素的事件。

故 HTML DOM 是关于如何获取、更改、添加或删除 HTML 元素的标准。

HTML 文档中的 DOM 模型如图 6–7 所示，document 对象是 DOM 模型的根节点。

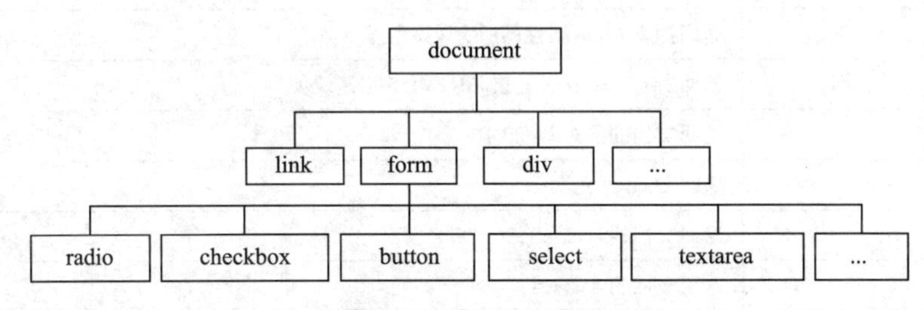

图 6–7　DOM 模型

对比图 6–1 中的 BOM 可知，DOM 属于 BOM 的一部分，用于对 BOM 中的核心对象 document 进行操作。

6.2.2　HTML DOM

当网页被加载时，浏览器会创建页面的文档对象模型。HTML DOM 模型被结构化为对象树，图 6–8 所示为某页面对象的 HTML DOM 树。

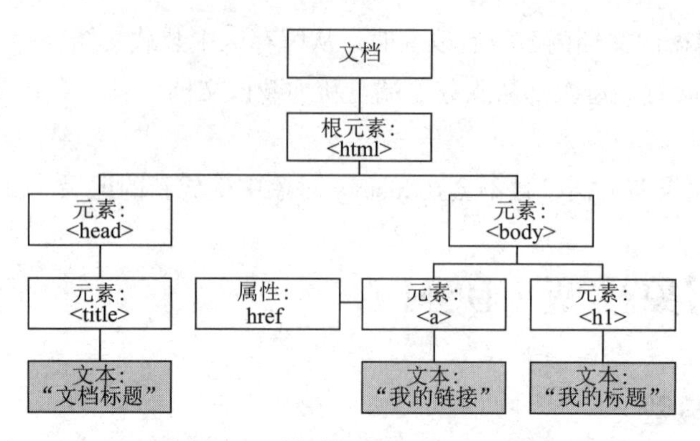

图 6-8 对象的 HTML DOM 树

在 HTML DOM 中，所有 HTML 元素都被定义为对象，能够通过 JavaScript 进行访问等操作。HTML DOM 方法是指能够（在 HTML 元素上）执行的动作（如添加或删除 HTML 元素）；HTML DOM 属性是指能够设置或改变的 HTML 元素的值（如改变 HTML 元素的内容）。

通过 HTML DOM，JavaScript 能够访问和改变 HTML 文档的所有元素。

① 改变 HTML 元素的内容。

② 改变 HTML 元素的样式（CSS）。

③ 删除已有的 HTML 元素和属性。

④ 添加新的 HTML 元素和属性。

⑤ 对页面中所有已有的 HTML 事件作出反应。

⑥ 在页面中创建新的 HTML 事件。

Document 对象的属性及其描述如表 6-7 所示，Document 对象的方法及其描述如表 6-8 所示。

表 6-7 Document 对象的属性及其描述

属　性	描　述
document.anchors	返回拥有 name 属性的所有 <a> 元素
document.applets	返回所有 <applet> 元素（HTML 5 不建议使用）
document.baseURI	返回文档的绝对基准 URI
document.body	返回 <body> 元素
document.cookie	返回文档的 cookie
document.doctype	返回文档的 doctype
document.documentElement	返回 <html> 元素
document.documentMode	返回浏览器使用的模式
document.documentURI	返回文档的 URI
document.domain	返回文档服务器的域名
document.domConfig	废弃。返回 DOM 配置
document.embeds	返回所有 <embed> 元素
document.forms	返回所有 <form> 元素

续表

属　　性	描　　述
document.head	返回 <head> 元素
document.images	返回所有 <img> 元素
document.implementation	返回 DOM 实现
document.inputEncoding	返回文档的编码（字符集）
document.lastModified	返回文档更新的日期和时间
document.links	返回拥有 href 属性的所有 <area> 和 <a> 元素
document.readyState	返回文档的（加载）状态
document.referrer	返回引用的 URI（链接文档）
document.scripts	返回所有 <script> 元素
document.strictErrorChecking	返回是否强制执行错误检查
document.title	返回 <title> 元素
document.URL	返回文档的完整 URL

表 6–8　Document 对象的方法及其描述

方　　法	描　　述
document.addEventListener()	向文档添加句柄
document.adoptNode(node)	从另外一个文档返回 adapded 节点到当前文档
document.close()	关闭用 document.open() 方法打开的输出流，并显示选定的数据
document.createAttribute()	创建一个属性节点
document.createComment()	createComment() 方法可创建注释节点
document.createDocumentFragment()	创建空的 DocumentFragment 对象，并返回此对象
document.createElement()	创建元素节点
document.createTextNode()	创建文本节点
document.getElementsByClassName()	返回文档中所有指定类名的元素集合，作为 NodeList 对象
document.getElementById()	返回对拥有指定 id 的第一个对象的引用
document.getElementsByName()	返回带有指定名称的对象集合
document.getElementsByTagName()	返回带有指定标签名的对象集合
document.importNode()	把一个节点从另一个文档复制到该文档以便应用
document.normalize()	合并相邻文本节点并删除空文本节点
document.normalizeDocument()	移除空文本节点，并合并相邻节点
document.open()	打开一个流，以收集来自任何 document.write() 或 document.writeln() 方法的输出
document.querySelector()	返回文档中匹配指定的 CSS 选择器的第一元素
document.querySelectorAll()	HTML 5 中引入的新方法，返回文档中匹配的 CSS 选择器的所有元素节点列表
document.removeEventListener()	移除文档中的事件句柄（由 addEventListener() 方法添加）
document.renameNode()	重命名元素或者属性节点
document.write()	向文档写 HTML 表达式 或 JavaScript 代码
document.writeln()	等同于 write() 方法，不同的是在每个表达式之后写一个换行符

【例 6-3】 应用 document 对象的属性和方法，编写一个对文档进行增删改查操作的网页。

操作过程

编写的代码（6-3_ 对文档进行增删改查操作 .html）如下。

```
行号  代码：6-3_对文档进行增删改查操作.html
 1   <!doctype html>
 2   <html>
 3   <head>
 4      <meta charset="utf-8">
 5      <title>用按钮实现增删改查</title>
 6   </head>
 7   <body>
 8      <div id="div1">
 9         <h1 id="t1"  class="titles">赋得古原草送别</h1>
10         <h2 id="t2"  class="titles">[宋代]</h2>
11         <h3 id="t3"  class="titles">白居易</h3>
12         <p id="p1"  class="passages">离离原上草，</p>
13         <p id="p2"  class="passages">野火烧不尽，春风吹又生。</p>
14         <p id="p3"  class="passages">远芳侵古道，晴翠接荒城。</p>
15         <p id="p4"  class="passages">又送王孙去，萋萋满别情。</p>
16      </div>
17       <form name="dom" action="#" method="post" id="frm1">
18          <input type="button" name="add"  value="增加" onClick="Adds()">
19          <input type="button" name="delete"  value="删除" onClick="Delete()">
20          <input type="button" name="modify"  value="修改" onClick="Modify()">
21      </form>
22      <script>
23         function Adds(){
24            var para=document.createElement("h3");
25            var node=document.createTextNode("[唐朝]");
26            para.appendChild(node);
27            var ele=document.getElementById("div1");
28            var beforeTag=document.getElementById("t3");
29            ele.insertBefore(para, beforeTag);
30         }
31         function Delete(){
32            var tmp = document.getElementById("t2");
33            tmp.remove();
34         }
35         function Modify(){
36            var tmp = document.getElementById("p1");
37            tmp.innerHTML = "离离原上草，一岁一枯荣。"
38         }
39      </script>
40   <div id="demo"></div>
41   </body>
42   </html>
```

6.2.3 查找 HTML 元素

如果通过 JavaScript 操作 HTML 元素，就需要首先找到这些元素。下面是一些如何使用 document 对象访问和操作 HTML 的方法。

① 通过 id 查找 HTML 元素。

② 通过标签名查找 HTML 元素。

③ 通过类名查找 HTML 元素。

④ 通过 CSS 选择器查找 HTML 元素。

⑤ 通过 HTML 对象集合查找 HTML 元素。

1. 通过 id 查找 HTML 元素

在 DOM 中查找 HTML 元素，可以使用 document.getElementById() 方法。

例如，例 6–3 中第 36 行代码

```
var tmp = document.getElementById("p1");
```

表示查找 id="p1" 的元素：如果元素被找到，此方法会以对象返回该元素（在 tmp 中）；如果未找到元素，tmp 将包含 null。

2. 通过标签名查找 HTML 元素

在 DOM 中查找 HTML 元素，可以使用 getElementsByTagName() 方法。

在例 6–3 中查找所有 <p> 元素的代码如下：

```
var x = document.getElementsByTagName("p");
```

查找 id="div1" 的元素，然后查找 “div1” 中所有 <p> 元素的代码如下：

```
var x = document.getElementById("div1");
var y = x.getElementsByTagName("p");
```

3. 通过类名查找 HTML 元素

如果需要找到拥有相同类名的所有 HTML 元素，就要使用 getElementsByClassName() 方法。

例如，在例 6–3 中返回包含 class="passages" 的所有元素的列表的代码如下：

```
var x = document.getElementsByClassName("passages");
```

通过类名查找元素不适用于 IE 8 及其更早版本。

4. 通过 CSS 选择器查找 HTML 元素

如果需要查找匹配指定 CSS 选择器（id、类名、类型、属性、属性值等）的所有 HTML 元素，应该使用 querySelectorAll() 方法。

例如，在例 6–3 中返回包含 class="passages" 的所有元素的列表的代码如下：

```
var x = document.querySelectorAll("div. passages");
```

querySelectorAll() 不适用于 IE 8 及其更早版本。

5. 通过 HTML 对象选择器查找 HTML 对象

在例 6–3 中查找 id="frm1" 的 form 元素，然后在 forms 集合中显示所有元素值的代码如下：

```
var x = document.forms["frm1"];
var text = "";
var i;
```

```
    for(i = 0; i < x.length; i++) {
        text += x.elements[i].value + "<br>";
    }
    document.getElementById("demo").innerHTML = text;
```

延伸阅读

（1）HTMLCollection 对象

应用 getElementsByTagName() 方法可以返回 HTMLCollection 对象，HTMLCollection 对象是类数组的 HTML 元素列表（集合）。

例如，下面的代码选取文档中的所有 <p> 元素：

```
var x = document.getElementsByTagName("p");
```

在该集合中的元素可通过索引号进行访问。例如，需访问第二个 <p> 元素，可以这样写：

```
y = x[1];
```

注意，索引从 0 开始。

（2）HTMLCollection 长度

length 属性定义了 HTMLCollection 中元素的数量。

例如，下面的代码选取文档中的所有 <p> 元素并在 id = "demo" 的元素中显示集合中元素的个数：

```
var myCollection = document.getElementsByTagName("p");
document.getElementById("demo").innerHTML = myCollection.length;
```

length 属性在需要遍历集合中元素时是有用的。

例如，下面的代码选取文档中的所有 <p> 元素并改变所有 <p> 元素的背景色：

```
var myCollection = document.getElementsByTagName("p");
var i;
for(i = 0; i < myCollection.length; i++) {
    myCollection[i].style.backgroundColor = "red";
}
```

注意，HTMLCollection 也许看起来像数组，能够遍历列表并通过数字引用元素（就像数组那样）。不过无法对 HTMLCollection 使用数组方法，比如 valueOf()、pop()、push() 或 join()。HTMLCollection 并非数组。

6.2.4 改变 HTML 元素的内容

HTML DOM 允许 JavaScript 改变 HTML 元素的内容。

1. 改变 HTML 输出流

例如，下面代码

```
<!DOCTYPE html>
<html>
<body>
    <script>
        document.write(Date());
    </script>
```

```
</body>
</html>
```

表示 JavaScript 能够在页面中创建动态 HTML 内容：

```
Sat Oct 31 2020 13:40:55 GMT+0800 (中国标准时间)
```

小提示：在 JavaScript 中，document.write() 可用于直接写入 HTML 输出流，但千万不要在文档加载后使用 document.write()。这么做会覆盖文档的初始内容。

2. 改变 HTML 内容

获取或修改 HTML 元素内容最简单的方法是使用 innerHTML 属性。

innerHTML 属性可用于获取、替换、改变任何 HTML 元素包括 <html> 和 <body> 的内容。

修改 HTML 元素的内容，其语法格式如下：

```
document.getElementById(id).innerHTML = new text
```

例如，例 6–3 中第 36 行和第 37 行代码

```
var tmp = document.getElementById("p1");
tmp.innerHTML = "离离原上草，一岁一枯荣。"
```

表示 HTML 文档包含 id="p1" 的 <p> 元素；使用 HTML DOM 来获取 id="p1" 的这个元素；JavaScript 把该元素的内容（innerHTML）更改为 “离离原上草，一岁一枯荣。”

6.2.5　改变 HTML 元素的属性

JavaScript 可以改变 HTML 元素的属性值、改变 HTML 元素的样式。

1. 改变 HTML 元素的属性值

修改 HTML 元素的属性值，其语法格式如下：

```
document.getElementById(id).attribute = new value
```

例如，下面的代码

```
<!DOCTYPE html>
<html>
<body>
    <img id="myImage" src="smiley.gif">
    <script>
        document.getElementById("myImage").src = "landscape.jpg";
    </script>
</body>
</html>
```

表示修改了 <img> 元素的 src 属性的值，即在 HTML 文档中含有一个 id="myImage" 的 <img> 元素，使用 HTML DOM 来获取 id="myImage" 的元素；通过 JavaScript 把此元素的 src 属性从 "smiley.gif" 更改为 "landscape.jpg"。

2. 改变 HTML 元素的样式

更改 HTML 元素的样式，其语法格式如下：

```
document.getElementById(id).style.property = new style
```

例如，下面的代码

```
<html>
<body>
    <p id="p1">Hello World!</p>
    <script>
        document.getElementById("p1").style.color = "blue";
    </script>
    <p id="p2"> Hello World!的颜色已被脚本改变为蓝色。</p>
</body>
</html>
```

表示更改了 <p id="p1"> 元素的样式。

改变 HTML 元素内容与属性的方法及其描述如表 6-9 所示。

表 6-9　改变 HTML 元素内容和属性的方法及其描述

方　法	描　述
element.innerHTML = new html content	改变元素的 innerHTML
element.attribute = new value	改变 HTML 元素的属性值
element.setAttribute(attribute, value)	改变 HTML 元素的属性值
element.style.property = new style	改变 HTML 元素的样式

6.2.6　删除已有的 HTML 元素和属性

JavaScript 可以删除已的有 HTML 元素。如需删除某个 HTML 元素，需要知晓该元素的父元素，通过父元素来删除子元素。

例如，下面的代码

```
<div id="div1">
    <p id="p1">这是第一个段落。</p>
    <p id="p2">这是第二个段落。</p>
</div>
<script>
    var parent = document.getElementById("div1");
    var child = document.getElementById("p1");
    parent.removeChild(child);
</script>
```

在这个 HTML 文档中包含了一个带有两个子节点（两个 <p> 元素）的 <div> 元素，查找 id="div1" 的元素，再查找 id="p1" 的 <p> 元素，用父元素来删除子元素。

注意，方法 node.remove() 是在 DOM 4 规范中实现的，但是由于糟糕的浏览器支持，不应该使用该方法。一种解决方法是，找到想要删除的子元素，并利用其 parentNode 属性找到父元素，再进行删除。代码如下：

```
var child = document.getElementById("p1");
child.parentNode.removeChild(child);
```

6.2.7　替换 HTML 元素

JavaScript 可以替换已的有 HTML 元素。如需替换元素，需要使用 replaceChild() 方法。

例如，下面代码

```
<div id="div1">
    <p id="p1">这是第一个段落。</p>
    <p id="p2">这是第二个段落。</p>
</div>
<script>
    var para = document.createElement("h3");
    var node = document.createTextNode("这是文本标题。");
    para.appendChild(node);
    var parent = document.getElementById("div1");
    var child = document.getElementById("p1");
    parent.replaceChild(para, child);
</script>
```

表示把“<p id="p1"> 这是第一个段落。</p>”替换为“<h3 id="p1"> 这是文本标题。</h3>”后显示出来。

6.2.8 添加新的 HTML 元素和属性

JavaScript 可以创建新 HTML 元素（节点）。如需向 HTML DOM 添加新元素，必须首先创建这个元素（元素节点），然后将其追加到已有元素中。

例如，下面的代码

```
<div id="div1">
    <p id="p1">这是第一个段落。</p>
    <p id="p2">这是第二个段落。</p>
</div>
<script>
    var para = document.createElement("h3");
    var node = document.createTextNode("这是文本标题。");
    para.appendChild(node);
    var element = document.getElementById("div1");
    element.appendChild(para);
</script>
```

表示先创建了一个新的 <h3> 元素，再创建其文本节点，然后向 <h3> 元素追加这个文本节点，最后向已有元素追加这个新元素（作为子元素）。

上面例子中的 appendChild() 方法，表示将新元素作为父元素的最后一个子元素追加进去。此外还可以使用 insertBefore() 方法。代码如下：

```
element.insertBefore(para, child);
```

添加、删除和替换 HTML 元素的常用方法及其描述如表 6-10 所示。

表 6-10　添加、删除和替换 HTML 元素的常用方法及其描述

方　法	描　述
document.createElement(element)	创建 HTML 元素
document.removeChild(element)	删除 HTML 元素
document.appendChild(element)	添加 HTML 元素
document.replaceChild(element)	替换 HTML 元素
document.write(text)	写入 HTML 输出流

6.3 事件机制

在 JavaScript 中，事件是指预先定义好的、能够被对象识别的动作，即事件定义了用户与网页进行交互时产生的各种操作。例如移动鼠标，就会发生 MouseMove 事件；当鼠标移动到某个对象的上面时，就会发生 MouseOver 事件；用鼠标单击某个对象，就会产生 Click 事件；页面加载时就会触发 Load 事件。

JavaScript 采用事件驱动的响应机制，当用户与页面进行交互操作时就会触发相应的事件。当事件发生后，系统调用 JavaScript 中指定的事件处理函数（或相应函数）进行处理、实现相应的功能。

用户需要编写事件处理函数。

6.3.1 事件类型

在 JavaScript 中，事件分为操作事件和文档事件两大类。

1. 操作事件

操作事件是指用户在浏览器中操作所产生的事件。操作事件包括鼠标事件、键盘事件和表单事件。

常见的鼠标事件（Mouse Events）有鼠标单击、双击、按下、松开、移动、移出和悬停等事件。

常见的键盘事件（Keyboard Events）包括按下、松开、按下后又松开等事件。

表单及表单元素事件（Form & Element Events）包括表单提交、重置和表单元素的改变、选取、获得焦点、失去焦点等事件。

2. 文档事件

文档事件是指文档本身所产生的事件，如文件加载完毕、卸载文档和文档窗口改变等事件。

6.3.2 事件句柄

事件句柄（Event Handlers）是界面对象的一个属性，存储特定事件处理函数的信息。当事件发生时，JavaScript 就会找到界面对象中相应的事件句柄，调用绑定在上面的事件处理函数。一般句柄的形式就是在事件的名称前面加上前缀 on，例如对应事件 Click 的句柄就是 onClick。

表 6-11 是一个属性列表，这些属性可插入 HTML 标签来定义事件动作。

表 6-11 事件句柄

属　性	描　述	属　性	描　述
onabort	图像加载被中断	onmousedown	某个鼠标按键被按下
onblur	元素失去焦点	onmousemove	鼠标被移动
onchange	用户改变域的内容	onmouseout	鼠标从某元素移开
onclick	鼠标单击某个对象	onmouseover	鼠标被移到某元素之上
ondblclick	鼠标双击某个对象	onmouseup	某个鼠标按键被松开
onerror	当加载文档或图像时发生某个错误	onreset	重置按钮被单击
onfocus	元素获得焦点	onresize	窗口或框架被调整尺寸
onkeydown	某个键盘的键被按下	onselect	文本被选定
onkeypress	某个键盘的键被按下或按住	onsubmit	提交按钮被单击
onkeyup	某个键盘的键被松开	onunload	用户退出页面
onload	某个页面或图像被完成加载		

6.3.3 事件绑定

当事件发生后，系统调用 JavaScript 中指定的事件处理函数进行处理，需要事先将事件和响应函数绑定到对象上。对 HTML 元素绑定事件的方式有 HTML 元素的属性绑定和 JavaScript 脚本动态绑定两种。

1. HTML 元素的属性绑定事件

在 HTML 标签内，使用以 on 开头的某一属性（如 onclick、onmouseover 等）为该元素绑定指定的事件处理函数。

例如，下面的代码

```
<!--HTML元素的属性绑定 -->
<input type = "button"  onclick = "doSomething()"  id = "myButton"/>
<script type = "text/javascript">
    function doSomething(){
        alert('响应用户的操作');
    }
</script>
```

即为使用 HTML 元素的属性绑定事件的方式。

2. JavaScript 脚本动态绑定事件

通过 JavaScript 脚本获得文档中的某一对象 Object，然后通过 Object.onxxx 方式为该元素绑定指定的事件处理函数。

例如，下面的代码

```
<input type = "button"  id = "myButton"/>
<script type ="text/javascript">
    //JavaScript脚本动态绑定
    var myButton = document.getElementById("myButton");
    myButton.onmouseover = function(){
        alert('鼠标移到按钮上面');
    }
</script>
```

即为使用 JavaScript 脚本动态绑定事件的方式。

小　　结

本章主要介绍了 BOM 模型、BOM 主要对象、DOM 模型、DOM 主要对象，事件机制等主要内容。需要重点掌握的内容是能够应用 Window 等对象进行编程，应用 DOM 编程对 HTML 文档节点进行增加、删除、修改和动态显示等操作。

习　　题

一、选择题

1. 打开名为 myWin 的新窗口的 JavaScript 语句是（　　）。

A. open.new("http://www.baidu.com","myWin")

B. window.open ("http://www.baidu.com","myWin")

C. new("http://www.baidu.com","myWin")

D. new.window("http://www.baidu.com","myWin")

2. 要在浏览器状态栏中放入一条信息，正确的语句是（　　）。

A. statusbar="my message"　　B. status("my message")

C. window.status="my message"　　D. window.status("my message")

3. 要获得客户端浏览器的名称，正确的语句是（　　）。

A. client.navName　　B. navigator.appName

C. Browse.rname　　D. client.Browser

4. 要在警告框中写入 Hello JavaScript 的正确语句是（　　）。

A. alertBox=" Hello JavaScript"　　B. msgBox("Hello JavaScript")

C. alert("Hello JavaScript")　　D. alertBox("Hello JavaScript")

5. 下面（　　）不是 document 对象的方法。

A. getElementById()　　B. write()

C. getElementsByTagName()　　D. reload()

6. 下列选项，能够获得焦点的是（　　）。

A. Blur　　B. onBlur

C. Focus　　D. onFocus

二、判断题

1. document 对象是 BOM 模型中的最高一层。（　　）
2. 元素失去焦点会触发 focus 事件。（　　）
3. 在 document 对象的方法中，getElementById() 返回的结果不是集合。（　　）
4. 在 window 对象中，setInterval() 方法设置一个按照指定周期（毫秒）来反复调用函数。（　　）
5. 在表单对象中，submit() 方法用来提交表单。（　　）

三、问答题

1. DOM 和 BOM 之间的关系是什么？
2. 哪些对象在使用时可以省略 window？

第7章 HTML 5进阶

HTML 5 是 HTML 最新的修订版本，2014 年 10 月由万维网联盟（W3C）完成标准制定。HTML 5 增加了一些有趣的新特性，例如，用于绘画的 canvas 元素，用于媒介回放的 video 和 audio 元素，对本地离线存储的支持，新的特殊内容元素 article、footer、header、nav、section，新的表单控件 calendar、date、time、email、url、search 等。HTML 5 简单，易学易用。

目前虽然 HTML 5 仍处于完善之中，但大部分现代浏览器已经具备了某些 HTML 5 支持。

7.1 HTML 5 拖放 API

拖放（Drag 和 Drop）是 HTML 5 标准的组成部分，拖放即抓取对象以后拖到另一个位置。在网页中应用 HTML 5 拖放 API，让页面中的任意元素变成可拖动的，可以开发出更加友好的人机交互界面。

7.1.1 浏览器支持情况

浏览器 IE 9、Firefox、Opera 12、Chrome 以及 Safari 5 支持拖放。但在 Safari 5.1.2 中不支持拖放。

7.1.2 应用拖放的过程

1. 拖放实例

为了更好地理解拖放的过程，先看看下面的例子。

【例 7–1】 分析下面代码（7–1_ 可以拖动的文字和飞机 .html）的运行过程。

```
行号   代码：7-1_可以拖动的文字和飞机.html
 1     <!doctype html>
 2     <html>
 3     <head>
 4         <meta charset="utf-8">
 5         <title>可拖动的文字和图片</title>
```

```
 6        <style type="text/css">
 7           #div1, #div2, #div3{
 8              width: 457px;
 9              height: 317px;
10              padding: 2px;
11              border: 1px solid #aaaaaa;
12              float: left;
13           }
14           p {
15             font-size: 36px;
16           }
17           span {
18                  margin-top: 0px;
19                  margin-right: 10px;
20                  margin-bottom: 0px;
21                  margin-left: 10px;
22                  border: 1px solid #F00;
23                  font-size: 36px;
24           }
25        </style>
26        <script type="text/javascript">
27           function allowDrop(ev){
28              ev.preventDefault();
29           }
30           function drag(ev){
31              ev.dataTransfer.setData("Text",ev.target.id);
32           }
33           function drop(ev){
34              ev.preventDefault();
35              var data=ev.dataTransfer.getData("Text");
36              ev.target.appendChild(document.getElementById(data));
37           }
38        </script>
39     </head>
40     <body>
41     <div>
42        <p>拖动图片和文字,放到方框中:</p>
43        <div id="div1" ondrop="drop(event)" ondragover="allowDrop(event)"></div>
44        <div id="div2"></div>
45        <div id="div3" ondrop="drop(event)" ondragover="allowDrop(event)"><img
       id="drag1" src="pic/bar.jpeg" draggable="true" ondragstart="drag(event)"></div>
46        <div style="clear:both;">
47           <span id="p1"  draggable="false">不可以拖动的文字</span>
48           <span id="p2"  draggable="true">似乎可以拖动的文字</span>
49           <span id="p3" draggable="true" ondragstart="drag(event)">可以真正拖动的文
       字</span>
50        </div>
51     </div>
52     </body>
53     </html>
```

分析

① 第43行至第45行代码表示有3个排在一行的div框，前2个div框中是空的，第3个div框中有一个飞机图片。

② 在飞机图片的img标签中，设置有draggable="true"，表示该图片可以拖动；设置有ondragstart="drag(event)"，表示开始拖动时需要完成的任务drag(event)，第30行至第32行是该任务的具体内容，ev.dataTransfer.setData("Text",ev.target.id); 表示把img的id号设置为dataTransfer的数据。

③ 在第1个和第3个div框中，设置有ondragover="allowDrop(event)"，表示该容器接受拖动的对象，ondrop="drop(event)" 表示接下来要执行的任务，第33行至第37行代码是该任务的具体内容，ev.preventDefault(); 表示解禁默认设置（默认不允许拖动元素的数据/元素放置目标元素中），ev.dataTransfer.getData("Text"); 表示从dataTransfer中取出数据（即拖动对象的id号），ev.target.appendChild(document.getElementById(data)); 表示将id对象添加到容器中。因此，飞机图片可以在第1个和第3个div框中来回拖动。

④ 第46行至第50行代码表示有3段文本对象，第一个设置为draggable="false" 表示不可以拖动，第二个设置为draggable="true" 表示可以拖动，但不能被目标容器接受；进一步设置ondragstart="drag(event)" 后，将自身的id号传递给dataTransfer对象，这时容器才能识别拖动对象、接纳并将其添加为子对象进行显示。

⑤ 第2个div框未做拖动方面的任何设置，不接受任何拖动对象。

拖动效果如图7-1和图7-2所示。

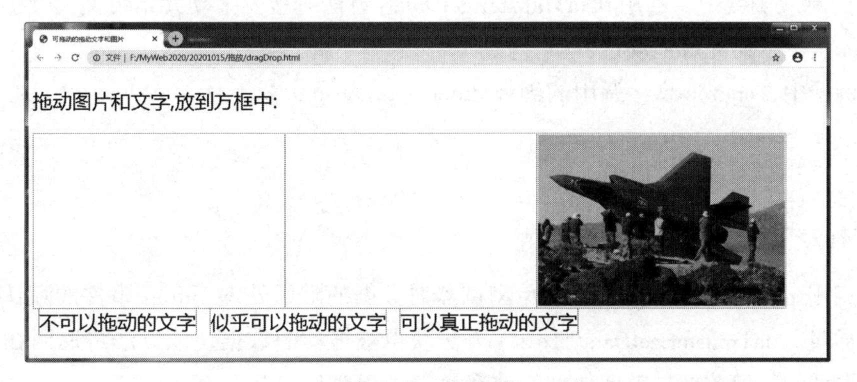

图7-1　拖动前

图7-2　拖动后

2. 拖放过程

（1）设置元素为可拖放

为了使元素可拖动，把 draggable 属性设置为 true，例如：

```
<img draggable="true">
```

（2）设置拖动元素的传递数据

当元素拖动时，就会触发 ondragstart 事件。在 ondragstart 事件的响应函数（如 drag(ev)）中，利用 dataTransfer.setData() 方法设置拖动元素传递的数据类型和值，例如：

```
function drag(ev){
    ev.dataTransfer.setData("Text",ev.target.id);
}
```

Text 是一个 DOMString 表示要添加到 drag object 的拖动数据的类型。值是可拖动元素的 id（如 "drag1"）。

（3）设置目标元素的属性

当拖动元素到达目标元素的上方时，触发 ondragover 事件。此时要对目标元素进行 event.preventDefault() 设置，阻止目标元素的默认处理方式（默认不允许拖动元素的数据 / 元素放置其中），为实现拖动元素放置到目标元素中做好准备。

（4）接受拖动元素

当目标元素接受拖动元素的设置准备好后，即可放置拖动元素到目标元素中，此时触发 ondrop 事件。在 ondrop 事件的响应函数中，利用 dataTransfer.getData() 方法，接受拖动元素传递的数据（如 id），并将其添加为子元素，从而完成拖动过程。

在上面的例子中，ondrop 事件调用的函数 drop(event) 如下：

```
function drop(ev){
    ev.preventDefault();
    var data=ev. dataTransfer.getData("Text");
    ev.target.appendChild(document.getElementById(data));
}
```

这段代码调用 preventDefault() 函数避免浏览器对数据的默认处理（drop 事件的默认行为是以链接形式打开）；通过 dataTransfer.getData("Text") 方法获得被拖动的数据，该方法将返回在 setData() 方法中设置为相同类型的任何数据；被拖数据是被拖元素的 id ("drag1")

把被拖元素追加到放置元素（目标元素）中。

7.1.3 DragEvent 事件

在拖放元素时，拖放动作会触发相关元素的拖放事件 DragEvent，该事件继承于鼠标事件 MouseEvent。常用的 DragEvent 事件如表 7-1 所示。

表 7-1 常用的 DragEvent 事件

事件名称	事件目标	解释
ondragstart	该事件由被拖动的元素触发	当用户刚开始拖动元素时触发该事件
ondrag	该事件由被拖动的元素触发	当元素处于拖动中触发该事件

续表

事件名称	事件目标	解　释
ondragenter	该事件由目标元素触发	当拖动元素进入目标元素时触发该事件
ondragleave	该事件由目标元素触发	当拖动元素离开目标元素时触发该事件
ondragover	该事件由目标元素触发	当拖动元素在目标元素上移动时触发该事件，事件状态在dragenter之后，在 dragleave 之前
ondrop	该事件由目标元素触发	将拖动元素放置在目标元素中时触发该事件
ondragend	该事件由被拖动的元素触发	当拖动操作结束时激发该事件。例如，在拖动元素的过程中释放鼠标左键或按下【Esc】键均可触发该事件。该事件状态在 drop 之后

从用户在拖动元素上按住鼠标左键开始拖动到将该元素放置到指定的目标元素中，整个拖放过程触发的事件按照顺序如下进行：

```
dragstart->drag->dragenter->dragover->dragleave->drop->dragend
```

如果反复拖动元素离开和进入目标元素，则 dragEnter 和 dragLeave 事件会被执行多次。

7.1.4 dataTransfer 对象

在 HTML 5 中实现元素拖放，需要应用 dataTransfer 对象进行添加和处理数据。DragEvent 中的 datatransfer 属性来源于 HTML 5 中的 DataTransfer 对象，其中包含的每项数据均可有独立的数据类型。

1. dataTransfer 对象属性

（1）effectAllowed 属性

effectAllowed 属性用于设置拖动允许发生的拖动行为，effectAllowed 提供所有允许的拖放类型。

在 dragstart 事件中设置 effectAllowed 属性，该属性值可设为 none、copy、copyLink、copyMove、link、linkMove、move、all 和 uninitialized。

copy：被拖动对象复制到目标元素，dropEffect 应设置为 copy。

move: 被拖动对象移动到目标元素，dropEffect 应设置为 move。

link：目标元素建立一个被拖动对象的链接，dropEffect 应设置为 link。

copyLink：复制对象或建立对象链接，dropEffect 应设置为 copy 或 link。

copyMove：复制或移动对象，dropEffect 应设置为 copy 或 move。

linkMove：移动对象或建立对象链接，dropEffect 应设置为 move 或 link。

all：允许所有的拖放行为。

none：不允许任何拖放行为。

uninitialized：effectAllowed 的默认值，执行行为等同于 all。

例如，下面的代码

```
function dragStart(event) {
    event.dataTransfer.effectAllowed = 'copyLink';
    event.dataTransfer.setData("Text", event.target.id);
}
```

表示在 dragStart 中设置的拖放行为值为 copyLink。

（2）dropEffect 属性

dropEffect 属性用于设置拖放操作使用的实际行为，该属性值应该设置为 effectAllowed 允许的值，否则拖放操作会失败。

在 dragenter 和 dragover 事件中设置 dropEffect 属性，允许设置的值有 copy、link、move 和 none。

copy：被拖动对象复制到目标元素。

move：被拖动对象移动到目标元素。

link：目标元素建立一个被拖动对象的链接。

none：不允许放到目标位置。

例如，下面代码

```
function dragEnter(event){
    event.dataTransfer.dropEffect = 'move';
}
```

表示在 dragEnter 中设置拖放值为 move。

（3）types 属性

types 属性返回一个 List 对象，包含所有存储到 dataTransfer 的数据类型，不同浏览器支持的数据类型不同，IE 限制最严格，Chrome 和 Firefox 可以用任意字符串作为一种类型。

（4）files 属性

files 属性返回一个 List 对象，从本地硬盘拖动文件到浏览器中时，通过该属性获取文件列表，此时 types 属性为 files。

（5）items 属性

items 属性返回值为 DataTransferItemList 对象。

2. dataTransfer 对象方法

（1）setData(format, data) 方法

setData(format,data) 方法用于将指定格式的数据存储在 dataTransfer 对象中并进行传递。一般在 ondragstart 事件中使用，设置需要传递的数据内容。参数 format 定义数据类型，data 定义需要存储的数据。

（2）getData(format, data) 方法

getData(format,data) 方法用于从 dataTransfer 对象中获取指定格式的数据，一般在 ondrop 事件中使用，获取传递的数据内容。参数 format 定义要读取数据的数据类型，如果指定的数据类型不存在，则返回空字符串或报错。

（3）clearData([format]) 方法

clearData([format]) 方法用于从 dataTransfer 对象中删除指定格式的数据，参数 format 可选，如果未指定格式，则删除对象中所有数据。

（4）setDragImage(element, x, y) 方法

setDragImage(element,x,y) 方法用于设置拖放操作时跟随的图片。参数 element 定义图片，x 设置图片与鼠标指针在水平方向上的距离，y 设置图片与鼠标指针在垂直方向上的距离。默认情况下，被拖动对象转换为一张透明图片跟随鼠标指针移动，也可以通过该函数自定义图片。

7.2　音频和视频

7.2.1　音频

早期大多数音频是通过插件（比如 Flash）来播放的。随着 HTML 5 的出现，播放音频文件变得十分简单，不需要使用任何插件，用户只要打开浏览器就能享受美妙的音乐。HTML 5 提供了在网页上嵌入音频元素的标准，即使用 <audio> 元素播放音频。

1. 浏览器支持情况

IE 9+、Firefox、Opera、Chrome 和 Safari 都支持 <audio> 元素，但要注意的是 IE 8 及更早 IE 版本不支持 <audio> 元素。

2. HTML 5 Audio 元素

在 HTML 5 中，应用音频要使用 audio 和 source 元素，它们的含义见表 7–2。

表 7–2　audio 和 source 元素的含义

标　签	描　述
<audio>	定义了声音内容
<source>	规定了多媒体资源，可以是多个，在 <video> 与 <audio> 标签中使用

3. 音频格式

在 HTML 5 中，<audio> 元素支持 MP3、Wav 和 Ogg 三种音频格式文件，浏览器的支持情况如表 7–3 所示。

表 7–3　浏览器支持的音频格式

浏览器	MP3	Wav	Ogg
IE 9+	YES	NO	NO
Chrome 6+	YES	YES	YES
Firefox 3.6+	YES	YES	YES
Safari 5+	YES	YES	NO
Opera 10+	YES	YES	YES

4. <audio> 元素的属性

<audio> 元素的属性及其描述如表 7–4 所示。通过属性的设置可以控制音频的播放行为，例如进行循环播放、是否显示播放按钮等。

表 7–4　audio 元素的属性及其描述

属　性	描　述
src	指定要播放的视频或音频的 URL 地址
autoplay	指定该属性时，视频或音频装载完成后会自动播放
controls	指定该属性时，视频或音频播放时显示播放控制条
loop	指定该属性时，视频或音频播放完后会再次重复播放

续表

属　性	描　述
preload	用于设置是否预加载视频或音频； 取值为 auto（预加载）、meta（只载入元数据）、none（不执行加载）； 设置 autoplay 属性时，proload 属性将被忽略
muted	指定该属性时，视频或音频输出应该被静音

在网页中应用 <video> 元素时也要同时使用 <source> 元素，其 type 属性的属性值（音频格式的 MIME 类型）如表 7–5 所示。

表 7–5　音频格式的 MIME 类型

音频格式	MIME 类型
MP3	audio/mpeg
Ogg	audio/ogg
Wav	audio/wav

5. <audio> 元素的方法

audio 元素的常用方法及其描述如表 7–6 所示。

表 7–6　audio 元素的常用方法及其描述

方　法	描　述
addTextTrack()	向音频添加新的文本轨道
canPlayType()	检测浏览器是否能播放指定的音频类型
load()	重新加载音频元素
play()	开始播放音频
pause()	暂停播放当前的音频

6. <audio> 元素的事件

audio 元素的常用事件及其描述如表 7–7 所示。

表 7–7　audio 元素的常用事件及其描述

事　件	描　述
canplay	浏览器可以播放音频时
pause	当音频已暂停时
play	当音频已开始或不再暂停时
playing	当音频在因缓冲而暂停或停止后已就绪时
progress	当浏览器正在下载音频时
volumechange	当音量已改变时
timeupdate	当目前的播放位置已更改时

【例7-2】 **分析音频网页（7-2_音频播放网页.html）的运行过程。**

```
行号  代码：7-2_音频播放网页.html
 1    <!doctype html>
 2    <html>
 3    <head>
 4    <meta charset="utf-8">
 5    <title>Audio</title>
 6    <style type="text/css">
 7    #box {
 8       height: 100px;
 9       width: 30%;
10       margin-right: auto;
11       margin-left: auto;
12    }
13    </style>
14    </head>
15    <body>
16    <div id="box">
17      <audio id="Audio" title="Audio" preload="metadata" controls autoplay>
18          <source src="Audio/ Sleep Away.mp3" type="audio/mp3">
19          <source src="Audio/Sleep Away.ogg" type=" audio/ogg ">
20          <p>Audio Player：您的浏览器不支持 audio 元素</p>
21      </audio>
22    </div>
23    </body>
24    </html>
```

分析

① 第17行至第21行是播放音频的代码。

② 在<audio> … </audio>之间（第20行）插入浏览器不支持的<audio>元素的提示文本。

③ <audio>元素允许使用多个<source>元素，<source>元素可以链接不同的音频文件，浏览器将使用第1个支持的音频文件。如果浏览器不支持第1个音频文件，就使用第2个，依此类推。如果浏览器都不支持，则显示第20行代码的内容。

④ 在<audio>元素中，controls属性用于添加播放、暂停和音量控件。

【例7-3】 **为例7-2设计一个能够开关静音的按钮。**

操作过程

编写的代码如下（7-3_有静音按钮的音频播放网页.html）：

```
行号  代码：7-3_有静音按钮的音频播放网页.html
 1    <!doctype html>
 2    <html>
 3    <head>
 4    <meta charset="utf-8">
 5    <title>Audio</title>
 6    <style type="text/css">
 7    #box {
```

```
 8            height: 100px;
 9            width: 30%;
10            margin-right: auto;
11            margin-left: auto;
12     }
13     </style>
14     </head>
15
16     <body>
17     <div id="box">
18       <audio id="Audio" title="Audio" preload="metadata" controls autoplay>
19           <source src="Audio/ Sleep Away.mp3" type="audio/mp3">
20           <source src="Audio/Sleep Away.ogg" type=" audio/ogg ">
21           <p>Audio Player：您的浏览器不支持 audio 元素</p>
22       </audio>
23     </div>
24     <div>
25        <input type="button" value="设置静音" onClick="SetMuted()" id="setMuted"/>
26     </div>
27     <script>
28     var Myaudio = document.getElementById("Audio");
29     function SetMuted(){
30        if(!Myaudio.muted){
31            Myaudio.muted = true;
32            document.getElementByld("setMuted").value = "取消静音";
33        }
34        else{
35            Myaudio.muted = false;
36            document.getElementByld("setMuted").value = "设置静音";
37        }
38     }
39     </script>
40     </body>
41     </html>
```

7.2.2 视频

视频的格式很多，早期大多数视频也是通过插件来播放的。HTML 5 规定了一种通过 <video> 元素来包含视频的标准方法，通过在网页上嵌入 <video> 元素来播放视频。

1. 浏览器支持情况

IE 9+、Firefox、Opera、Chrome 和 Safari 都支持 <video> 元素，但要注意，IE 8 或者更早的 IE 版本不支持 <video> 元素。

2. HTML 5 Video 元素

在 HTML 5 网页中，使用视频需要用到 <video> 元素和 <source> 元素等。这些元素的具体描述如表 7-8 所示。

表 7-8　HTML 5 Video 元素及其描述

标　签	描　述
<video>	定义一个视频
<source>	定义多种媒体资源，如 <video> 和 <audio>
<track>	定义媒体播放器文本轨迹

3. 视频格式

在 HTML 5 中， <video> 元素支持 MP4、WebM 和 Ogg 三种视频格式，具体如表 7-9 所示。

表 7-9　视频格式与浏览器支持情况

浏 览 器	MP4	WebM	Ogg
IE	YES	NO	NO
Chrome	YES	YES	YES
Firefox	YES	YES	YES
Safari	YES	NO	NO
Opera	YES (从 Opera 25 起)	YES	YES

注意：

① MP4 是指带有 H.264 视频编码和 AAC 音频编码的 MPEG 4 文件；

② WebM 是指带有 VP8 视频编码和 Vorbis 音频编码的 WebM 文件；

③ Ogg 是指带有 Theora 视频编码和 Vorbis 音频编码的 Ogg 文件。

4.<video> 元素的属性

<video> 元素的属性及其描述如表 7-10 所示。

表 7-10　<video> 元素的属性及其描述

属　性	描　述
autoplay	用于设置或返回是否在就绪（加载完成）后随即播放音频
controls	用于设置或返回视频（音频）是否应该显示控件（比如播放 / 暂停等）
currentSrc	返回当前视频或（音频）的 URL
currentTime	用于设置或返回视频（音频）中的当前播放位置（以秒计）
duration	返回视频（音频）的总长度（以秒计）
defaultMuted	用于设置或返回视频（音频）默认是否静音
height	播放器的高度
muted	用于设置或返回是否关闭声音
ended	返回视频（音频）的播放是否已结束
readyState	返回视频（音频）当前的就绪状态
paused	用于设置或返回视频（音频）是否暂停
preload	视频页面加载时进行加载，并预备播放。如果使用 autoplay，则忽略该属性

续表

属　性	描　述
volume	用于设置或返回视频（音频）的音量
loop	用于设置或返回视频（音频）是否应在结束时再次播放
networkState	返回视频（音频）的当前网络状态
src	用于设置或返回视频（音频）的 src 属性的值
width	播放器的宽度

与 <audio> 元素的用法相同，在 <video> 元素中也要使用 <source> 元素，其 type 属性的属性值如表 7–11 所示。

表 7–11　type 属性的属性值

格　式	MIME–type
MP4	video/mp4
WebM	video/webm
Ogg	video/ogg

5.<video> 元素的方法

<video> 元素的常用方法及其描述如表 7–12 所示。

表 7–12　<video> 元素的常用方法及其描述

方　法	描　述
addTextTrack()	向视频添加新的文本轨道
canPlayType()	检查浏览器是否能够播放指定的视频类型
load()	重新加载视频元素
play()	开始播放视频
pause()	暂停当前播放的视频

6. 使用 DOM 进行视频控制

在 HTML 5 中，<video> 和 <audio> 元素同样拥有方法、属性和事件，并且 <video> 元素的方法、属性和事件可以使用 JavaScript 进行控制。

<video> 元素的方法用于播放、暂停以及加载等，<video> 元素的属性（如时长、音量等）可以被读取或设置，DOM 事件能够通知 <video> 元素开始播放、已暂停、已停止等。

【例 7–4】　在网页中嵌入视频，并设计一组按钮控制视频的操作。

操作过程

编写的代码如下（7–4_ 有按钮的视频播放网页 .html）：

```
行号    代码：7-4_有按钮的视频播放网页.html
 1      <!doctype html>
 2      <html>
 3      <head>
```

```
4       <meta charset="utf-8">
5       <title>Video</title>
6       <style type="text/css">
7       #box {
8          height: 100px;
9          width: 50%;
10         margin-right: auto;
11         margin-left: auto;
12      }
13      </style>
14      </head>
15      <body>
16      <div id="box">
17      <video id="myVideo" width="800" height="600" controls autoplay>
18         <source src="Video/hzw.mp4" type="video/mp4">
19      </video>
20      <br>
21      <div id="buttonDiv">
22         <input type="button" value="播放/暂停" onClick="PlayorPause()"/>
23         <input type="button" value="增大音量" onClick="AddVolume()"/>
24         <input type="button" value="减小音量" onClick="MinVolume()"/>
25         <input type="button" value="加速播放" onClick="AddSpeed()"/>
26         <input type="button" value="减速播放" onClick="MinSpeed()"/>
27         <input type="button" value="设置静音" onClick="SetMuted()" id="setMuted"/>
28      </div>
29      <canvas id="myCanvas"></canvas>
30      </div>
31      <script>
32      var video = document.getElementById("myVideo");
33      var showTime = document.getElementById("show Time");
34      if(video.canPlayType){
35         video.addEventListener("timeupdate",TimeUpdate,false);
36      }
37      //格式化播放时间
38      function TimeUpdate(){
39         var ct = video.currentTime;
40         var st = video.duration;
41         var ctStr = RunTime(parseInt(ct/60))+ ":"+
42         RunTime(parseInt(ct%60));
43         var stStr = RunTime(parseInt(st/60))+ ":"+
44         RunTime(parselnt(st%60));
45         showTime.innerHTML = ctStr+” | "+ stStr;
46      }
47      function RunTime(num){
48         var len = num.toString().length;
49         while(len <2){
50         num = "0" + num;
51         len++;
52         }
53         return num;
```

```
54      }
55      //播放/暂停
56      function PlayorPause(){
57         if(video.paused){
58         video.play()
59         }
60         else{
61         video.pause();
62         }
63      }
64      //加音
65      function AddVolume(){
66         if(video.volume < 1){
67         video.volume += 0.1;
68         }
69      }
70      //减音
71      function MinVolume(){
72         if(video.volume > 0){
73         video.volume -= 0.1;
74         }
75      }
76      //加速
77      function AddSpeed(){
78         video.playbackRate += 1;
79      }
80      //减速
81      function MinSpeed(){
82         if(video.playbackRate > 1){
83         video.playbackRate -= 1;
84         }
85      }
86      //设置静音
87      function SetMuted(){
88         if(!video.muted){
89         video.muted = true;
90         document.getElementByld("setMuted").value = "取消静音";
91         }
92         else{
93         video.muted = false;
94         document.getElementByld("setMuted").value = "设置静音";
95         }
96      }
97      </script>
98      </body>
99      </html>
```

<video> 与 </video> 标签之间插入的内容是提供给不支持 video 元素的浏览器显示的。<video> 元素支持多个 <source> 元素，<source> 元素可以链接不同的视频文件，浏览器将使用第一个可识别的格式。

<video> 元素提供了播放、暂停和音量控件来控制视频，同时 <video> 元素也提供了 width 和 height 属性控制视频的尺寸。如果设置了高度和宽度，所需的视频空间会在页面加载时保留；如果没有设置这些属性，浏览器不知道视频的大小，浏览器就不能在加载时保留特定的空间，页面就会根据原始视频的大小而改变。

网页的浏览效果如图 7-3 所示。

图 7-3　视频网页播放效果

7.3　地理定位

在 HTML 5 中，使用 Geolocation API 获取用户的地理位置信息，由于获取地理位置信息会涉及用户隐私，通常浏览器会首先向用户获取请求，只有在用户接受请求后，才能正常获取信息。

7.3.1　浏览器支持情况

IE 9+、Firefox、Chrome、Safari 和 Opera 支持 Geolocation（地理定位），但要注意 Geolocation 对于拥有 GPS 的设备（如 iPhone），地理定位更加精确。

7.3.2　应用定位的过程

1. 检测浏览器对 HTML 5 地理定位的支持情况

在 HTML 5 中，地理定位由 navigator.geolocation 对象提供。因此在使用地理定位前，可以先通过检测该对象是否存在来判断设备的浏览器是否支持地理定位。

【例 7-5】　缩写检测浏览器是否支持地理定位情况的网页。

操作过程

编写的代码（7-5_ 检测浏览器对地理定位的支持情况 .html）如下：

```
行号  代码：7-5_检测浏览器对地理定位的支持情况.html
 1    <!DOCTYPE html>
 2    <html>
 3        <head>
```

```
 4            <meta charset="utf-8">
 5            <title>检测浏览器对地理定位的支持情况</title>
 6        </head>
 7        <body>
 8            <h3>检测浏览器对地理定位的支持情况</h3>
 9            <hr />
10            <div id="support"></div>
11            <script>
12                function test() {
13                    //判断geolocation对象是否存在
14                    if (navigator.geolocation) {
15                        document.getElementById("support").innerHTML = "您的浏览
    器支持HTML 5地理定位";
16                    } else {
17                        document.getElementById("support").innerHTML = "您的浏览
    器不支持HTML 5地理定位";
18                    }
19                }
20                test();
21            </script>
22        </body>
23    </html>
```

2. 使用 getCurrentPosition() 方法获得用户的位置

使用 getCurrentPosition() 方法可以获得用户的位置并返回用户位置的经度和纬度。

3. 处理错误和拒绝

getCurrentPosition() 方法的第二个参数用于处理错误，它规定当获取用户位置失败时运行的函数。

下面的例子展示了使用 getCurrentPosition() 方法获得用户的位置、返回用户位置的经度和纬度以及处理错误的过程。

【例 7–6】 **分析下列代码（7–6_ 获取用户的位置并处理错误 .html）获取用户的位置并处理错误的过程。**

```
行号  代码：7-6_获取用户的位置并处理错误.html
 1    <!DOCTYPE html>
 2    <html>
 3    <head>
 4    <meta charset="utf-8">
 5    <title> 获得用户的位置</title>
 6    </head>
 7    <body>
 8    <p id="demo">点击按钮获取当前位置的坐标：</p>
 9    <button onclick="getLocation()">点击获取</button>
10    <script>
11    var x=document.getElementById("demo");
12    function getLocation(){
13       if(navigator.geolocation) {
14       navigator.geolocation.getCurrentPosition(showPosition,showError);
```

```
15          }
16          else{
17          x.innerHTML="该浏览器不支持定位。";
18          }
19      }
20      function showPosition(position) {
21            x.innerHTML="纬度: " + position.coords.latitude +
              "<br>经度: " + position.coords.longitude;
22      }
23      function showError(error) {
24          switch(error.code)
25          {
26              case error.PERMISSION_DENIED:
27                 x.innerHTML="用户拒绝对获取地理位置的请求。"
28                 break;
29              case error.POSITION_UNAVAILABLE:
30                 x.innerHTML="位置信息是不可用的。"
31                 break;
32              case error.TIMEOUT:
33                 x.innerHTML="请求用户地理位置超时。"
34                 break;
35              case error.UNKNOWN_ERROR:
36                 x.innerHTML="未知错误。"
37                 break;
38          }
39      }
40      </script>
41      </body>
42      </html>
```

分析

① 第13行代码先检测是否支持地理定位。如果支持，则运行 getCurrentPosition() 方法；如果不支持，则向用户显示一段消息。

② 如果第 14 行代码 getCurrentPosition() 运行成功，则向参数 showPosition 中规定的函数返回一个 coordinates 对象。

③ 第 20 行至第 22 行代码表示 showPosition() 函数获得并显示经度和纬度。

④ 如果第 14 行代码 getCurrentPosition() 运行失败，则向参数 showError 中规定的函数返回一个 error 对象。

⑤ 第 23 行至第 38 行代码表示 showError() 函数处理错误和拒绝的过程。PERMISSION DENIED：用户不允许地理定位；POSITION UNAVAILABLE：无法获取当前位置；TIMEOUT：操作超时。

7.3.3 Geolocation 对象

Geolocation 对象是从全局 navigator 对象中定义的，可以直接通过 navigator.geolocation 获取。Geolocation 对象比较简单，只有 3 个方法，方法的描述如表 7–13 所示。

表 7-13　Geolocation 对象的方法及其描述

方 法 名	描　述
getCorrentPosition()	当前位置，获取用户位置信息
watchPosition()	监视位置，不断获取用户移动时的位置信息
clearWatch()	清除监视，停止 watchPosition()

1. getCurrentPosition() 方法

要获取地理位置，Geolocation API 提供了两种模式：单次获得和重复获得地理位置。

单次获得地理位置使用 getCurrentPosition() 方法，其语法格式如下：

```
navigator.geolocation.getCurrentPosition(successCallback,
                                [errorCallback], [positionOptions])
```

该方法最多可以有三个参数：

① success：成功获取位置信息的回调函数，它是方法唯一必需的参数；

② error：用于捕获位置信息出错的情况；

③ option：第三个参数是配置项，该对象影响了获取位置时的一些细节。

如果获得地理位置成功，则 getCurrentPosition() 方法返回位置对象，始终会返回 latitude、longitude 以及 accuracy 属性。如果可用，也会返回其他属性。位置对象包含的属性及其描述如表 7-14 所示。

表 7-14　位置对象的属性及其描述

属　性	描　述
coords.latitude	十进制数的纬度
coords.longitude	十进制数的经度
coords.accuracy	位置精度
coords.altitude	海拔，海平面以上以米计
coords.altitudeAccuracy	位置的海拔精度
coords.heading	方向，从正北开始以度计
coords.speed	速度，以米 / 秒计
timestamp	响应的日期 / 时间

例如，下列代码表示获得的地理位置信息：

```
function successCallback (position) {
   var lat = "纬度: " +  position.coords.latitude + "\r\n";
   var lon = "经度: " +  position.coords.longitude + "\r\n";
   var accuracy ="海拔: " +  position.coords.accuracy + " 米\r\n";
   var time = "时间戳: " + position.timestamp;
   var str  =  lat + lon + accuracy + altitudeAccuracy + heading + speed + time;
   alert(str);
}
```

2. watchPosition() 方法

watchPosition() 方法的参数与 getCurrentPosition() 方法的参数相同，用于返回用户的当前位置，并继续返回用户移动时的更新位置。

watchPosition() 方法和 getCurrentPosition() 方法的主要区别是它会持续告诉用户位置的改变，所以基本上它一直在更新用户的位置。当用户在移动时，这个功能会非常有利于追踪用户的位置。

3. clearWatch() 方法

clearWatch() 方法用于停止 watchPosition() 方法。

7.3.4 在地图上显示地理位置

HTML 5 提供了地理位置信息的 API，通过浏览器获取用户的当前位置。基于此特性可以开发基于位置的定位服务。在获取地理位置信息时，首先浏览器都会向用户询问是否愿意共享其位置信息，待用户同意后才能使用。

【例 7-7】 应用百度地图定位的方法，编写显示某个地理位置的网页。

操作过程

编写的代码（7-7_在百度地图上显示地理位置.html）如下：

```
行号  代码：7-7_在百度地图上显示地理位置.html
 1    <!doctype html>
 2    <html>
 3    <head>
 4    <meta charset="utf-8">
 5    <title>应用百度地图API自定义地图</title>
 6    <style type="text/css">
 7        html,body{margin:0;padding:0;}
 8         .iw_poi_title {color:#CC5522;font-size:14px;font-weight:bold;overflow:hid
      den;padding-right:13px;white-space:nowrap}
 9          .iw_poi_content {font:12px arial,sans-serif;overflow:visible;padding-
      top:4px; white-space: -moz-pre-wrap; word-wrap:break-word}
10    </style>
11    <!--引用百度地图API-->
12    <script type="text/javascript" src="http://api.map.baidu.com/api?key=&v=1.1
      &services=true"></script>
13    </head>
14    <body>
15      <!--百度地图容器-->
16      <div style="width:800px;height:600px;border:#ccc solid 1px;" id="dituContent">
      </div>
17    </body>
18    <script type="text/javascript">
19        //创建和初始化地图函数
20        function initMap(){
21            createMap();          //创建地图
22            setMapEvent();        //设置地图事件
23            addMapControl();      //向地图添加控件
24            addRemark();          //向地图中添加文字标注
```

```
25        }
26        //创建地图函数
27        function createMap(){
28            var map = new BMap.Map("dituContent");      //在百度地图容器中创建一个地图
29            var point = new BMap.Point(114.37679,30.423151);    //定义一个中心点坐标
30            map.centerAndZoom(point,17);//设定地图的中心点和坐标并将地图显示在地图容器中
31            window.map = map;       //将map变量存储在全局
32        }
33        //地图事件设置函数
34        function setMapEvent(){
35            map.enableDragging();          //启用地图拖动事件，默认启用(可不写)
36            map.enableScrollWheelZoom(); //启用地图滚轮放大缩小
37            map.enableDoubleClickZoom(); //启用鼠标双击放大，默认启用(可不写)
38            map.enableKeyboard();          //启用键盘上下左右键移动地图
39        }
40        //地图控件添加函数
41        function addMapControl(){
42            //向地图中添加缩放控件
43          var ctrl_nav=new BMap.NavigationControl({anchor:BMAP_ANCHOR_TOP_LEFT,type:
    BMAP_NAVIGATION_CONTROL_LARGE});
44          map.addControl(ctrl_nav);
45            //向地图中添加缩略图控件
46          var ctrl_ove = new BMap.OverviewMapControl({anchor:BMAP_ANCHOR_BOTTOM_RIGHT,
    isOpen:1});
47          map.addControl(ctrl_ove);
48            //向地图中添加比例尺控件
49          var ctrl_sca = new BMap.ScaleControl({anchor:BMAP_ANCHOR_BOTTOM_LEFT});
50          map.addControl(ctrl_sca);
51        }
52    //文字标注数组
53        var lbPoints = [{point:"114.37679|30.423151",content:"<武昌理工>"} ];
54        //向地图中添加文字标注函数
55        function addRemark(){
56            for(var i=0;i<lbPoints.length;i++){
57                var json = lbPoints[i];
58                var p1 = json.point.split("|")[0];
59                var p2 = json.point.split("|")[1];
60                var label = new BMap.Label("<div style='padding:2px;'>"+json.content+
    "</div>",{point:new BMap.Point(p1,p2),offset:new BMap.Size(3,-6)});
61                map.addOverlay(label);
62                label.setStyle({borderColor:"#999"});
63            }
64        }
65        initMap();            //创建和初始化地图
66    </script>
67    </html>
```

网页浏览效果如图 7-4 所示。

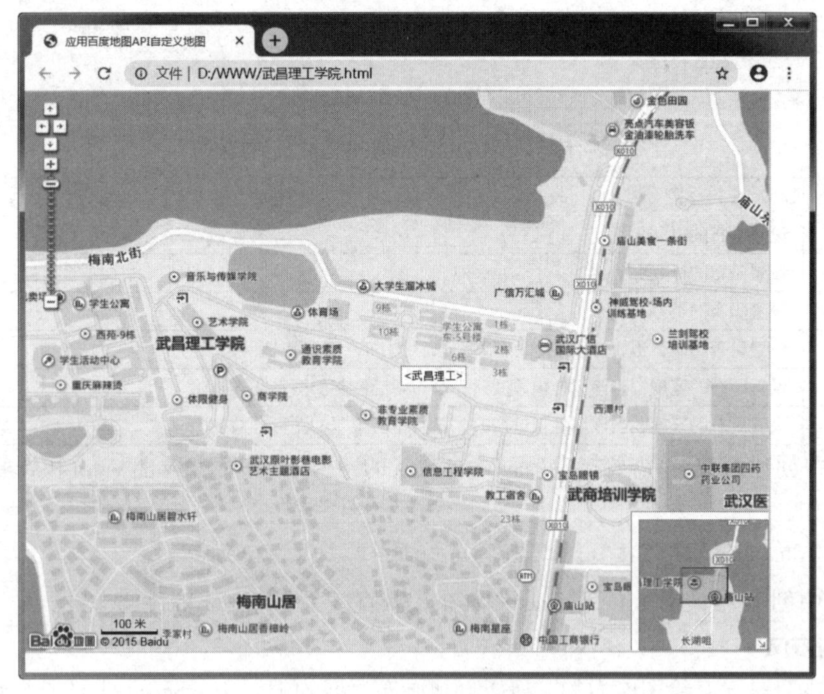

图 7–4　网页浏览效果

7.4　画布

7.4.1　画布基础

在 HTML 5 中，新增了 <canvas> 元素，用于在页面中绘制图形。<canvas> 元素拥有多种绘制路径、矩形、圆形、字符以及添加图像的方法。

<canvas> 元素是一块空白的“画布”但并不会绘制，需要通过 JavaScript 脚本进行绘制。画布是一个矩形区域，可以控制它的每一个像素。

1. 浏览器支持情况

浏览器的支持情况如表 7–15 所示。表格中的数字表示支持 <canvas> 元素的第一个浏览器版本号。

表 7–15　<canvas> 元素浏览器的支持情况

浏览器 / 元素	Chrome	IE	Firefox	Safari	Opera
<canvas>	4.0	9.0	2.0	3.1	9.0

2. <canvas> 元素的属性

<canvas> 元素的属性及其描述如表 7–16 所示。

3. 在网页中创建画布

向页面中添加 <canvas> 元素即可创建画布，其语法格式为：

```
<canvas id = "画布的id号" width = "画布的宽度" height = "画布的高度">
    ...
</canvas>
```

表 7-16 <canvas> 元素的属性及其描述

属　性	描　述
id	设置画布的 ID 名
style	设置画布的样式
class	设置画布的类
hidden	设置是否隐藏，当值为 true 时，隐藏画布；为 false 则正常显示
width	设置画布的宽度，当该属性值改变时，画布中已绘制的图形会被擦除
height	设置画布的高度，当该属性值改变时，画布中已绘制的图形会被擦除

在 HTML 5 中创建画布时，需要指定<canvas>元素的 id 号、画布宽度属性 width 和高度属性 height（单位是像素）。例如：

```
<canvas id="myCanvas" width="200" height="100"></canvas>
```

表示在网页中创建一个 id 为 myCanvas 的画布，其宽度为 200 px、高度为 100 px。

4. 画布绘制方法

canvas 元素本身是没有绘图能力的。所以创建画布后必须编写 JavaScript 代码，所有的绘制工作都必须在 JavaScript 中完成。

应用 <canvas> 元素进行绘图的步骤如下：

① 在页面中定义 <canvas> 元素，并为其添加 width 和 height 属性，并指定 id 号；

② 编写 JavaScript 脚本，通过 canvas 的 id 号、使用 document.getElementById() 方法定位 canvas 元素、获得该 canvas 对象。例如：

```
var myCanvas = document.getElementById('myCanvas');
```

③ 调用 canvas 对象的 getContext(contextID) 方法，返回一个图形上下文对象，即 CanvasRenderingContext2D 对象。例如：

```
var myContext = myCanvas.getContext("2d");
```

④ 调用 CanvasRenderingContext2D 对象中相应的绘制方法，实现绘图功能。

例如，在下面的代码

```
<script type="text/javascript">
    var myCanvas = document.getElementById("myCanvas");
    var myContext = myCanvas.getContext("2d");
    myContext.fillStyle = "#FF0000";
    myContext.fillRect(0, 0, 150, 75);
</script>
```

中，先通过 document.getElementById() 方法找到 id ="myCanvas" 的 canvas 元素，创建一个 myCanvas 对象；然后通过 getContext("2d") 方法创建一个 context 对象 myContext；最后使用 myContext 对象的 fillStyle 属性设置填充颜色，使用 fillRect 方法绘制矩形。

注意，getContext("2d") 对象是内建的 HTML 5 对象，拥有多种绘制路径、矩形、圆形、字符以及添加图像的方法；fillStyle 方法将其染成红色，fillRect() 方法规定了形状、位置和尺寸，fillRect() 方法

的参数 (0,0,150,75)，表示在画布上绘制 150 × 75 的矩形，从左上角开始，坐标为 (0,0)。

5. CanvasRenderingContext2D 对象

通过 getContext(contextID) 方法返回一个具有绘图功能的 context 对象，可以为不同的绘制类型（二维、三维）提供不同的环境，目前 contextID 只能为“2d”，表示返回一个 CanvasRenderingContext2D 对象，用于绘制二维图形。

CanvasRenderingContext2D 对象的属性和方法及其描述如表 7–17 和表 7–18 所示。

表 7–17　CanvasRenderingContext2D 对象的属性及其描述

属　性	描　述
fillStyle	用于设置填充的样式，可以是颜色或模式
strokeStyle	用于设置画笔的样式，可以是颜色或模式
globalCompositeOperation	设置全局的叠加效果
globalAlpha	用于指定在画布上绘制内容的透明度，取值范围为 0.0（完全透明）至 1.0（完全不透明）之间，默认值为 1.0
lineCap	用于设置线段端点的绘制形状，取值可以是 butt（默认，不绘制端点）、round（圆形端点）、square（方形端点）
lineJoin	用于设置线条连接点的风格：miter（锐角）、round（圆角）、bevel（切角）
lineWidth	用于设置画笔的线条宽度，该属性必须大于 0.0，默认值是 1.0
miterLimit	当 lineJoin 属性为 miter 时，该属性用于控制锐角箭头的长度
shadowBlur	设置阴影的模糊度，默认值为 0
shadowColor	设置阴影的颜色，默认值为 black
shadowOffsetX	设置阴影的水平偏移，默认值为 0
shadowOffsetY	设置阴影的垂直偏移，默认值为 0
font	用于设置绘制字符串时所用的字体
textAlign	设置绘制字符串的水平对齐方式，可以是 start、end、left、right、center 等
textBaseAlign	设置绘制字符串的垂直对齐方式，可以是 top、middle、bottom 等

表 7–18　CanvasRenderingContext2D 对象的方法及其描述

方　法	描　述
arc()	使用一个中心点和半径以及开始角度、结束角度来绘制一条弧
arcTo()	使用切点和半径，来绘制一条圆弧
beginPath()	在一个画布中开始定义新的路径
closePath()	关闭当前定义的路径
createLinearGradient()	创建一个线性颜色渐变
createRadialGradient()	创建一个放射颜色渐变
createPattern()	创建一个图片平铺
fill()	使用 fillStyle 属性所指定的颜色或样式来填充当前路径
fillRect()	使用 fillStyle 属性所指定的颜色或样式来填充指定的矩形

续表

方　法	描　述
fillText()	使用 fillStyle 属性所指定的颜色或样式来填充字符串
clearRect()	擦除指定矩形区域上绘制的图形
stroke()	绘制画布中的当前路径
strokeRect()	绘制一个矩形框（并不填充矩形的内部）
strokeText()	绘制字符串的边框
drawImage()	在画布中绘制一幅图像
lineTo()	绘制一条直线
moveTo()	将当前路径的结束点移动到指定的位置
rect()	向当前路径中添加一个矩形
clip()	从画布中截取一块区域
bezierCurveTo()	为当前路径添加一个三次贝塞尔曲线
quadraticCurveTo()	为当前路径添加一个二次贝塞尔曲线
save()	保存当前的绘图状态
restore()	恢复之前保存的绘图状态
rotate()	旋转画布的坐标系统
scale()	缩放画布的用户坐标系统
translate()	平移画布的用户坐标系统

7.4.2 画布应用

1. 绘制矩形

绘制矩形的语法格式如下：

```
fillRect(x, y, width, height)
```

其中，参数 (x, y, width, height) 分别表示矩形左上角的坐标、矩形的宽度和高度。

当使用 fillRect() 方法绘制矩形区域时，应先通过 fillStyle 属性设置矩形填充的颜色或样式。

例如，下面代码给出了绘制矩形的详细用法。

```
<canvas id="myCanvas" width="800" height="600"></canvas>
<script type="text/javascript">
    var canvas = document.getElementById("myCanvas");
    var context = canvas.getContext("2d");
    //设置填充颜色
    context.fillStyle = "#FF6688";
    //绘制填充一个矩形
    context.fillRect(30,30,100,100);
    //设置画笔的颜色
    context.strokeStyle="#000";
    //设置线条的粗细
    context.lineWidth=15;
    //绘制圆角矩形框
```

```
    context.lineJoin="round";
    context.strokeRect(20,20,80,80);
</script>
```

2. 绘制路径（直线）

（1）lineTo() 方法

lineTo() 方法用来绘制一条直线，语法格式为：

```
lineTo(x, y)
```

其中，参数 (x, y) 表示直线终点的坐标。

（2）moveTo() 方法

在绘制直线时，通常配合 moveTo() 方法设置绘制直线的当前位置并开始一条新的子路径，其语法格式为：

```
moveTo(x, y)
```

其中，参数 (x, y) 表示新的当前点的坐标。

3. 绘制圆弧或圆

arc() 方法使用一个中心点和半径，为一个画布的当前子路径添加一条弧，语法格式为：

```
arc(x, y, radius, startAngle, endAngle, counterclockwise)
```

其中，参数 (x, y, radius, startAngle, endAngle, counterclockwise) 分别表示弧中心的坐标、弧的半径、弧起始点的角度、弧终止点的角度和逆时针顺时针方向。

4. 绘制文字

绘制文字有 fillText() 和 strokeText() 两种方法。fillText() 方法用于填充方式绘制文字内容；strokeText() 方法用于绘制文字轮廓。

（1）绘制填充文字

fillText() 方法用于填充方式绘制字符串，语法格式为：

```
fillText(text,x,y,[maxWidth])
```

其中，参数 (text, x, y) 分别表示文本内容、文本的坐标，参数 maxWidth 是可选的，表示显示文字的最大宽度，可以防止溢出。

（2）绘制轮廓文字

strokeText() 方法用于轮廓方式绘制字符串，语法格式为：

```
strokeText(text,x,y,[maxWidth])
```

其中，参数含义同上。

5. 绘制渐变

（1）绘制线性渐变

createLinearGradient() 方法用于创建线性颜色渐变效果，语法格式为：

```
createLinearGradient(xStart, yStart, xEnd, yEnd)
```

其中，参数 xStart 和 yStart 分别表示渐变的起始点的 x 和 y 坐标；参数 xEnd 和 yEnd 分别表示渐变的结束点的 x 和 y 坐标。

例如，绘制渐变直线的代码如下：

```
var gradient = cxt.createLinearGradient(0,0,170,0);
gradient.addColorStop(0,"blue");
gradient.addColorStop(0.5,"green");
gradient.addColorStop(1,"red");
cxt.strokeStyle = gradient;
```

该方法创建并返回了一个新的 CanvasGradient 对象，这个方法并没有为渐变指定任何颜色，用户可以使用返回对象的 addColorStop() 方法实现该功能。

addColorStop() 方法在渐变中的某一点添加一个颜色变化，语法格式为：

```
addColorStop(offset, color)
```

其中，参数 offset 取值为 0.1 ～ 1.0（浮点数），表示渐变的开始点和结束点之间的偏移量，offset 为 0 对应开始点，offset 为 1 对应结束点；参数 color 指定 offset 显示的颜色，沿着渐变某一点的颜色值是根据这个值以及其他颜色值进行插值的。

例如，绘制线性渐变的矩形的代码如下：

```
var gradient = cxt.createLinearGradient(0,0,170,50);
gradient.addColorStop(0,"#FF0000");
gradient.addColorStop(1,"#00FF00");
cxt.fillStyle = gradient;
cxt.fillRect(30,30,200,80)
```

（2）绘制径向渐变

createRadialGradient() 方法用于创建放射颜色渐变效果，语法格式为：

```
createRadialGradient(xStart, yStart, radiusStart, xEnd, yEnd, radiusEnd)
```

其中，参数 xStart 和 yStart 分别表示渐变的起始点的 x 和 y 坐标；参数 xEnd 和 yEnd 分别表示渐变的结束点的 x 和 y 坐标；参数 radiusStart 表示起点圆的半径；参数 radiusEnd 表示终点圆的半径。

该方法创建并返回了一个新的 CanvasGradient 对象，该对象在两个指定圆的圆周之间放射性地插值颜色。

要使用一个渐变来勾勒线条或填充区域，只需要把 CanvasGradient 对象赋给 strokeStyle 属性或 fillStyle 属性即可。

6. 绘制图像

在 HTML 5 中，Canvas RenderingContext2D 对象还提供了绘制图像的功能，允许对图像的绘制位置、缩放、裁剪、平铺以及图像的像素等进行处理，可以用于图片合成或者制作背景等。只要是 Gecko 排版引擎支持的图像（如 PNG、GIF、JPEG 等）都可以引入 canvas 中，并且其他 canvas 元素也可以作为图像的来源。

用户可以使用 drawImage() 方法在一个画布上绘制图像，也可以将源图像的任意矩形区域缩放或绘制到画布上，语法格式为：

```
drawImage(image, x, y)
drawImage(image, x, y, width, height)
drawImage(image, sourceX, sourceY, sourceWidth, sourceHeight,
                destX, destY,destWidth, destHeight)
```

其中：

① 参数 image 表示所要绘制的图像；

② 参数 sourceX、sourceY 表示在绘制图像时，从源图像的哪个位置开始绘制；

③ 参数 sourceWidth、sourceHeight 表示在绘制图像时，需要绘制源图像的宽度和高度；

④ 参数 destX、destY 表示所绘图像区域的左上角的画布坐标；

⑤ 参数 destWidth、destHeight 表示所绘图像区域的宽度与高度。

【例 7-8】分析应用 canvas 元素绘制图像的代码（7-8_canvas 绘制图像 .html）。

```
行号    代码：7-8_canvas绘制图像.html
1     <!DOCTYPE html>
2     <html>
3     <head>
4        <meta charset="utf-8">
5         <title>画布处理图像</title>
6     </head>
7     <body>
8        <p>Image in HTML</p>
9        <img id="mountain" src="pic/timg.jpg" alt="" width="1200" height="726">
10       <p>Image in Canvas</p>
11       <canvas id="myCanvas" width="1200" height="726" style="border:1px solid
      #d3d3d3;">
12          浏览器不支持canvas 标签！
13       </canvas>
14       <script>
15          var c=document.getElementById("myCanvas");
16          var ctx=c.getContext("2d");
17          var img=document.getElementById("mountain");
18          img.onload = function() {
19             ctx.drawImage(img,10,10);
20          }
21       </script>
22    </body>
23    </html>
```

分析

① 当使用 drawImage() 方式绘制图像时，经常因为网络上的图像比较大而导致不能立即显示，用户需要耐心等待直到图像全部加载完毕后才能显示出来。

② 通过 Image 对象的 onload 事件来实现图像边加载边绘制效果，而无须等待图像全部加载完。网页的浏览效果如图 7-5 所示。

图 7-5　网页浏览效果

小　结

本章主要介绍了 HTML 5 中的拖放 API，音频和视频、地理定位和画布等内容。本章的难点是拖放 API 和地理定位。需要重点掌握的内容是能够在网页设计中恰当应用拖放 API、视频、地理定位，应用画布绘制各种图形、文字和图像。

习　题

一、选择题

1. 用于播放 HTML5 视频文件的正确标签是（　　）。

   A. <movie>　　B. <media>

   C. <video>　　D. <audio>

2. 以下（　　）不是 canvas 的方法。

   A. getContext()　　B. fill()

   C. stroke()　　D. controller()

3. HTML 5 不支持的视频格式是（　　）。

   A. ogg　　B. MP4

   C. flv　　D. webM

4. 下面（　　）表示 HTML 5 内建对象用于在画布上绘制。

   A. getContent　　B. getContext

   C. getGraphics　　D. getCanvas

5. 以下不是 HTML 5 新增 API 的是（　　）。

   A. Media API　　B. Command API

   C. History API　　D. Cookie API

二、判断题

1. Canvas 是 HTML 中可以绘制图形的区域。（　　）
2. HTML 5 的音频标签 <audio> 支持所有的音频格式。（　　）
3. HTML 5 的视频标签 <video> 支持所有的视频格式。（　　）

三、问答题

1. 简述画布中 stroke 和 fill 的区别。
2. 如何使用 HTML 5 地理定位 API 获取一次当前的定位信息？
3. 在画布上绘制空心矩形和实心矩形分别使用哪种方法？
4. 如何将元素设置为允许拖放的状态？

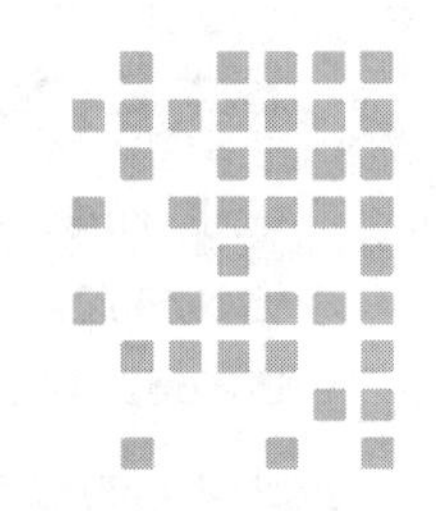

第8章 应用CSS 3渲染效果

应用CSS3制作出的网页不仅能够满足网页表现和内容相分离的Web标准，还能提供一些高级功能，如滤镜、过渡、转换和动画等，这些功能在美化页面、增强网页视觉效果方面，比借助于图像处理软件和动画制作软件的传统方法要简单和方便得多。

CSS3被划分成模块，其中最重要的CSS3模块包括：选择器、框模型、背景和边框、文本效果、2D/3D转换、动画、多列布局和用户界面等。

8.1 CSS 3边框

8.1.1 浏览器支持

应用CSS3可以为边框指定颜色、创建圆角、使用图像绘制边框和添加阴影等。

浏览器支持情况如图8-1所示。

属性	浏览器支持				
border-radius					
box-shadow					
border-image					

图8-1 浏览器支持情况

小提示：①IE 9+支持border-radius和box-shadow属性；②Firefox、Chrome以及Safari支持所有新的边框属性；③对于border-image、Safari 5以及更老的版本需要前缀-webkit-。④Opera支持border-radius和box-shadow属性，但是对于border-image需要前缀-o-。

8.1.2 边框颜色

应用 border-color 属性，可以为边框指定颜色。

语法格式如下：

```
border-color: #color;
```

例如，为边框的四个边指定不同的颜色，示例代码如下：

```
border-bottom-color: red;
border-left-color: blue;
border-right-color: yellow;
border-top-color: green;
```

8.1.3 边框圆角

应用 border-radius 属性为边框创建圆角。

语法格式如下：

```
border-radius: none | <length> [/<length>];
```

参数说明如下：

none：默认值，表示元素没有圆角；

<length>：长度值，不可为负数。

如果在 border-radius 属性中只指定一个值，那么将生成 4 个圆角，但是如果要在四个角上一一指定，可以使用以下规则：

四个值：第一个值为左上角，第二个值为右上角，第三个值为右下角，第四个值为左下角。例如：

```
border-radius: 15px 50px 30px 5px;
```

三个值：第一个值为左上角，第二个值为右上角和左下角，第三个值为右下角。例如：

```
border-radius: 15px 50px 30px;
```

两个值：第一个值为左上角与右下角，第二个值为右上角与左下角。例如：

```
border-radius: 15px 50px;
```

8.1.4 边框图像

应用 border-image 属性，可以使用图像创建一个边框，即 border-image 属性允许指定一个图片作为边框。

语法格式如下：

```
Border-image: none | <image> [<number>|<percentage>];
```

参数说明如下：

none：默认值，表示边框无背景图；

<image>：使用绝对或相对 URL 地址指定边框的背景图片；

<number>：设置边框宽度或边框背景图片大小，单位为像素；

<percentage>：设置边框背景图像大小，单位为百分比

图 8-2 边框图像

图 8-2 表示为边框设置图像的效果（border-image:url(border.png) 30 30 round;）。

8.1.5　添加阴影

应用 box-shadow 属性可为元素添加阴影效果。该属性值包含 6 个参数：阴影类型、X 轴位移、Y 轴位移、阴影大小、阴影扩展和阴影颜色。

【例 8-1】　应用 box-shadow 属性，为 div 框添加阴影。

操作过程

① 打开 DW CS6，创建站点，新建一个 HTML 5 文档，保存为“8-1_ 为 div 框添加阴影 .html”。

② 在代码窗口中输入如下代码，保存文件。

```
行号  代码：8-1_为div框添加阴影.html
 1    <!DOCTYPE html>
 2    <html>
 3    <head>
 4    <style>
 5    div{
 6       width:300px;
 7       height:100px;
 8       background-color:#ff9900;
 9       -moz-box-shadow: 10px 10px 5px #888888; /* 老的 Firefox */
10       box-shadow: 10px 10px 5px #888888;
11    }
12    </style>
13    </head>
14    <body>
15    <div></div>
16    </body>
17    </html>
```

③ 测试、修改，完成设计。

浏览效果如图 8-3 所示。

图 8-3　div 框的阴影效果

8.2　CSS 3 背景

在 CSS3 中包含几个新的背景属性，提供更大背景元素控制。它们是 background-image、background-size、background-origin 和 background-clip。

浏览器支持情况如图 8-4 所示。图中的数字表示支持该属性的第一个浏览器版本号，紧跟在 -webkit-, -ms- 或 -moz- 前的数字为支持该前缀属性的第一个浏览器版本号。

属性					
background-image (with multiple backgrounds)	4.0	9.0	3.6	3.1	11.5
background-size	4.0 1.0 -webkit-	9.0	4.0 3.6 -moz-	4.1 3.0 -webkit-	10.5 10.0 -o-
background-origin	1.0	9.0	4.0	3.0	10.5
background-clip	4.0	9.0	4.0	3.0	10.5

图 8-4　浏览器支持情况

1. background-origin

background-origin 属性定义 background-position 属性的参考位置。默认情况下，background-position 属性总是根据元素左上角为坐标原点进行定位背景图像，使用 background-origin 属性可以改变这种定位方式。

语法格式如下：

```
background-origin:  padding-box | border-box | content-box;
```

参数说明如下：

border-box：从边框开始显示背景；

padding-box: 从边框与内容之间的空白区域开始显示背景；

contect-box：从内容区域开始显示背景。

图 8-5 表示了这三个区域的关系。

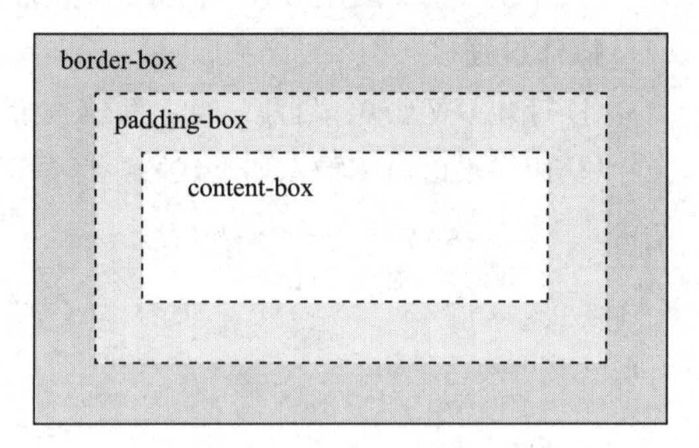

图 8-5 背景原点设置示意图

2. background-size

应用 background-size 属性指定背景图像的大小。

在 CSS3 之前，背景图像大小由图像的实际大小决定。在 CSS3 中，可以规定背景图像的尺寸，允许在不同的环境中指定背景图像的大小，重复使用背景图像。

以像素或百分比规定背景图像的尺寸。如果以百分比规定尺寸，指定的大小是相对于父元素的宽度和高度的百分比的大小。例如：

```
background-size:100% 100%;
background-size:80px 60px;
```

3. background-clip

应用 background-clip 背景剪裁属性是从指定位置开始绘制。

语法格式如下：

```
background-clip: padding-box | content-box;
```

4. background-image

在 CSS3 中，可以通过 background-image 属性添加多张背景图片。不同的背景图像之间用逗号隔开，可以给不同的图像设置多个不同的属性。例如：

```
background-image:url(img_flwr.gif),url(paper.gif);
background-position:right bottom,left top;
background-repeat:no-repeat,repeat;
```

或者写成

```
background: url(img_flwr.gif) right bottom no-repeat, url(paper.gif) left top repeat;
```

8.3 颜色渐变

应用 CSS3 的 gradients（颜色渐变）属性可以在两个或多个指定的颜色之间显示平稳的过渡。

通过使用gradients属性代替图像，可以减少下载的时间和宽带的使用。此外，渐变效果的元素在放大时看起来效果更佳，因为gradient是由浏览器生成的。

CSS3定义了两种类型的渐变（gradients）：

- 线性渐变（Linear Gradients）：向下/向上/向左/向右/对角方向；
- 径向渐变（Radial Gradients）：由其中心定义。

1. CSS3线性渐变

为了创建一个线性渐变，必须至少定义两种颜色节点（颜色节点即想要呈现平稳过渡的颜色），同时还要设置一个起点和一个方向（或一个角度）。

语法格式如下：

```
background-image: linear-gradient( direction,  color-stop1,  color-stop2, ... );
```

图8-6是一个上下方向渐变的示例图。

图8-6　上下方向的渐变

（1）线性渐变——从上到下（默认情况下）

从顶部开始的线性渐变，起点是红色，慢慢过渡到蓝色，示例代码如下：

```
background-image: linear-gradient(#e66465,#9198e5);
```

（2）线性渐变——从左到右

从左边开始的线性渐变，起点是红色，慢慢过渡到蓝色，示例代码如下：

```
background-image: linear-gradient( to right,red,yellow);
```

（3）线性渐变——对角

通过指定水平和垂直的起始位置来制作一个对角渐变。

从左上角开始（到右下角）的线性渐变，起点是红色，慢慢过渡到黄色，示例代码如下：

```
background-image: linear-gradient( to bottom right,red,yellow);
```

2. 使用角度

如果想要在渐变的方向上做更多的控制，可以定义一个角度，而不用预定义方向（to bottom、to top、to right、to left、to bottom right等）。

语法格式如下：

```
background-image: linear-gradient(angle, color-stop1, color-stop2);
```

角度是指水平线和渐变线之间的角度，逆时针方向计算，如图8-7所示。例如，0deg将创建一个从下到上的渐变，90deg将创建一个从左到右的渐变。请注意很多浏览器（如Chrome、Safari、firefox等）使用了旧标准，即0deg将创建一个从左到右的渐变，90deg将创建一个从下到上的渐变。

例如，下面的代码

```
background-image: linear-gradient(0deg, red, yellow);
background-image: linear-gradient(90deg, red, yellow);
background-image: linear-gradient(180deg, red, yellow);
background-image: linear-gradient(-90deg, red, yellow);
```

的渲染效果如图8-8所示。

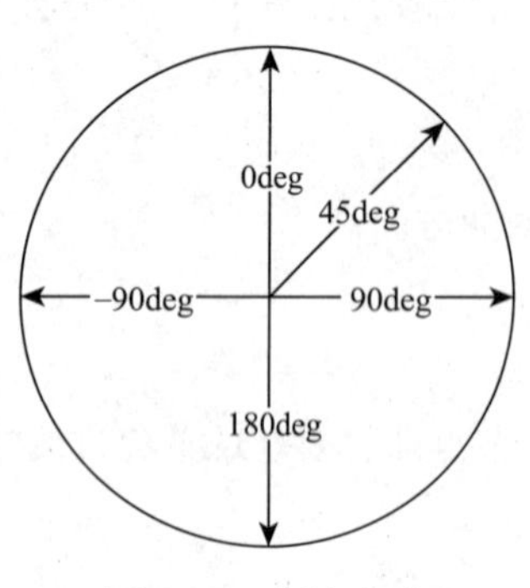

图 8-7　渐变角度

图 8-8　不同角度的渲染效果

3. 使用透明度（transparent）

CSS3 渐变也支持透明度（transparent），可用于创建减弱变淡的效果。

为了添加透明度，使用 rgba() 函数定义颜色节点。rgba() 函数中的最后一个参数可以是从 0 到 1 的值，它定义了颜色的透明度：0 表示完全透明，1 表示完全不透明。

例如，下面的代码

```
background-image: linear-gradient(to right,
rgba(255,0,0,0), rgba(255,0,0,1));
```

表示从左边开始的线性渐变，起点是完全透明，慢慢过渡到完全不透明的红色，如图 8-9 所示。

图 8-9　设置透明度的线性渐变效果

4. CSS3 径向渐变

径向渐变由它的中心定义。为了创建一个径向渐变，也必须至少定义两种颜色结点。颜色结点即想要呈现平稳过渡的颜色。同时也可以指定渐变的中心、形状（原形或椭圆形）、大小。默认情况下，渐变中心是 center（表示在中心点），渐变形状是 ellipse（表示椭圆形），渐变大小是 farthest-corner（表示到最远的角落）。

语法如下：

```
background: radial-gradient( center, shape size, start-color, ..., last-color);
```

例如，下面的代码

```
background-image: radial-gradient(red, yellow, green);
background-image: radial-gradient(circle, red, yellow, green);
```

分别表示椭圆形和圆形的径向渐变，如图 8-10 和图 8-11 所示。

图 8-10　椭圆形径向渐变效果

图 8-11　圆形径向渐变效果

8.4　滤镜属性

CSS 滤镜（filter）不需要使用任何图像处理软件，单纯用 CSS 就会生成多种滤镜效果，比如模糊效果、透明效果、色彩反差调整和色彩反相等；它不仅能对图片进行滤镜处理，而且对任何网页元素、甚至视频都可以处理。

浏览器的支持情况如图 8-12 所示。

属性	Chrome	IE	Firefox	Safari	Opera
filter	18.0 -webkit-	不支持	35.0	6.0 -webkit-	15.0 -webkit-

图 8-12　浏览器的支持情况

应用 filter 属性的语法格式如下：

```
CSS选择器 { filter: none | <filter-function > [ <filter-function> ]*; }
```

参数说明如下：

filter 属性的默认值是 none，且不具备继承性；

filter 的属性值基本上都是 0 ~ 1 之间或者大于 0 的数值，也有例外情况，如 blur 属性值以像素为单位，可以是任何整数；hue-rotate 滤镜值以 deg 单位，表示度数。

filter-function 属性值具有以下可选值，这些值可以写一个，也可以写多个。

- grayscale() 灰度级（黑白效果）。
- sepia() 褐色（怀旧老照片效果）。
- saturat() 色彩饱和度。
- hue-rotate() 色相旋转（色调）。
- invert() 反色。
- opacity() 透明度。
- brightness() 亮度。
- contrast() 对比度。
- blur() 模糊。
- drop-shadow() 阴影。

【例 8-2】　设计一个网页，插入图片，应用各种滤镜属性，观察效果。

操作过程

① 打开 DW CS6，创建站点，新建一个 HTML 5 文档，保存为“8-2_ 滤镜效果 .html”。

② 在代码窗口中输入如下代码，保存文件。

```
行号	代码：8-2_滤镜效果.html
 1	<!DOCTYPE html>
 2	<html>
 3	<head>
 4	<style>
 5	   .blur {-webkit-filter: blur(4px);filter: blur(4px);}
```

```
6       .brightness {-webkit-filter: brightness(0.30);filter: brightness(0.30);}
7       .contrast {-webkit-filter: contrast(180%);filter: contrast(180%);}
8       .grayscale {-webkit-filter: grayscale(100%);filter: grayscale(100%);}
9       .huerotate {-webkit-filter: hue-rotate(180deg);filter: hue-rotate(180deg);}
10      .invert {-webkit-filter: invert(100%);filter: invert(100%);}
11      .opacity {-webkit-filter: opacity(50%);filter: opacity(50%);}
12      .saturate {-webkit-filter: saturate(7); filter: saturate(7);}
13      .sepia {-webkit-filter: sepia(100%);filter: sepia(100%);}
14      .shadow {-webkit-filter: drop-shadow(8px 8px 10px green);filter: drop-shadow
    (8px 8px 10px green);}
15    </style>
16    </head>
17    <body>
18      <p><strong>各种滤镜效果</strong></p>
19      <hr>
20      <table width="" border="1" cellspacing="5" cellpadding="0">
21      <tr>
22        <td><img src="pic-css/flower.jpg" alt="flower" width="180" height="135"></td>
23        <td><img class="blur" src="pic-css/flower.jpg" alt="flower" width="180"
    height="135"></td>
24        <td><img class="brightness" src="pic-css/flower.jpg" alt="flower" width=
    "180" height="135"></td>
25      </tr>
26      <tr>
27        <td>original picture</td>
28        <td>blur</td>
29        <td>brightness</td>
30      </tr>
31      <tr>
32        <td><img class="contrast" src="pic-css/flower.jpg" alt="flower" width=
    "180" height="135"></td>
33        <td><img class="grayscale" src="pic-css/flower.jpg" alt="flower" width=
    "180" height="135"></td>
34        <td><img class="huerotate" src="pic-css/flower.jpg" alt="flower" width=
    "180" height="135"></td>
35      </tr>
36      <tr>
37        <td>contrast</td>
38        <td>grayscale</td>
39        <td>huerotate</td>
40      </tr>
41      <tr>
42        <td><img class="invert" src="pic-css/flower.jpg" alt="flower" width=
    "180" height="135"></td>
43        <td><img class="opacity" src="pic-css/flower.jpg" alt="flower" width=
    "180" height="135"></td>
44        <td><img class="saturate" src="pic-css/flower.jpg" alt="flower" width=
    "180" height="135"></td>
45      </tr>
46      <tr>
```

```
47            <td>invert</td>
48            <td>opacity</td>
49            <td>saturate</td>
50         </tr>
51         <tr>
52              <td><img class="sepia" src="pic-css/flower.jpg" alt="flower" width=
      "180" height="135"></td>
53             <td><img class="shadow" src="pic-css/flower.jpg" alt="flower" width=
      "180" height="135"></td>
54            <td> </td>
55         </tr>
56         <tr>
57            <td>sepia</td>
58            <td>shadow</td>
59            <td> </td>
60         </tr>
61         </table>
62         <p><strong>注意：</strong> Internet Explorer 不支持 filter 属性。</p>
63      </body>
64      </html>
```

③ 测试、修改，完成设计。浏览效果如图 8-13 所示。

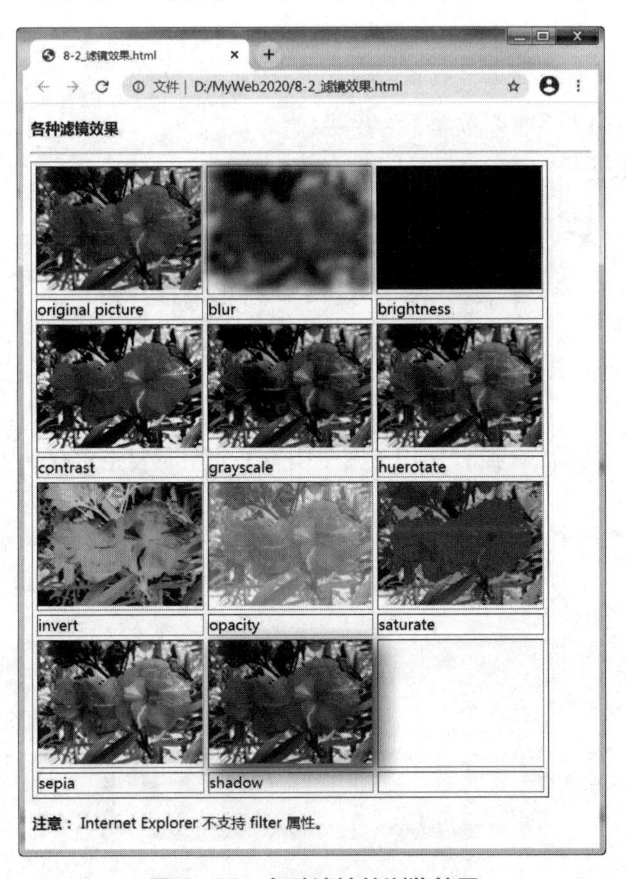

图 8-13　各种滤镜的浏览效果

8.5 文本效果

CSS3 中包含多个新的文本特性，如 text-shadow、box-shadow、text-overflow、word-wrap、word-break 等。应用 CSS3 的文本效果可以增加页面的渲染效果。

浏览器支持情况见图 8-14。

属性					
text-shadow	4.0	10.0	3.5	4.0	9.5
box-shadow	10.0 4.0 -webkit-	9.0	4.0 3.5 -moz-	5.1 3.1 -webkit-	10.5
text-overflow	4.0	6.0	7.0	3.1	11.0 9.0 -o-
word-wrap	23.0	5.5	3.5	6.1	12.1
word-break	4.0	5.5	15.0	3.1	15.0

图 8-14 浏览器支持情况

1. 文本阴影

在 CSS3 中，text-shadow 属性适用于文本阴影。使用时要指定水平阴影、垂直阴影、模糊的距离以及阴影的颜色等。

例如，下列代码

```
p { text-shadow: 5px 25px 5px #FF0000; }
```

的浏览效果如图 8-15 所示。

中国是一个伟大的国家

图 8-15 文本阴影效果

2. 盒子阴影

在 CSS3 中，CSS3 box-shadow 属性适用于盒子阴影。使用时要指定水平阴影、垂直阴影、模糊的距离以及阴影的颜色等。

例如，下列代码

```
box-shadow: 10px 10px 5px #888888;
```

的浏览效果如图 8-16 所示。

图 8-16 盒子阴影效果

【例 8-3】 设计一个网页，使用盒子阴影制作图像卡片。

操作过程

① 打开 DW CS6，创建站点，新建一个 HTML 5 文档，保存为“8-3_ 盒子阴影效果应用 .html”。

② 在代码窗口中输入如下代码，保存文件。

```
行号  代码：8-3_盒子阴影效果应用.html
 1    <!DOCTYPE html>
 2    <html>
 3    <head>
 4    <meta charset="utf-8">
 5    <title>盒子阴影应用</title>
 6    <style>
 7    div.polaroid {
 8      width: 250px;
 9      box-shadow: 0 4px 8px 0 rgba(0, 0, 0, 0.2), 0 6px 20px 0 rgba(0, 0, 0, 0.19);
10      text-align: center;
11    }
12    div.container {
13      padding: 10px;
14    }
15    </style>
16    </head>
17    <body>
18      <h2> 图像卡片</h2>
19      <p>box-shadow属性可以用来创建纸质样式卡片:</p>
20      <div class="polaroid">
21        <img src="pic-css/夹竹桃花朵.jpg" alt="flower" style="width:100%">
22        <div class="container">
23            <p>夹竹桃花朵</p>
24        </div>
25      </div>
26    </body>
27    </html>
```

③ 测试、修改，完成设计。浏览效果如图 8-17 所示。

夹竹桃花朵

图 8-17　盒子阴影的应用

3. 文本溢出

在 CSS3 中，Overflow 属性用于处理 Text 的溢出。CSS3 文本溢出属性指定应向用户如何显示溢出内容。举例说明如下。

【例 8-4】 设计一个网页，使用 Overflow 属性处理文本的溢出。

操作过程

① 打开 DW CS6，创建站点，新建一个 HTML 5 文档，保存为“8-4_ 盒子文本溢出效果 .html”。

② 在代码窗口中输入如下代码，保存文件。

```
行号  代码：8-4_盒子文本溢出效果.html
 1    <!DOCTYPE html>
 2    <html>
 3    <head>
```

```
 4    <meta charset="utf-8">
 5    <title>盒子文本溢出</title>
 6    <style>
 7    div.test{
 8        white-space:nowrap;
 9        width:8em;
10        overflow:hidden;
11        border:1px solid #000000;
12        font-size:36px;
13    }
14    </style>
15    </head>
16    <body>
17        <div class="test" style="text-overflow:ellipsis;">abcdefghijklmnopqrstuvw
      xyz</div>
18        <div class="test" style="text-overflow:clip;">ABCDEFGHIJKLMNOPQRSTUVWX
      YZ</div>
19        <div class="test" style="text-overflow:'>>';">12345678901234567890123
      4567890</div>
20    </body>
21    </html>
```

③ 测试、修改，完成设计。图 8–18 显示省略、剪切的效果。

4. 单词换行

在 CSS3 中，word–wrap 属性用来指定是否允许在单词内进行换行。

如果某个长单词或 URL 地址太长，在行尾显示不下，指定该属性后即允许在长单词或 URL 地址内部进行强制文本换行，意味着将一个完整的长单词或 URL 地址分裂为两半，另一半换行显示。

例如，下面的代码

```
p { word-wrap: break-word; }
```

的浏览效果如图 8–19 所示。

图 8–18　盒子文本溢出处理效果

This paragraph
contains a very long
word:
thisisaveryveryveryver
yveryverylongword.
The long word will
break and wrap to the
next line.

图 8–19　文本换行效果

5. 单词拆分换行

在 CSS3 中，word–break 用来指定单词内的换行规则。

word–break 属性的语法格式如下：

```
word-break: break-all; | keep-all;
```

参数说明如下：

keep-all：只能在半角空格或连字符处换行；

break-all：允许在单词内换行。

图 8-20 和图 8-21 分别表示了两者的区别。

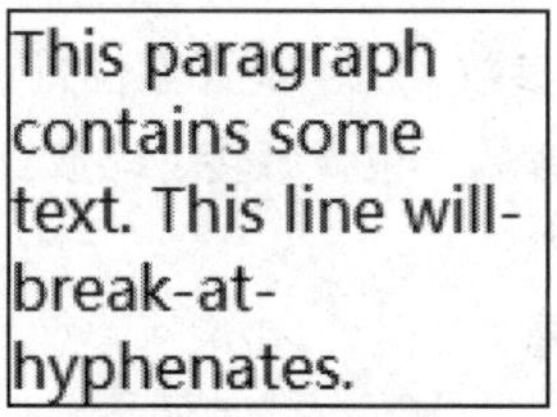

This paragraph
contains some
text. This line will-
break-at-
hyphenates.

图 8-20　文本换行效果（keep-all）

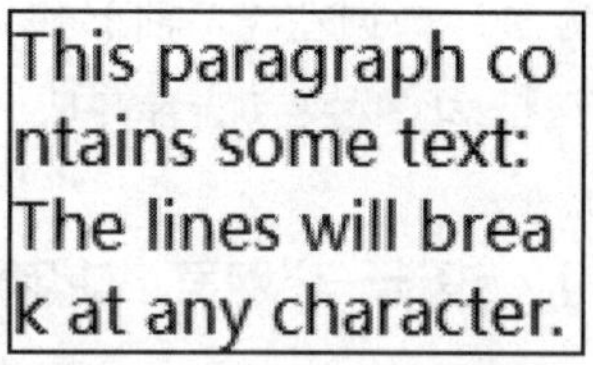

This paragraph co
ntains some text:
The lines will brea
k at any character.

图 8-21　文本换行效果（break-all）

8.6　转换属性

CSS3 转换（transform）可以对元素进行移动、缩放、转动、拉长或拉伸，转换的效果是让某个元素改变形状、大小和位置。可以使用 2D 或 3D 转换来转换元素。

1. 2D transform

在 CSS3 中，2D transform 属性中主要包含的基本功能有：移动、旋转、缩放、倾斜、旋转和拉伸元素。浏览器支持情况如图 8-22 所示。

属性					
transform	36.0 4.0 -webkit-	10.0 9.0 -ms-	16.0 3.5 -moz-	3.2 -webkit-	23.0 15.0 -webkit- 12.1 10.5 -o-
transform-origin (two-value syntax)	36.0 4.0 -webkit-	10.0 9.0 -ms-	16.0 3.5 -moz-	3.2 -webkit-	23.0 15.0 -webkit- 12.1 10.5 -o-

图 8-22　浏览器支持情况

小提示：①图中的数字表示支持该属性的第一个浏览器版本号，紧跟在 -webkit-、-ms- 或 -moz- 前的数字为支持该前缀属性的第一个浏览器版本号。② IE 10、Firefox 和 Opera 支持 transform 属性，Chrome 和 Safari 要求前缀 -webkit- 版本。③ IE 9 要求前缀 -ms- 版本。

2D transform 属性的语法格式如下：

```
CSS选择器 { transform: none | <transform-function > [ <transform-function> ] ;}
```

参数说明如下：

transform 属性的默认值是 none，其中属性值 transform-function 具有以下可选值，这些值可以是一个，也可以是多个。

① translate()：元素位移；

② rotate()：元素旋转；

③ scale()：元素缩放；

④ skew()：元素倾斜；

⑤ matrix()：多种变形。

translate() 方法，根据左（*X* 轴）和顶部（*Y* 轴）位置给定的参数，从当前元素位置移动。

matrix() 方法把 2D 变换方法合并成一个。matrix 方法有 6 个参数，包含旋转、缩放、移动（平移）和倾斜功能。

【例 8-5】 设计一个网页，使用 translate() 方法移动元素。

操作过程

① 打开 DW CS6，创建站点，新建一个 HTML 5 文档，保存为“8-5_应用 translate 方法移动元素 .html”。

② 在代码窗口中输入如下代码，保存文件。

```
行号  代码：8-5_应用translate方法移动元素.html
 1    <!DOCTYPE html>
 2    <html>
 3    <head>
 4    <meta charset="utf-8">
 5    <title>translate</title>
 6    <style>
 7    div{
 8       width:200px;
 9       height:100px;
10       background-color:red;
11       border:1px solid black;
12       font-size: 24px;
13    }
14    div#div2{
15       transform:translate(50px,100px);
16       -ms-transform:translate(50px,100px);        /* IE 9 */
17       -webkit-transform:translate(50px,100px);   /* Safari 和 Chrome */
18    }
19    </style>
20    </head>
21    <body>
22       <div>before translate</div>
23       <div id="div2">after translate</div>
24    </body>
25    </html>
```

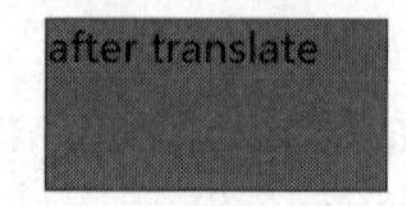

图 8-23　应用 translate 方法移动元素

③ 测试、修改，完成设计。浏览效果如图 8-23 所示，第二个 div 相对于原始位置偏离了 50 px 和 100 px。

2. 3D transform

CSS3 允许使用 3D 转换来对元素进行格式化。3D 转换方法有 rotateX()、rotateY()。rotateZ() 实际上就是 2D 旋转。

浏览器支持情况如图 8–24 所示。

属性	Chrome	Edge	Firefox	Safari	Opera
transform	36.0 12.0 -webkit-	10.0	16.0 10.0 -moz-	4.0 -webkit-	23.0 15.0 -webkit-
transform-origin (three-value syntax)	36.0 12.0 -webkit-	10.0	16.0 10.0 -moz-	4.0 -webkit-	23.0 15.0 -webkit-
transform-style	36.0 12.0 -webkit-	11.0	16.0 10.0 -moz-	4.0 -webkit-	23.0 15.0 -webkit-
perspective	36.0 12.0 -webkit-	10.0	16.0 10.0 -moz-	4.0 -webkit-	23.0 15.0 -webkit-
perspective-origin	36.0 12.0 -webkit-	10.0	16.0 10.0 -moz-	4.0 -webkit-	23.0 15.0 -webkit-
backface-visibility	36.0 12.0 -webkit-	10.0	16.0 10.0 -moz-	4.0 -webkit-	23.0 15.0 -webkit-

图 8–24　浏览器支持情况

小提示：①图中的数字表示支持该属性的第一个浏览器版本号。②紧跟在 –webkit–、–ms– 或 –moz– 前的数字为支持该前缀属性的第一个浏览器版本号。

例如，下面的代码

```
transform:rotateX(120deg);
transform:rotateY(130deg);
```

表示绕沿 *X* 轴的 3D 旋转和沿 *Y* 轴的 3D 旋转。

8.7　过渡属性

在 CSS3 中，过渡（transition）是指从一种样式（状态）转变到另一种样式（状态），以实现某种效果，而无须使用 Flash 动画或 JavaScript。

浏览器支持情况如图 8–25 所示。图中的数字表示支持该属性的第一个浏览器版本号；紧跟在 –webkit–、–ms– 或 –moz– 前的数字为支持该前缀属性的第一个浏览器版本号。

属性	Chrome	Edge	Firefox	Safari	Opera
transition	26.0 4.0 -webkit-	10.0	16.0 4.0 -moz-	6.1 3.1 -webkit-	12.1 10.5 -o-
transition-delay	26.0 4.0 -webkit-	10.0	16.0 4.0 -moz-	6.1 3.1 -webkit-	12.1 10.5 -o-
transition-duration	26.0 4.0 -webkit-	10.0	16.0 4.0 -moz-	6.1 3.1 -webkit-	12.1 10.5 -o-
transition-property	26.0 4.0 -webkit-	10.0	16.0 4.0 -moz-	6.1 3.1 -webkit-	12.1 10.5 -o-
transition-timing-function	26.0 4.0 -webkit-	10.0	16.0 4.0 -moz-	6.1 3.1 -webkit-	12.1 10.5 -o-

图 8–25　浏览器支持情况

CSS3 过渡是元素从一种样式逐渐改变为另一种的效果，如渐显、渐弱、颜色变化、大小变化等。这种效果可以在鼠标单击、获得焦点、被单击或对元素任何改变中触发，并圆滑地以动画效果改变 CSS 的属性值。

要实现这一点，必须规定两项内容：

① 指定要添加效果的 CSS 属性；

② 指定效果的持续时间。

【例 8-6】 分析下列代码（8-6_过渡效果 .html）的运行结果。

```
行号  代码：8-6_过渡效果.html
 1   <!DOCTYPE html>
 2   <html>
 3   <head>
 4   <title>transition</title>
 5   <style>
 6      div{
 7         width: 100px;
 8         height: 100px;
 9         background: yellow;
10         transition: width 1s, height 5s, background 10s, transform 15s;
11         -moz-transition: width 1s, height 5s, background 10s, -moz-transform 15s;
                                                   /* Firefox 4 */
12         -webkit-transition: width 1s, height 5s, background 10s, -webkit-transform
     15s;                                          /* Safari 和 Chrome */
13         -o-transition: width 1s, height 5s, background 10s, -o-transform 15s;
                                                   /* Opera */
14      }
15      div:hover{
16         width: 200px;
17         height: 200px;
18         background: red;
19         transform: rotate(180deg);
20         -moz-transform: rotate(180deg);         /* Firefox 4 */
21         -webkit-transform: rotate(180deg);      /* Safari 和 Chrome */
22         -o-transform: rotate(180deg);           /* Opera */
23      }
24   </style>
25   </head>
26   <body>
27      <div>请把鼠标指针放到黄色的 div 元素上，浏览过渡效果。</div>
28      <p><b>注意：</b>本例在 Internet Explorer 中无效。</p>
29   </body>
30   </html>
```

分析

① 当鼠标移动到黄色文字块（见图 8-26）上时，其 width 费时 1 s、height 费时 5 s、background 颜色费时 10 s 发生改变，同时文字块费时 15 s 旋转 180°；

② 当鼠标（任何时候）离开文字块（见图 8-27）时，文字块的当前状态反着变化，还原到原始状态。

③ 过渡（transition）就是在两种状态之间进行切换（在触发条件下）。

请把鼠标指针放到黄色的 div 元素上，浏览过渡效果。

注意：本例在 Internet Explorer 中无效。

图 8-26　过渡前状态

注意：本例在 Internet Explorer 中无效。

图 8-27　过渡完成后状态

表 8-1 给出了 transition 的详细属性，可以对 transition 进行更多的属性设置，实现更多的效果。

表 8-1　transition 属性及其描述

属　性	描　述
transition	简写属性，用于在一个属性中设置四个过渡属性
transition-property	规定应用过渡的 CSS 属性的名称
transition-duration	定义过渡效果花费的时间。默认值是 0
transition-timing-function	规定过渡效果的时间曲线。默认值是 ease
transition-delay	规定过渡效果何时开始。默认值是 0

8.8　CSS 3 动画

在 CSS3 中，使用动画（animation）属性可以创建更复杂的动画，取代许多网页动画图像、Flash 动画和 JavaScript 实现的效果。CSS3 这种动画也是使元素从一种样式（状态）逐渐变化为另一种样式（状态）的效果，可以多次任意改变样式。

浏览器支持情况如图 8-28 所示，图中的数字表示支持该属性的第一个浏览器版本号；紧跟在 -webkit-, -ms- 或 -moz- 前的数字为支持该前缀属性的第一个浏览器版本号。

属性					
@keyframes	43.0 4.0 -webkit-	10.0	16.0 5.0 -moz-	9.0 4.0 -webkit-	30.0 15.0 -webkit- 12.0 -o-
animation	43.0 4.0 -webkit-	10.0	16.0 5.0 -moz-	9.0 4.0 -webkit-	30.0 15.0 -webkit- 12.0 -o-

图 8-28　浏览器支持情况

1. CSS3 动画原理

创建 CSS3 动画，首先要建立 @keyframes 的具体规则，然后再将该规则绑定到对象（选择器）上。

① 在 @keyframes 规则内，如果指定一个 CSS 样式，动画将逐步从目前的样式更改为新的样式；如果指定多个 CSS 样式，动画将按照样式的顺序依次更改。

② 在 @keyframes 规则内，用 form 或 0% 表示初始的样式（第一帧），用 to 或 100% 表示最后的样式（结束帧），n% 表示中间帧，0<n<100。

③ 用 @keyframes 定义动画后，要它绑定到一个目标对象（选择器）上，否则动画不会有任何效果。必须定义动画的名称、规定动画的时长。如果忽略时长，则动画不会允许，因为默认值是 0。

表 8-2 列出了 @keyframes 规则和 animation 属性及其描述。

表 8-2 @keyframes 规则和 animation 属性及其描述

属　性	描　述	CSS
@keyframes	规定动画	3
animation	所有动画属性的简写属性，除了 animation-play-state 属性	3
animation-name	规定 @keyframes 动画的名称	3
animation-duration	规定动画完成一个周期所花费的秒或毫秒。默认值是 0	3
animation-timing-function	规定动画的速度曲线。默认值是 ease	3
animation-delay	规定动画何时开始。默认值是 0	3
animation-iteration-count	规定动画被播放的次数。默认值是 1	3
animation-direction	规定动画是否在下一周期逆向播放。默认值是 normal	3
animation-play-state	规定动画是否正在运行或暂停。默认值是 running	3
animation-fill-mode	规定对象动画时间之外的状态	3

2. 两个关键帧动画

制作两个帧的动画只需开始和结束两个状态的样式。用百分比来规定变化发生的时间，0% 是动画的开始，100% 是动画的完成。

也可以用关键词 from 和 to，等同于 0% 和 100%。

为了得到最佳的浏览器支持，应该始终定义 0% 和 100% 选择器。

【例 8-7】 分析下列代码（8-7_两个关键帧的动画 .html）的运行结果。

```
行号  代码：8-7_两个关键帧的动画.html
 1    <!DOCTYPE html>
 2    <html>
 3    <head>
 4    <style>
 5    div{
 6       width:100px;
 7       height:100px;
 8       background: red;
 9       animation: myfirst 5s;
10       -moz-animation: myfirst 5s;     /* Firefox */
11       -webkit-animation: myfirst 5s; /* Safari 和 Chrome */
12       -o-animation: myfirst 5s;       /* Opera */
13    }
```

```
14    @keyframes myfirst{
15       from {background:red;}
16       to {background:yellow;}
17    }
18     /* Firefox */
19    @-moz-keyframes myfirst{
20       from {background:red;}
21       to {background:yellow;}
22    }
23    /* Safari 和 Chrome */
24    @-webkit-keyframes myfirst{
25       from {background:red;}
26       to {background:yellow;}
27    }
28     /* Opera */
29    @-o-keyframes myfirst{
30       from {background:red;}
31       to {background:yellow;}
32    }
33    </style>
34    </head>
35    <body>
36    <div></div>
37    </body>
38    </html>
```

分析

① 打开网页后，宽度和高度均为 100 px 的红色矩形，在 5 s 内颜色逐渐过渡到黄色。

② 第 9 行代码 animation: myfirst 5s; 表示将名称为 myfirst 的动画绑定到 div 标签上，动画持续时间长度为 5 s。

3. 多个关键帧动画

制作多个帧的动画需要用百分比 n%（0<n<100）来定义中间帧发生的时间。

【例 8-8】 分析下列代码（8-8_ 多个关键帧的动画 .html）的运行结果。

```
行号  代码：8-8_多个关键帧的动画.html
 1    <!doctype html>
 2    <html>
 3    <head>
 4    <meta charset="utf-8">
 5    <title>飞行汽车</title>
 6    <style type="text/css">
 7    <!--
 8    .bj {
 9        background-image: url(pic/bj.jpg);
10        background-repeat: no-repeat;
11        height: 560px;
12    }
13    .fly img{
14        position: absolute;
15        left: 0px;
```

```
16        top: 400px;
17    }
18    .car img{
19        position: absolute;
20        left: 340px;
21        top: 340px;
22        -webkit-transition:5s linear;
23    }
24    .car img:hover{
25        -webkit-transform:translate(385px,-75px);
26    }
27    @keyframes myfirst
28    {
29        0% {-webkit-transform:translate(0px, 0px);}
30        30%{-webkit-transform:translate(100px, -250px);}
31        40%{-webkit-transform:translate(650px, -250px);}
32        70%{-webkit-transform:translate(700px, -155px);}
33        100% {-webkit-transform:translate(700px, -155px);}
34    }
35    .fly img
36    {
37        animation: myfirst 20s;
38        -webkit-animation: myfirst 20s;     /* Safari 和 Chrome */
39    }
40    -->
41    </style>
42    </head>
43    <body>
44    <div class="bj">
45      <div class="fly"><img src="pic/汽车1.png"  width="343" height="121" /></div>
46      <div class="car"><img src="pic/汽车2.png" width="343" height="121" /></div>
47    </div>
48    <body>
49    </body>
50    </html>
```

分析

① 动画用 0%、30%、40%、70%、100% 五个关键帧表示了四段动画效果：汽车爬升、空中飞行、汽车降落和汽车缓行，用时间间隔和距离（高度和长度）控制动画动作的快慢。效果如图 8-29 所示。

图 8-29　汽车飞行动画（起飞、飞行、降落）

图 8-29　汽车飞行动画（起飞、飞行、降落）（续）

② 在动画中，对象位置发生改变，可以用属性 transform:translate(xpx, ypx); 来表示。

【例 8-9】分析下列代码（8-9_ 动画 animation 属性简写 .html）动画 animation 属性简写的具体含义。

```
行号  代码：8-9_动画animation属性简写.html
 1   <!DOCTYPE html>
 2   <html>
 3   <head>
 4   <style>
 5   div{
 6      width:100px;
 7      height:100px;
 8      background:red;
 9      position:relative;
10      animation: myfirst 5s linear 2s infinite alternate;
11      /* Firefox: */
12      -moz-animation: myfirst 5s linear 2s infinite alternate;
13      /* Safari 和 Chrome: */
14      -webkit-animation: myfirst 5s linear 2s infinite alternate;
15      /* Opera: */
16      -o-animation: myfirst 5s linear 2s infinite alternate;
17   }
18   @keyframes myfirst{
19      0%   {background:red; left:0px; top:0px;}
20      100%  {background:blue; left:200px; top:200px;}
21   }
22   /* Firefox */
23   @-moz-keyframes myfirst{
24      0%   {background:red; left:0px; top:0px;}
```

```
25        100%  {background:blue; left:200px; top:200px;}
26     }
27      /* Safari and Chrome */
28     @-webkit-keyframes myfirst{
29        0%    {background:red; left:0px; top:0px;}
30        100%  {background:blue; left:200px; top:200px;}
31     }
32     /* Opera */
33     @-o-keyframes myfirst{
34        0%    {background:red; left:0px; top:0px;}
35       100%  {background:blue; left:200px; top:200px;}
36     }
37     </style>
38     </head>
39     <body>
40        <div></div>
41     </body>
42     </html>
```

分析

animation: myfirst 5s linear 2s infinite alternate; 的具体含义如下（按照属性的次序）：

```
animation-name: myfirst;
animation-duration: 5s;
animation-timing-function: linear;
animation-delay: 2s;
animation-iteration-count: infinite;
animation-direction: alternate;
```

8.9 多列文本

在 CSS3 中，可以将文本内容设计成像报纸一样的多列布局，如图 8-30 所示。

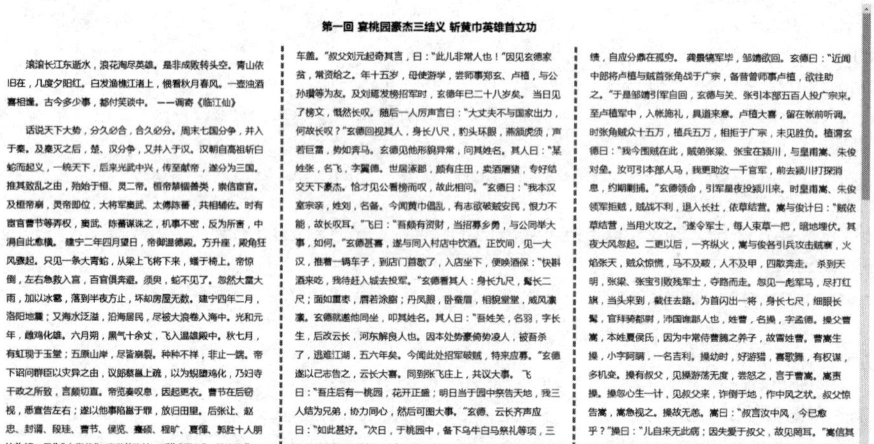

图 8-30 多列布局

浏览器支持情况如图 8-31 所示。图中的数字表示支持该方法的第一个浏览器的版本号，紧跟在数字后面的 -webkit- 或 -moz- 为指定浏览器的前缀。

属性					
column-count	4.0 -webkit-	10.0	2.0 -moz-	3.1 -webkit-	15.0 -webkit- 11.1
column-gap	4.0 -webkit-	10.0	2.0 -moz-	3.1 -webkit-	15.0 -webkit- 11.1
column-rule	4.0 -webkit-	10.0	2.0 -moz-	3.1 -webkit-	15.0 -webkit- 11.1
column-rule-color	4.0 -webkit-	10.0	2.0 -moz-	3.1 -webkit-	15.0 -webkit- 11.1
column-rule-style	4.0 -webkit-	10.0	2.0 -moz-	3.1 -webkit-	15.0 -webkit- 11.1
column-rule-width	4.0 -webkit-	10.0	2.0 -moz-	3.1 -webkit-	15.0 -webkit- 11.1
column-width	4.0 -webkit-	10.0	2.0 -moz-	3.1 -webkit-	15.0 -webkit- 11.1

图 8-31　浏览器支持情况

CSS3 多列属性及其描述如表 8-3 所示。

表 8-3　CSS3 的多列属性及其描述

属　性	描　述
column-count	指定元素应该被分割的列数
column-fill	指定如何填充列
column-gap	指定列与列之间的间隙
column-rule	所有 column-rule-* 属性的简写
column-rule-color	指定两列间边框的颜色
column-rule-style	指定两列间边框的样式
column-rule-width	指定两列间边框的厚度
column-span	指定元素要跨越多少列
column-width	指定列的宽度
columns	column-width 与 column-count 的简写属性

【例 8-10】　图 8-30 的代码（8-10_ 多列文本布局 .html）如下：

```
行号　代码：8-10_多列文本布局.html
 1   <!DOCTYPE html>
 2   <html>
 3   <head>
 4   <style>
 5       body {
 6           -webkit-columns:300px 3;
 7           columns:300px 3;
 8           -webkit-column-gap:3em;
 9           -webkit-column-rule:5px dashed gray;
```

```
10          line-height:2em;
11          font-family:Verdana, Arial, Helvetica, sans-serif;
12      }
13      p {
14          text-indent:2em;
15          font-size:16px;
16      }
17      h3 {
18          text-align:center;
19          -webkit-column-span:all;
20      }
21  </style>
22  </head>
23  <body>
24      <h3>第一回 宴桃园豪杰三结义 斩黄巾英雄首立功</h3>
25      <p>滚滚长江东逝水，浪花淘尽英雄。…</p>
26      <p>话说天下大势，分久必合，…</p>
27  </body>
28  </html>
```

试根据表 8-3 中 CSS3 的多列属性，分析多列代码的设计方法。

分析

① 在 body 中，应用 columns 属性将页面分成 3 列，每列宽 300 px。

② 应用 column-gap 属性，将列与列之间的间隙设置为 3 em。

③ 应用 column-rule 属性，在列与列的间隙中，设置边框线。边框线的宽度为 column-rule-width:5px，边框线的线型为 column-rule-style: dashed，边框线的颜色为 column-rule-color: gray。

④ 在 body 中，对小说标题应用 <h3> 标签，在对 <h3> 标签应用 column-span 属性，指定标题跨越多少列，all 表示跨越所有列。整个页面的效果见图 8-30。

小 结

本章主要介绍了 CSS3 的边框、背景、颜色渐变、滤镜效果、文本效果、转换属性、过渡属性、@keyframes 规则、多列文本等内容。需要重点掌握的内容是能够在网页设计中恰当应用边框、背景、文本效果，转换属性和过渡属性，能够应用转换属性和过渡属性设计 CSS 动画。

习 题

一、选择题

1. 用 CSS3 实现圆角的属性名称是（　　）。

   A. border-radius　　　　B. box-shadow

   C. border-style　　　　D. border-image

2. 对 3D 物体进行操作时，有 X，Y，Z 三个轴的方向，Y 轴的正方向是（　　）方向。

A. 竖直向上　　　　B. 竖直向下

C. 向屏幕外　　　　D. 向屏幕内

3. 下列（　　）属性可以为 div 元素添加阴影边框。

A. border-radius　　　　B. box-shadow

C. border-style　　　　D. border-image

4. 给文本添加阴影的属性名称是（　　）。

A. margin　　　　B. box-shadow

C. text-shadow　　　　D. border

5. 如果希望实现以慢速开始，然后加快，最后慢慢结束的过渡效果，应该使用（　　）过渡模式。

A. ease　　　　B. ease-in

C. ease-out　　　　D. ease-in-out

二、判断题

1. Flash 动画效果完全可以使用 CSS3 动画效果来代替。（　　）

2. 在 CSS3 中，@font-face 用来设置 HTML 代码的字体。（　　）

3. 在 CSS3 中，column-gap 属性用来设置列间距。（　　）

三、问答题

1. CSS3 属性选择器包括哪几种？

2. CSS3 新增了哪几个与背景有关的属性？

3. 平滑过渡属性有哪几个函数？

4. 在 CSS3 中，如何定义背景图片的尺寸？

5. 在 CSS3 中，Animation 动画的 @keyframe 有什么作用？

参考文献

[1] 裴献，李林，黄志军 . 网页设计教程 [M]. 北京 : 科学出版社，2010.
[2] 裴献，李林，黄志军 . 网页设计实训教程 [M]. 北京 : 科学出版社，2010.
[3] 吴志祥，雷鸿，李林，等 . Web 前端开发技术 [M]. 武汉 : 华中科技大学出版社，2019.
[4] 李林，施伟伟 . JavaScript 程序设计教程 [M]. 北京 : 人民邮电出版社，2008.
[5] QST 青软实训 . Web 前端设计与开发：HTML+CSS+JavaScript+HTML5+jQuery[M]. 北京 : 清华大学出版社，2016.
[6] 刘瑞新，张兵义，罗东华 . Web 前端开发实例教程：HTML5+JavaScript+ jQuery[M]. 北京 : 清华大学出版社，2018.
[7] 周文洁 . HTML 5 网页前端设计 [M]. 北京 : 清华大学出版社，2017.
[8] 青岛英谷教育科技股份有限公司 . HTML 5 程序设计及实践 [M]. 西安 : 西安电子科技大学出版社，2016.
[9] 陈经优，肖自乾，傅翠玉，等 . Web 前端开发任务教程：HTML+CCS+JavaScript+jQuery[M]. 北京 : 人民邮电出版社，2017.
[10] 聂常红，王刚，潘正军，等 . Web 前端开发技术：HTML、CSS、JavaScript[M]. 2 版 . 北京 : 人民邮电出版社，2016.
[11] 陈翠娥，王涛，唐一涛，等 . 网页设计实战教程：HTML+CSS+JavaScript[M]. 北京：清华大学出版社，2018.
[12] 传智播客高教产品研发部 . HTML+CSS+JavaScript 网页设计案例教程 [M]. 北京 : 人民邮电出版社，2015.
[13] 黑马程序员 . 网页设计与制作项目教程：HTML+CSS+JavaScript[M]. 北京 : 人民邮电出版社，2017.
[14] 陈建国 . PHP 程序设计案例教程 [M]. 北京：机械工业出版社，2015.
[15] 贾志城，王云，等 . JSP 程序设计：慕课版 [M]. 北京：人民邮电出版社，2016.
[16] 任泰明 . TCP/IP 网络编程 [M]. 北京：人民邮电出版社，2009.
[17] 黑马程序员 . Java Web 程序设计任务教程 [M]. 北京：人民邮电出版社，2017.
[18] 马骏 . ASP.NET MVC 程序设计教程 [M]. 北京：人民邮电出版社，2015.
[19] 传智播客 . PHP+MySQL 网站开发项目式教程 [M]. 北京：人民邮电出版社，2016.